智能高压设备

刘有为 等 编著

SMART HIGH VOLTAGE EQUIPMENT

中国电力出版社
CHINA ELECTRIC POWER PRESS

内 容 提 要

智能化是高压设备技术发展方向。本书介绍了智能高压设备的基本概念，并以电力变压器、高压开关为重点，简述了高压设备智能化的具体实施方案及系统架构，提出了智能组件的概念，对监测、保护、控制等智能电子装置的功能设计、状态感知、信息交互、电磁兼容等进行了较为系统的论述，分析了智能化功能及应用。

全书共分八章，主要内容包括状态感知技术基础、智能化的电磁兼容问题、智能组件及各 IED 的通信与对时、智能电力变压器、智能高压开关设备、电子式电压及电流互感器及智能高压设备的仿真与检测。

本书可供从事智能高压设备研制、生产、检测及智能变电站设计与运行的工程技术人员参考。

图书在版编目（CIP）数据

智能高压设备 / 刘有为等编著. —北京：中国电力出版社，2019.4
ISBN 978-7-5198-2779-3

Ⅰ.①智…　Ⅱ.①刘…　Ⅲ.①智能系统–变电所–高压设备　Ⅳ.①TM63

中国版本图书馆 CIP 数据核字（2018）第 283113 号

出版发行：中国电力出版社
地　　址：北京市东城区北京站西街 19 号（邮政编码 100005）
网　　址：http://www.cepp.sgcc.com.cn
责任编辑：薛　红（010-63412346）
责任校对：黄　蓓　朱丽芳
装帧设计：王英磊　赵姗姗
责任印制：石　雷

印　　刷：三河市万龙印装有限公司
版　　次：2019 年 4 月第一版
印　　次：2019 年 4 月北京第一次印刷
开　　本：710 毫米×980 毫米　16 开本
印　　张：19.75
字　　数：348 千字
定　　价：98.00 元

编 写 人 员

刘有为　　王小华　　高文胜　　卢斌先　　肖　燕

须　雷　　窦仁晖　　陈　硕　　黄在朝　　潘　丁

刘定新　　李志远　　冀增华　　王化鹏　　任雁铭

胡绍谦　　钟建英　　张一茗　　王园园　　程亭婷

许　婧　　刘占元　　陈　磊　　李传生　　曲　平

前　言

电力电子化、智能化是电网发展的两大趋势。高压设备是组成电网的基本元件，高压设备的智能化是电网智能化的基础和重要组成部分，高压设备已写入《中国制造2025》，加速推进智能高压设备的研制与应用已在行业内形成共识。

智能高压设备是传感器技术、控制技术、计算机技术、信息技术、通信技术与常规高压设备的有机融合，具备了测量数字化、控制网络化、状态可视化、信息互动化的新特征，实现了从模拟接口到数字接口、从电气控制到智能控制的跨越，显著提升了高压设备与电网的互动水平，代表了高压设备的技术发展方向。

本书总结了国家高技术研究发展计划（863计划）课题"高压开关设备智能化关键技术"的研究成果，与高等学校、制造企业合作完成。本书第1章及第2章的2.1、2.2由中国电力科学研究院有限公司刘有为、肖燕编写，2.3由清华大学高文胜、程亭婷等编写，2.4由西安交通大学王小华等编写；第3章由华北电力大学卢斌先编写；第4章由南京南瑞继保电气有限公司须雷、中国电力科学研究院有限公司窦仁晖、全球能源互联网研究院黄在朝等编写；第5章5.1～5.4及第6章6.1～6.3由刘有为、西安西电开关电气有限公司王园园、保定天威保变电气股份有限公司冀增华等编写，5.5、5.6、6.4由王小华、刘有为、程亭婷等编写；第 7 章由许继集团有限公司潘丁、全球能源互联网研究院有限公司陈硕等编写；第 8 章由刘有为、中国电力科学研究院有限公司李志远编写。华北电力大学石俏、曹凯参与了书稿的校对整理工作，全书由刘有为统稿。

高压设备智能化是一个新的课题，由于编著者水平有限，书中疏漏与不妥之处在所难免，恳请读者批评指正。

编著者

2018 年 11 月

目　录

第1章 概　　述

1.1　历史沿革

　　高压设备是组成电网的基本元件，高压设备一旦发生事故，对电网安全运行及供电可靠性都会产生不利影响。为了不断提升电网安全及供电可靠性水平，一方面要不断提升高压设备的可靠性水平，如改进绝缘材质、优化结构设计、提升工艺水平等；另一方面，不断应用新型传感技术，对高压设备的运行状态进行连续监测，使电网尽可能早地掌握设备状态，有预见地提前隔离存在潜在故障的设备。这两个方面始终是高压设备的研究与发展的方向。

　　早期，高压设备仅配置一些基本的监测与告警装置，如油位指示、气体继电器、气体绝缘设备的密度继电器等，主要是开关量，用以监视状态量是否越限，除温度之外，大都不具有连续监测功能，对高压设备状态的反映极为有限。20 世纪 70 年代，随着传感器技术、电子技术及计算机技术的发展，开始探索应用传感技术在线连续监测设备状态量，进行故障早期预警，此时对状态量的分析已不再是简单地辨别是否越限，而是基于专业分析做出评估，故障预警。经过三十多年的研究与实践，在线监测技术有了很大发展，从最初在线监测电容型设备的三相不平衡电流起步，目前已经可以在线监测局部放电、油中溶解气体、绕组热点温度等需要复杂传感技术才能采集的参量，可监测的参量越来越多，监测数据的品质越来越好，监测系统的可靠性越来越高，在高压设备安全运行方面发挥着越来越重要的作用。

　　但是，在线监测技术定位于常规告警功能的扩展，立足于监测高压设备的运行状态，服务于状态检修。长期以来在线监测一直自成体系，属于可有可无的附加功能。近年来，部分在线监测系统与生产管理信息系统（project management information system，PMIS）对接，成为 PMIS 的一个子系统，但并没有直接参与电网的运行控制。由于监测数据格式不规范、品质良莠不齐、数据分析挖掘不够，未被变电站标准设计采用，应用范围有限。

未来电网呈现两大发展趋势，即电力电子化和智能化。随着 IEC61850 的发布，高压设备智能化工作开始起步。早期，主要是通过过程层设备，转化高压设备的状态采集方式，从常规模拟量采集，升级为全数字采集，以适应变电站全数字化的新环境。本世纪初，首次出现了智能高压开关设备的概念，其核心是高压开关设备配置了开关设备控制器（智能终端），同时应用部分较为成熟的在线监测技术，实现了基于网络的控制和对重大异常状态的告警。但此时并未深度研究智能电网对高压设备的需求，围绕高压开关设备的二次设备依然按功能独立配置，控制与监测彼此自成体系，分别服务于运行控制和状态检修，制约了智能化功能的实现和应用。

近年，智能电网研究与建设工作全面展开。根据我国电网发展规划，将新建数千座智能变电站，智能高压设备的应用场景及技术需求具体化，而且市场需求量巨大，智能高压设备的概念受到了重视。我国电网企业立足于智能电网的技术需求，开始探索智能高压设备的技术架构，提出了全新的智能高压设备技术方案。同时，国内研究院、高校、高压设备骨干企业组成技术联盟，通过合作研究，就智能高压设备的组成、结构、功能形成共识，建立起智能高压设备基本技术标准，开始了智能高压设备的研制与应用。目前，智能高压设备已在我国电网大量应用。

1.2　基本结构及特征

这里所述智能高压设备主要由三部分组成，分别是高压设备本体、实现智能化需要配置的各型传感器/执行器以及实现或支持实现智能化功能的智能电子装置（intelligent electric device，IED）。如图 1-1 所示。

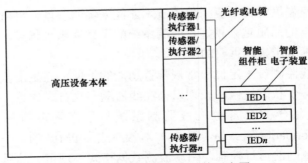

图 1-1　智能高压设备结构示意图

传感器用于感知高压设备的状态，包括运行状态、控制状态和负载能力等，根据传感需求进行配置，与高压设备本体进行一体化设计，传感器与高压设备的融合是整个制造过程的一部分。传感器宜选择无源型，如果必须选择有源传感器，应尽可能将有源部分安装在易于维修的地方。传感器与高压设备本体关键部件或介质有直接接触的情形，应符合相容性要求。

通常，一台高压设备配置一组 IED，分别实现高压设备的测控、监测、保护等智能化功能。具体配置方案取决于智能化的目标，但至少配置 1 个 IED，对于状态感知应用较多的情形，可配置多个 IED，组成智能组件。智能组件中有 1 个 IED 应设置为主 IED。若按智能变电站"三层两网"布局，主 IED 为间隔层设备，主要承担聚合传感信息、完成综合分析、报送智能告警信息等功能；其他 IED 为过程层设备，主要承担传感信息的采集、处理，或通过执行器执行控制指令，实现智能控制。智能组件内各 IED 通过网络共享传感信息。智能高压设备应具备以下基本特征：

（1）测量数字化。测量数字化是高压设备智能化的基本特征之一，指对高压设备运行、控制直接相关的状态量进行就地数字化采集，采集数据通过网络在智能组件内共享，以支持其他 IED 完成相关智能化功能。常见的状态量包括变压器的油温与油位；有载分接开关挡位；开关设备分（合）闸位置、气体密度继电器接点信息等。

（2）控制网络化。控制网络化是对智能高压设备的基本要求，指高压设备或其组（部）件实现基于变电站通信网络的控制，包括接收并响应控制指令、反馈控制状态及联锁联控等。如继电保护等有特别要求，智能高压设备也支持"点对点"的控制。

（3）状态可视化。状态可视化是对电网调度（控制）中心及生产管理信息系统而言，指智能高压设备基于传感信息，通过自主分析，对控制可靠性、运行可靠性、负载能力做出评估，并将此评估结果通过变电站通信网络报送至电网调度（控制）中心及生产管理信息系统，以支持电网运行控制和状态检修。

（4）一二次融合。一二次融合代表了智能高压设备的技术发展方向，指用于输变电的一次设备（即高压设备）与用于运行控制的二次设备（即各 IED）融合设计、整体调试与运行。具体来讲，即高压设备与相关测量、控制、保护、监测、计量等二次设备形成一个有机整体，对内共享传感信息，对外提供统一通信接口，共同实现常规一次设备的功能及智能化的目标。

（5）信息互动化。信息互动化是智能化的基础，包括三个部分，一是智能组件各 IED 之间基于变电站通信网络共享传感器信息；二是智能高压设备之间基于变电站通信进行信息互动，实现联锁控制、并列运行控制及保护闭锁等智能化功能；三是智能高压设备基于变电站通信及设备与电网调度（控制）中心、生产管理信息系统进行信息互动，实现变电站层级的智能化目标，如主动保护与控制等。

1.3 应用前景

当前，智能高压设备研制与应用面临两个方面的问题：首先是可靠性问题。经验表明，安装在高压设备近旁的电子设备，故障率明显偏高，长期以来这一问题一直没有得到很好解决。智能化大量应用传感器及 IED，存在着同样的问题，这已成为制约智能高压设备技术发展和工程应用的主要瓶颈。其次是智能化技术的实用化问题。许多智能化功能是一个完整的系统，需要一次及二次在管理上实现进一步的整合才能实现。由于传统上一次与二次各自相对独立，这种整合还需要一个过程。

智能高压设备适应了电网智能化、数字化的需要，不仅实现了全部接口的数字化，而且还实现了从常规电气控制到智能控制的跨越，同时展示了从状态感知到智能告警，进而实现主动保护的应用前景。这些新的特征可有效提升电网运行控制的效率和安全性。因此，智能高压设备代表了传统电力设备的技术发展方向，这是业内形成的广泛共识。随着问题的逐步解决，智能高压设备将有良好的应用前景。

参考文献

[1] 刘有为，肖燕等. 智能高压设备技术策略分析[J]. 电网技术，2010，34（12）：11～14.

[2] DL/T 1411，智能高压设备技术导则，2015.

第2章 状态感知技术基础

2.1 状态感知的概念

2.1.1 状态感知的需求

电网中高压设备数量庞大，数以万计。高压设备的可靠运行是电网安全稳定运行的重要基础。随着设计、材质及制造工艺的不断创新，高压设备的可靠性越来越高。尽管如此，由于数量庞大，每年仍有相当数量的运行故障发生。为了降低设备故障给电网安全运行带来的风险，现代电网已经采用了冗余设计和先进的运行控制及保护技术，但是，高压设备故障依然会对电网安全运行造成或大或小的冲击，甚至诱发电网大停电事故。世界范围内许多大停电事故是由高压设备故障引发的。

智能高压设备是电网态势感知的一部分，在承担输变电功能的同时，对高压设备本体的运行可靠性、控制可靠性及负载能力等进行实时评估，评估形成的结果信息拓展了电网调度（控制）中心的决策信息维度，提升了电网调度（控制）中心应对一次设备故障的主动性和时效性，优化了电网的运行环境。状态感知是智能高压设备的核心功能之一，这里"感"是传感器对状态信息的采集，是"知"的基础；"知"是对传感信息的分析、评估，并最终形成支持决策的结果信息。为此，智能高压设备对状态感知提出了四个方面的要求：

（1）状态量的选择。高压设备的状态量可细分为反映运行可靠性的状态量、反映控制可靠性或支持控制的状态量和反映负载能力的状态量。感知需求不同，状态量的选择也不尽相同，但应遵循以下原则：

1）有适用的传感技术，将反映高压设备的某种特征转化为可采集的电量；

2）采集的传感信息或其所包含的可解析信息应与设备状态之间存在明确的关联关系；

3）所选择的状态量可在设备运行状态下实现安全、稳定和持续采集；

4）有相对成熟的数据处理和状态评估方法，误判率在可接受的水平；

5）符合设备寿命周期成本管理的目标。

（2）一次、二次的融合。在拟监测的状态量选定之后，植入传感器为关键一步，要求既要考虑高压设备本身的安全，也要顾及传感器的安全、寿命、灵敏性和易维护性，这一要求应贯彻到从设计到制造的全过程。同时，为了实现数据源的高度统一，避免重复采样，同一传感信息应在智能组件内部测控、计量、监测和保护等相关 IED 之间实现共享。

（3）数据品质管理。通过传感器采集的数据可大致分为两类，一类有确定的物理意义，如温度、位置、压力等，这类数据的品质决定于不确定度，可通过与标准源比对的方法进行检定；另一类，如设备振动信号、特高频（ultra high frequency，UHF）射频信号等，需要应用适宜的方法从中提取特征值，建立起特征值与设备状态间的关联关系，再进行判断，这类数据的处理通常是评估方法的一部分，其数据品质宜通过评估结果的可信度予以检定。

（4）综合状态评估。目前，单一状态量的评估大都有一些方法，如阈值法、指纹法等。智能高压设备常常同时监测多个状态量，此时，最终的结果信息不宜限于单一状态量。事实上，各状态量之间存在互证或互补关系，因此，汇总的状态量越多，评估结果的可信度越高。通常，评估结果的可信度决定于状态量、数据品质及评估方法，通过与运行经验或专家评估的一致性作为综合状态评估效果的评判依据。

2.1.2　常用状态量

（1）温度。温度与高压设备的状态息息相关，如油浸式电力变压器绝缘的油面温度、底层油温、绕组温度等；SF_6 气体绝缘设备的气体温度；开关设备的触头温度等。

（2）压力。压力也是高压设备的重要状态量，如油浸式电力变压器绝缘油的动态压力；SF_6 气体绝缘设备的充气压力；断路器在静态及分（合）闸过程中储能介质压力等。

（3）水分。水分与绝缘介质强度密切相关，如油浸式电力变压器绝缘油的含水量；SF_6 气体绝缘设备各气室的含水量等。

（4）小电流。这里所谓小电流是相对于一次电流而言的，具体包括绝缘介质的漏电流、高压设备对地电容电流、各类设备接地引线电流以及开关设备控制线圈电流、驱动电机电流等。

（5）位移。位移表征高压开关设备在分（合）闸过程中动触头的运行状态，是高压开关的重要状态量。

（6）油中溶解气体。油中溶解气体是反映油浸式电力变压器健康状态的关键状态量，可以反映大约 70%的缺陷或故障。

（7）振动。高压设备的振动有三类：第一类是磁致伸缩等引起的振动，具有绕组和铁心的设备，如电力变压器等，由于磁致伸缩等原因，运行中线圈和铁心会产生轻微振动；第二类是开关设备操作过程中因机械撞击引起的振动，如有载分接开关、高压断路器等，由于操动机构相关部件间存在较为强烈的机械撞击，会引发极为明显的振动；第三类是由设备内部出现放电性缺陷引起的微弱振动。设备振动具有指纹属性，其特征改变通常预示着存在某种缺陷。

（8）特高频信号。油浸式电力变压器及气体绝缘金属封闭开关设备（gas insulated metal enclosed switchgear，GIS）等充 SF_6 的高压设备，内部发生放电性缺陷时，会发射特高频信号。

2.2　常用传感器及原理

2.2.1　概述

传感器是高压设备智能化的基础，其作用是通过传感器中的敏感元件，感知设备状态，将设备状态信息转化为监测 IED 可采集的电信号。

传感器主要有以下技术指标：

（1）灵敏度。灵敏度是传感器的基本状态量，一般指被传感量的单位变化所引起传感器输出的变化量。

（2）噪声。指无传感输入时，传感器的随机输出，通常为白噪声。广义上，噪声还包括传感器在工作环境中耦合的背景噪声。根据噪声的特征，可以通过软硬件技术进行隔离和降噪处理。噪声水平决定了传感器的最小可测量。

（3）线性度。指被传感量与传感器输出之间的线性相关程度，线性度越高越好。但实际传感器总有非线性特性，多数情况下非线性特性可以通过软硬件设计予以改善。

（4）复现性。在传感器全量程范围内，保持被传感量不变，重复多次测试，传感器输出量的稳定度。稳定度越高，则复现性越好。复现性与传感器的噪声及传感特性等相关。

（5）响应时间。在被传感量发生阶跃变化时，传感器输出通常可以表达为 $1-e^{-t/\tau}$，τ 决定了输出达到稳定值的时间长度。对于部分用于控制的状态量，

要求传感器的 τ 值越小越好。

（6）迟滞。指被传感量从小到大直至最大量程，再由大到小直至最小量程，其输入 – 输出曲线不重合的现象。迟滞越小传感器性能越好。

（7）漂移。指被传感量保持固定不变的情况下，传感器输出随时间变化的现象。其中，最常见的是温漂，即输出随温度变化。过大的漂移容易导致误判，漂移越小传感器性能越好。

用于智能高压设备，对传感器有以下额外要求：① 适应强电磁场环境的能力；② 若用于高电位，应有良好的绝缘能力；③ 植入式传感器应与高压设备绝缘介质具有良好的相容性。

2.2.2 温度传感技术

2.2.2.1 电阻型温度传感器

电阻型温度传感器的感温元件为热电阻或热敏电阻，其工作原理是通过感温元件将温度测量转化为电阻测量。热电阻的材料为金属，常用的有铂（Pt）、镍（Ni）等。铂电阻温度传感器线性度高、复现性好，具有较高的检测精度，在智能高压设备中有广泛应用。铂电阻温度传感器的精度与铂的纯度有关，纯度越高测量精度越高。常用铂电阻温度传感器的 R_0（0℃时的电阻值）有 10、100Ω 及 1000Ω 等，分别为 Pt10、Pt100 和 Pt1000。在变压器油面温度等监测中，普遍采用 Pt100。需要指出的是，铂电阻温度传感器热容量较大，因此响应时间较长，限制了其在动态测量中的应用。

热敏电阻的材料为半导体，主要由锰、钴、镍等金属氧化物混合烧结而成。与金属热电阻相比，热敏电阻的电阻率大，且温度系数要大 4～9 倍，因此，由热敏电阻制成的电阻型温度传感器具有体积小、热惯性小（即响应时间短）、灵敏度高等优点，但热敏电阻的阻值随温度呈非线性关系，复现性和互换性较差。

2.2.2.2 光纤温度传感器原理

常用的光纤温度传感器主要有透射型、荧光发光型、荧光余辉型三大类。与电阻型温度传感器最大的区别在于光纤温度传感器可以直接用于高电位部件的温度测量，特别适宜用于变压器绕组温度的监测。

透射型半导体光纤温度传感器的传感原理是：当一束光照射到一半导体晶片时，低于某个波长（λ_c）的光会被半导体晶片吸收，而高于该波长（λ_c）的光则可透过半导体晶片。λ_c 称为半导体的本征吸收波长。这是由于当光子能量达到半导体的禁带宽度 E_c 时，半导体中的电子会吸收光子，从价带跃迁到导带。由于 E_c 随着温度升高而降低，本征波长 λ_c 会随着温度升高而增大，半导体的透光率会随着温度的升高而减小，如图 2-1（b）所示。这一特性正是透射型半导体光纤温度传感技术的原理，基于这一原理的光纤温度传感器基本结构参见图 2-1（a）。实际的传感器采用可补偿光源功率波动和损耗等结构，以降低测量温度值的不确定度。通常不确定度小于 2℃，温度感知范围可达 -50～200℃。

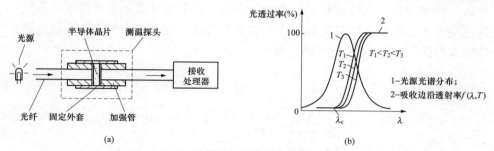

图 2-1　透射型半导体光纤温度传感器结构示意图
（a）传感器原理示意图；（b）温度与透过率

　　荧光发光型光纤温度传感器的传感原理是：某些荧光物质，如掺有微量稀土铕的磷化物，在紫外光的激励下能发出可见光，其发射光谱与温度有关，光谱中某些波长的荧光对温度敏感，荧光强度会随着温度的增加显著减少；另一些波长的荧光受温度影响很小，荧光强度几乎不随温度的变化而改变，如图 2-2 所示。两者之比，会在某个温度区段形成一条只与温度相关，而与激励光源强度、耦合损耗及传输损耗无关的曲线。这便是荧光发光型光纤温度传感技术的原理。图 2-3 为基于这一原理的传感器示意图，其温度感知范围大约在 -50～200℃，不确定度约 0.1℃，响应时间小于 1s。

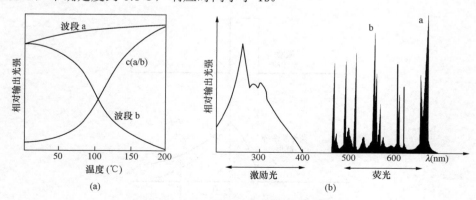

图 2-2　荧光物质发射光谱及温度特性
（a）荧光谱线强度与温度的关系；（b）激励光源及受激发射的光谱

荧光余辉型光纤温度传感器的传感原理是：荧光物质在受到光激励时会产生荧光，关闭激励光源之后，荧光不会立即消失，但荧光强度会随时间按指数衰减。衰减到初值 $1/e$ 所需要的时间称为荧光衰变时间（记为 τ ）。τ 值与荧光物质的温度 T 有关，温度越高，τ 值越小，余辉衰减越快，如图 2-4 所示。基于这一物理现象，通过测量 τ 值或余辉的积分亮度即可确定荧光物质的温度。这便是荧光余辉型光纤温度传感技术的基本原理。这一类度传感器的温度感知范围大约在 $-50\sim200℃$，不确定度约 0.5℃。

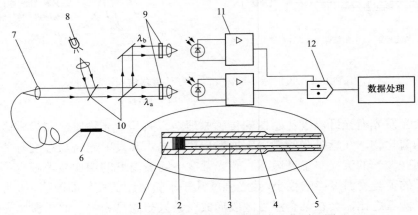

图 2-3　荧光发光型光纤温度传感工作原理图

1—反射镜；2—荧光物质；3—光纤；4—外壳；5—硅胶；6—温度探头；7—透镜；
8—紫外灯；9—滤光片；10—分束器；11—放大器；12—除法器

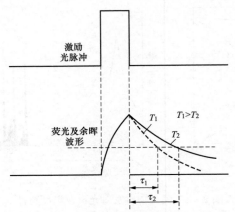

图 2-4　荧光余辉型光纤温度传感测量原理图

2.2.2.3　热辐射温度传感器原理

　　热辐射温度传感器为非接触式，特别适宜于开关触头温度的测量。其技术原理是：当物体温度高于绝对零度时，其内部带电粒子的热运动会以电磁波的形式向外辐射能量，称之为热辐射。热辐射能量的大小与物体温度之间存在定量关联关系。这就是热辐射温度传感技术的基本原理。通常，热辐射主要在红外区。常用的方法包括全辐射法和比色法。

　　全辐射法基于斯蒂芬—波尔兹曼定律，即物体总辐射强度与物体温度的四次方成正比。热电堆为热辐射的传感单元，热电堆的热接点将吸收的辐射能转变为热电势。热电势反映了物体温度。为了减少物体黑度的影响，在实际应用中，常加装黑度系数较高的窥测管。全辐射法测量精度偏低，误差约为2%，但价格低廉，结构简单。

　　比色法利用两个相邻狭窄波段内辐射亮度的比值测温。根据维恩偏移定律，当温度增高时绝对黑体的最大单色辐射强度向波长减小的方向移动，使两个固定波长的辐射亮度比值随温度变化，因此测量这一亮度比值即可感知物体温度。同一物体，相邻两个波长的单色黑度系数可以很接近，因此，比色法可以减小甚至可以消除物体黑度的影响，具有较高的温度测量准确度。图2-5为基于比色法的双通道热辐射温度感知技术原理图。

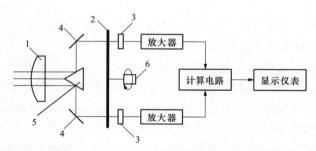

图2-5　双通道式比色法热辐射温度感知原理图

1—物镜；2—调制盘；3—检测元件；4—反射镜；5—棱镜；6—电动机

2.2.3　压力传感技术

2.2.3.1　应变式压力传感原理

　　金属应变片式压力传感器由金属应变片、弹性敏感元件、补偿电阻等组成。金属应变片是压力传感元件，其工作原理是基于金属的电阻应变效应，即金属丝在应力作用下发生机械变形，相应地金属丝的电阻随着机械变形发生改变的

现象。金属丝电阻在应力作用下，电阻 R 相对变化为

$$\frac{\mathrm{d}R}{R} = \frac{\mathrm{d}l}{l} - 2\frac{\mathrm{d}r}{r} + \frac{\mathrm{d}\rho}{\rho}$$

$$\frac{\mathrm{d}l}{l} = \varepsilon_x \qquad\qquad (2-1)$$

$$\frac{\mathrm{d}r}{r} = \varepsilon_y$$

式中　ε_x——电阻丝的纵向应变；

　　　ε_y——电阻丝的横向应变；

　　　$\dfrac{\mathrm{d}\rho}{\rho}$——电阻率的相对变化。

在式（2-1）中，对金属丝而言，电阻率随形变的变化不大，阻值变化主要决定于应变。根据 $\varepsilon_y = -\mu\varepsilon_x$（$\mu$ 为金属材料的泊松比），式（2-1）可表示为

$$\frac{\mathrm{d}R}{R} = K \cdot \varepsilon$$

$$K = 1 + 2\mu + \frac{\mathrm{d}\rho}{\rho} \qquad\qquad (2-2)$$

式中　K——单位应变下的电阻相对变化，称为灵敏系数；

　　　ε——电阻丝的应变系数。

K 是应变式压力传感器的重要指标，一般在 1.8～4.8 之间。电阻应变片的阻值一般在 100Ω 以上，由直径为 0.02～0.04mm 的康铜、镍铬铝合金、铂和铂钨合金等金属丝制成栅状，或将厚度为 0.003～0.010mm 的金属箔腐蚀成栅状，称为敏感栅。敏感栅粘贴在绝缘基底上，并由覆盖层保护，组合成应变片，参见图 2-6。弹性敏感元件和电阻应变片结合组成压力传感的基本单元，在压力作用下，弹性敏感元件发生形变并将形变传递给电阻应变片，引起其电阻值的改变，通过测量电阻应变片的电阻值变化实现对压力的感知。为了消除温度和非线性误差，提高灵敏度，改良传感器的性能，常采用全桥四臂的差动电桥作为测量电路，将电阻变化转化为不平衡电压。以柱式压力传感器为例，参见图 2-7，有四个电阻应变片，两个承受拉力（R_2、R_3），两个承受压力（R_1、R_4），承受拉力和承受压力的应变符号相反。容易证明，桥式测量电路不仅解决了电阻变化的精确测量问题，而且抵消了温度的影响，具有较高的灵敏度和较小的非线性误差。

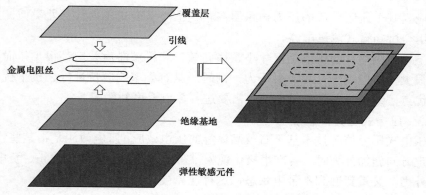

图 2-6 应变式传感元件结构示意图

电阻应变式压力传感器的量程可以从几十帕斯卡到逾百兆帕斯卡，精度可达 0.05%，响应时间通常优于 0.1μs，是应用十分广泛的压力传感器之一。其缺点主要是输出信号较弱，故抗干扰能力较差等。

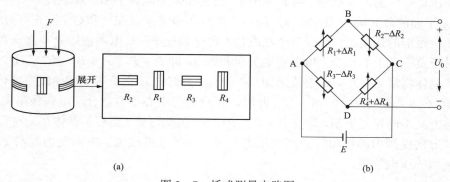

图 2-7 桥式测量电路图
（a）柱式压力传感器；（b）全桥四臂式测量电路

2.2.3.2 压阻式压力传感原理

压阻式压力传感器基于半导体材料的压阻效应制成，压阻效应是指应力作用于这类晶体时，晶体的晶格会产生变形，引起载流子的迁移率发生变化，从而使电阻率发生变化，进而引起电阻变化的一种效应。与金属电阻的应变效应相比，压阻效应的灵敏度更高，大约是前者的 50～100 倍。常见的半导体应变片是由锗和硅等半导体材料制作的敏感栅，其中单晶硅的应用比较成熟和普遍。在进行应变与电阻值的转换计算时，式（2-1）同样适用于压阻效应。由于 $d\rho/\rho \gg 1+2\mu$，$k_s = \dfrac{dR/R}{\varepsilon} \approx \pi E$，即半导体应变片的灵敏系数主要决定于压

13

阻效应。基于压阻效应的压力传感器在结构上与压变式压力传感器类似，通常也采用全桥四臂式测量电路。

半导体应变片的优点是尺寸小、横向效应和机械滞后效应都很小，而灵敏系数很大，能检测十几帕的微压力，同时还具有频率响应特性好、抗干扰能力强的优点，缺点是温度稳定性差、需要进行零点温度补偿等。

2.2.3.3 压电式压力传感技术

压电式压力传感技术基于石英晶体等的压电效应。压电效应是指某些物质，沿一定方向施加外力时，会产生极化现象，在受力的两个表面形成正、负电荷，撤去外力，又重新回到不带电状态，这种现象被称为正压电效应。

石英晶体是一种应用广泛的压电晶体。理想的石英晶体为六棱柱体，在晶体学中用光轴（z）、电轴（x）和机械轴（y）来表示。沿着 x、y 轴方向都存在压电效应，但 z 轴（光轴）方向受力时由于在 x 轴和 y 轴方向有相同的应变，所以正负电荷中心保持重合，不产生压电效应。下面以 x 轴方向受压力为例，说明压电效应的产生机理。当 $F_x = 0$ 时，石英晶体的硅离子 Si^{4+} 和氧离子 O^{2-} 在 $x - y$ 平面的分布如图 2-8（a）所示，此时正负离子（Si^{4+} 和 O^{2-}）正好分布在正六边形的顶角上，形成三个互成 $120°$ 的电偶极子，其电偶极矩 $P_1 = P_2 = P_3$，此时正负电荷中心重合，电偶极矩矢量和为 0，即 $P_1 + P_2 + P_3 = 0$。当 $F_x \neq 0$ 时，石英晶体将沿 x 轴方向压缩或延伸（决定于受力方向），正负离子间距发生变化，见图 2-8（b）和图 2-8（c），此时，正负电荷中心不再重合，电偶极矩在 x 轴的方向不能相互抵消，即有 $P_1 + P_2 + P_3 \neq 0$。由此可见，当石英晶体在 x 轴（电轴）方向受到力的作用时会产生压电效应。y 轴（机械轴）方向受力时与 x 轴有类似的压电效应。

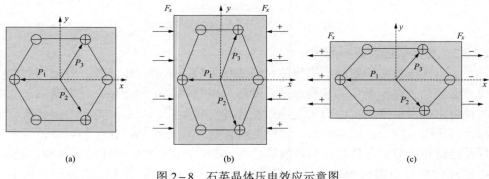

图 2-8　石英晶体压电效应示意图
（a）$F_x=0$；（b）$F_x<0$；（c）$F_x>0$

除石英晶体外，压电陶瓷也具有压电效应。压电陶瓷是人造多晶压电材料，具有类似铁磁材料磁畴结构的电畴结构。电畴是分子自发形成的极化区域，但原始的压电陶瓷内各个电畴呈无序分布状态，整体极化强度为零。见图2-9（a）。在外电场的作用下，电畴的极化方向趋于顺电场方向排列，这一现象称为极化，见图2-9（b）。去除外电场后，仍有较强的剩余极化强度，见图2-9（c）。极化处理后，沿极化方向在陶瓷片上施加外力时，电畴的界限会发生移动，电畴发生偏转，从而引起剩余极化强度的变化，进而在垂直于极化方向的平面上出现极化电荷的变化。这种由机械效应转变为电效应、机械能转变为电能的现象，就是压电陶瓷的正压电效应。

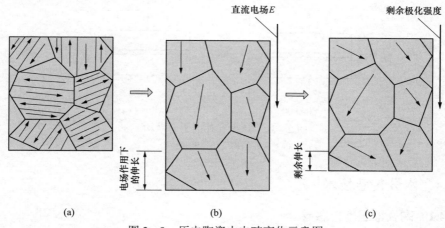

图2-9 压电陶瓷中电畴变化示意图
（a）极化处理前；（b）极化处理过程中；（c）极化处理后

不论是石英晶体，或是压电陶瓷，在弹性范围内，压电材料表面电极吸附的电荷量及极间电压与所受作用力的大小成正比，见式（2-3）。这样，通过测量压电元件的电荷或电压即可实现压力的测量，即

$$\begin{cases} q = d \cdot F \\ u = \dfrac{d}{C} F \end{cases} \tag{2-3}$$

式中 d ——压电系数；

   F ——作用力；

   q ——表面电荷量；

   C ——压电材料表面电极形成的电容；

   u ——极间电压。

对于实际的传感器，单片压电元件的电荷量甚微，为了提高灵敏度，常采用两片或多片同型号压电元件组合的结构，如图 2-10 所示，其中，图 2-10（a）展示了并联结构，等效增加了电容量，即在相同的压力下，电荷量会增加 1 倍；图 2-10（b）展示了串联结构，等效增加了电容量，即在相同的压力下，电荷量不变，但电压会增加 1 倍。并联结构电容量大，因此，时间常数也大，响应时间长，适宜于压力变化缓慢的情形；串联结构电容量小，因此，时间常数也小，响应时间快，适宜于压力变化较快的情形。此外，压电元件在压力较小时，线性度不好，为此，实际的传感器会加载预压力，以使其工作在线性度较好的区域，改善传感特性。

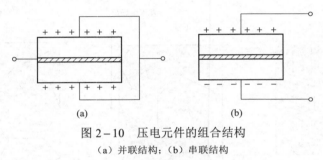

图 2-10　压电元件的组合结构
（a）并联结构；（b）串联结构

2.2.4　水分传感技术

2.2.4.1　陶瓷型湿度传感器

水分传感器大都敏感于相对湿度。湿敏元件有陶瓷、高分子材料和半导体等。陶瓷型湿敏元件一般以金属氧化物为原料，如 $MgCr_2O_4-TiO_2$，通过专门工艺制成一种多孔陶瓷。$MgCr_2O_4-TiO_2$ 的大部分气孔为粒间气孔，孔径随 TiO_2 添加量的增加而增大，一般孔径在 100~300nm。这些气孔如同开口的毛细管，容易吸附水分，其湿敏原理正在于此。吸湿之后，陶瓷型湿敏元件的电阻值会有显著变化。实验研究表明，随着环境相对湿度的增加，其阻值大致按指数规律急剧下降。相对湿度从 0%增加至 100%，阻值下降大约 3个数量级，如图 2-11 所示。因此，陶瓷型湿

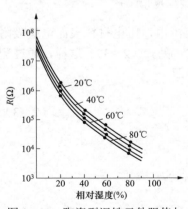

图 2-11　陶瓷型湿敏元件阻值与相对湿度关系

度传感器也称电阻型湿度传感器。除相对湿度之外，温度对阻值也有一定影响，如图 2-11 所示，大约为 -0.38%RH/℃。但不同温度下，阻值与相对湿度之间的规律是一致的。为了提升湿度传感精度，实际传感器需要对温度进行补偿或修正，补偿之后，传感精度优于 4%RH。陶瓷型湿敏元件的优点是工作温度范围宽（0～150℃），响应时间短（约为 10s）。

2.2.4.2 高分子型湿度传感器

湿敏高分子材料有两类，一类是介电常数随湿度变化（如醋酸纤维素），其机理是，湿敏高分子材料本身的介电常数很小，其相对介电常数约为 3～8；水的介电常数较大，常温时相对介电常数约为 80，当湿敏高分子材料吸附了水分后，其介电常数会明显增加。相对湿度越高，吸附的水分就越多，介电常数也越大。应用这类高分子材料制成特殊的薄膜电容，可作为湿度传感器的湿敏元件，基于此类湿敏元件制成的湿度传感器称为电容式高分子薄膜湿度传感器。参见图 2-12，为了使电容式高分子薄膜湿度传感器获得良好的湿敏性，高分子介质膜的厚度通常控制在 500nm 左右，此时，湿度传感器的响应时间大约为 5s。高分子介质膜不宜更薄，同时也不宜更厚，更薄容易引起上下电极短路，如果厚度超过 1μm，则响应特性将变差。高分子介质膜上部为多孔电极，其作用是保证水分子自由穿越，厚度一般为 50nm。实验研究表明，薄膜电容的电容量与相对湿度之间基本呈线性关系，但线性度与测试频率相关，频率在 1.5MHz 左右时，线性度最好，见图 2-13，为了进一步改善线性度，可配置辅助电路，使得测量精度可达 ±（2～3）%RH。电容式高分子薄膜湿度传感器的优点是：① 温度漂移很小，在 5～50℃ 的范围内，温度系数约为 0.06%RH/℃；② 适宜低温环境，可在 -40℃ 的环境使用。其缺点是：① 在 80%RH 以上的高湿环境，漂移增加，并会出现迟滞现象；② 因高温会加速材料老化变性，不适宜在超过 80℃ 的环境使用。

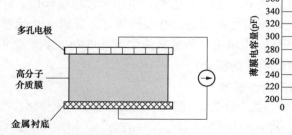
图 2-12　电容式薄膜湿度传感单元示意图

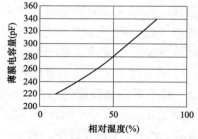
图 2-13　电容式薄膜湿度传感器线性特性

另一类湿敏高分子材料是电阻随湿度变化，这类材料很多，属强电解质，以聚苯乙烯磺酸锂为例，吸湿后会出现大量的离子，且离子的数量随着相对湿度的增加而增加。由这类高分子材料制备的湿敏膜上印刷梳状电极（参见图 2-14），电极间的电阻会随着湿度的增加而降低，阻值的对数值与相对湿度之间大致为线性关系，如图 2-15 所示。从图中可以看到，电阻式高分子膜湿度传感器有较为明显负温度系数，在 0～55℃区间，温度系数大约为-（0.6～1）%RH/℃，因此，实际的电阻式高分子膜湿度传感器均有温度补偿电路。

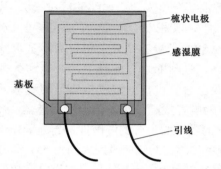

图 2-14　电阻式薄膜湿度传感单元示意图　图 2-15　电阻式薄膜湿度传感器线性特性

2.2.5　小电流传感技术

2.2.5.1　基于霍尔原理的小电流传感器

磁平衡式霍尔电流传感器是常用的小电流传感器之一，如图 2-16（a）所示。导线从一留有气隙的高品质磁环中穿过（等效于原边为单匝），小电流 I_P 通过导线时，在导线周围产生磁场，磁场被磁环聚集，并作用于放置在气隙处的霍尔元件上，使霍尔元件输出电压，该电压信号驱动电路输出电流 I_S，I_S 通过绕制在磁环上的线圈，线圈产生的磁通与 I_P 产生的磁通方向相反，抵消 I_P 产生的磁通，霍尔元件的输出电压减小。通过 I_P 磁通、霍尔元件电压输出、I_S 反向磁通的负反馈机制，使得磁环气隙处的磁通始终保持为零。此时，传感器的输出可精确反映小电流 I_P 的变化。霍尔电流传感器的优点是直流、交流都可以测量，广泛适用于非交流小电流信号的测量。

2.2.5.2　基于零磁通原理的小电流传感器

与基于霍尔原理的小电流传感器十分类似，但零磁通原理的小电流传感器铁心是闭合的，铁心上有两个线圈，其中一个代替了霍尔元件的功能，如图 2-16（b）所示，导线从一闭合的高品质磁环中穿过，小电流 I_P 通过导线时，在导线周围产生磁场。磁环上绕制有 a、b 两个独立线圈，线圈 a 用于检测磁环内的磁通。

当磁环中有变化的磁通时，线圈 a 会生产感应电势。线圈 a 的输出与一个高输入阻抗的电压控制电流源相连，电流源的电流通过线圈 b 在磁环内产生的磁通与线圈 a 的相反。这样，I_P 产生的磁通、线圈 a 输出电压、线圈 b 电流及线圈 b 产生的磁通形成负反馈机制，线圈 b 的电流能够精确反映小电流 I_P 的变化。基于零磁通原理的小电流传感器，由于铁心是闭合的，有极高的感知灵敏度，当 I_P 小至 50μA 时仍可达到较高的准确度等级（0.2 级），而且相位差很小（6′ 左右），不需要移相处理，受温度影响很小，广泛应用于包括高压套管、金属氧化物避雷器等接地线小电流的监测中。但不适用于叠加有直流的小电流信号。

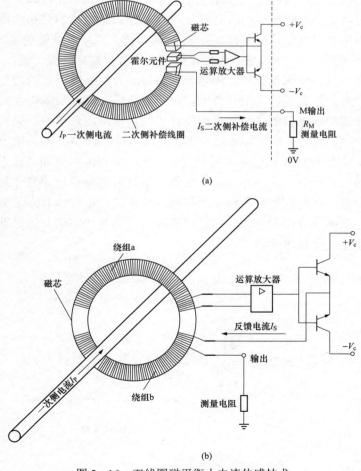

图 2-16 双线圈磁平衡小电流传感技术
（a）磁平衡式霍尔电流传感技术；（b）双线圈磁平衡小电流传感器

2.2.6 位移传感技术

位移传感器包括直线位移传感器和角位移传感器,其中角位移传感器有更广泛的适用性。角位移传感器的种类很多,光电编码器是应用最为广泛的一种。光电编码器是用光电方法将角位移变换为以数字代码形式表示的电信号的一种传感元件,有增量式和绝对式两种。

2.2.6.1 增量式光电编码器

增量式光电编码器结构简单、工作可靠,是高压断路器位移传感中常用的一类传感器,参见图 2-17,由编码盘、LED 光源、光电元件和固定光栅等组成。在编码盘上,沿圆周等间距刻有 n 个透光槽,形成均匀分布的透明区和不透明区。固定光栅与编码盘平行,有 a、b 两个透光窄缝,彼此相差 1/4 槽距。LED 光源置于编码盘一侧,A、B 两个光电元件置于固定光栅一侧,与窄缝 a、b 对应。工作时,编码盘旋转,固定光栅保持静止。当编码盘的透明区与固定光栅的窄缝完全重叠时,光电元件的输出电压达最大值;当编码盘的不透明区与固定光栅的窄缝完全重叠时,光电元件的输出电压达最小值。编码盘连续旋转一个槽距,光电元件就近似输出一个正弦波电压,且 A、B 输出电压的相位相差为 90°。根据彼此超前或滞后的关系,即可鉴别编码盘的旋转方向。对光电元件的输出进行放大、整形,由计数器根据旋转方向进行加减计数,计数值即代表角位移,从而实现对角位移的传感。增量式光电编码器除了可以测量角位移之外,根据透光槽的角间距和输出脉冲之间的时间间隔,还可以测量转轴的角位移速度,即角速度。

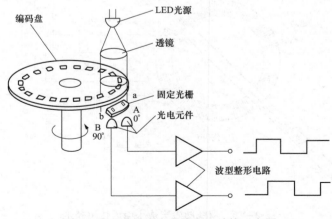

图 2-17 增量式光电编码器结构示意图

由增量式光电编码器的测量原理可知，编码盘静止时没有光脉冲输出，此时，单从编码器的输出上无法辨识当前转角位置，即增量式光电编码器仅适宜测量相对角位移。虽然可由监测 IED 记录初始转角位置，同时实现绝对转角位置测量，但随着转轴的反复旋转，初始转角位置的误差会逐渐增大，直至绝对转角值因过度漂移失去意义。

2.2.6.2 绝对式光电编码器

与增量式光电编码器不同，绝对式光电编码器不再需要计数器，而是通过编码盘上的编码直接转换为当前转角位置。因此，不仅可以测量位移，而且可以不依赖初始转角，准确地测定当前转角位置。绝对式光电编码器的基本结构如图 2-18 所示，编码盘由透明区和不透明区组成，这些透明区和不透明区构成了编码盘的编码。编码盘沿半径方向的码道条数代表了编码的位数，而编码位数决定着角度分辨率，位数越高，两个编码之间对应的角度就越小，角度分辨率越高。图 2-19 右图所示编码盘有 4 条码道，若用黑色不透光区和白色透光区分别代表二进制的"0"和"1"，则从内到外可表达 4 位二进制编码，通常内侧表示高位，外侧表示低位。在整个圆周上的可编码数为 $2^4 = 16$，可鉴别的转角角度为 $22.5°$。若采用 n 位编码盘，则能分辨的角度为

$$\alpha = \frac{360}{2^n} \qquad\qquad (2-4)$$

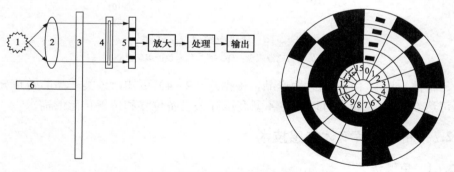

图 2-18　绝对式光电编码器结构示意图

1—光源；2—透镜；3—编码盘；4—窄缝；5—光电元件；6—转轴

为了将转角信息转换为编码信息，在编码盘一侧的每一条码道都配有一个光电元件，沿径向排列。在编码盘的另一侧配置光源（参见图 2-18）。各光电元件可否接收到另一侧光源的光线决定于码道的透明与否。这样，光电元件的输出电压即可表示码道的编码。为了减少码道透明与不透明转换不够分明可能

引起的编码识别错误，一般均采用格雷码（Groycode）编码，如图 2-19（a）所示。格雷码的特点是从任何当前码值转到相邻码值时，码值中仅有一位发生状态变化，如 1111 与 1110 相邻，避免自然码 1111 与 0000 相邻这样的极端情形，从而避免产生粗大误差。为了进一步减少编码识别错误，可在编码盘设置可判位光电装置，如在编码盘的最外侧增加一个信号位，参见图 2-19（b），其透明区与非透明区与编码错开半个位，设置只有与信号位相对应的光电元件有信号时才读取编码值，进一步提高了编码读取的准确度。同样，绝对式光电编码器也可以测量转轴的角速度。角速度等于相邻两个编码之间的角度差除以出现该相邻编码的时间差。

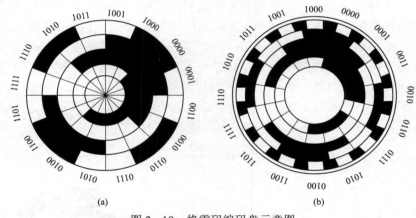

图 2-19　格雷码编码盘示意图
（a）格雷码编码盘；（b）增加信号位的编码盘

目前，已有 14 位编码器产品，根据式（2-4）可知，该类产品的转角分辨率可达 0.022°，完全可以满足各型高压开关设备位移和位置传感的需求。

2.2.7　油中溶解气体传感技术

2.2.7.1　色谱法

色谱法是一种利用色谱柱将混合气体分离并进行含量测定的技术。将混合气体分离是色谱法的关键，分离的原理主要有两类：一类是基于吸附原理，固定相为固体吸附剂；另一类基于分配原理，固定相为液体溶剂。在检测油中溶解气体的色谱法中，多基于吸附原理。固体吸附剂对各个气体组分的吸附力不一样，吸附力越强，则该组分在色谱柱中的移动速度越慢，这样，在色谱柱足够长的情况下即可实现不同气体组分的分离，如图 2-20 所示，图中所示 A、B

两种气体的混合气体，由载气携带进入色谱柱，载气又称流动相，是一种与被检测气体和固定相都不发生反映的气体，一般为氮气。气体 A、气体 B 的混合气体由氮气携带沿着色谱柱流动（见图 2-20 中 t_1 时刻），假设固定相对气体 B 的吸附力大于气体 A，气体 A 在色谱柱中的移动速度高于气体 B，这样，经过一段色谱柱之后，吸附力大的气体 B 逐渐滞后于气体 A（参见图 2-20 中 t_2 时刻），在 t_3 时刻实现了气体 A 和气体 B 的分离，在 t_4 时刻，气体 A 率先进入检测单元的检测器，检测器输出气体 A 对应的色谱峰 A，对应气体 A 的浓度；在 t_5 时刻，气体 B 进入检测单元的检测器，检测器输出气体 B 对应的色谱峰 B，对应气体 B 的浓度，由此实现了混合气体的分离和检测。

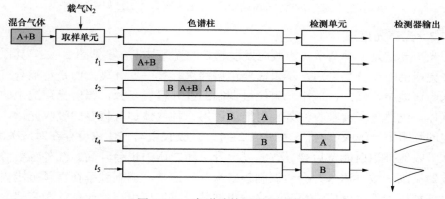

图 2-20　色谱法检测原理示意图

需要指出的是，混合气体各组分从色谱柱流出的顺序与色谱柱固定相成分相关，从混合气体进入色谱柱，到气体各组分分离、流出的时间与色谱柱的长度、温度、载气流速等有关。进行定量检测前，应对各气体组分流出的时间进行标定（如图 2-20 中的 t_4、t_5），在实际检测时，应保持与标定时同样的条件，如此才能确定各个色谱峰出现的时刻及其对应的气体。色谱峰的高度和面积决定于对应气体的含量，为了实现气体含量的定量检测，需要用已知含量的气体试样进行标定，标定之后，在相同条件下，即可实现气体含量的定量检测。基于色谱柱的油中溶解气体传感、检测过程如图 2-21 所示。其中，提取油样环节要保证油样的定量提取，油气分离环境要保证气体充分脱出，进气单元要控制载气流量、流速恒定，同时控制样气（从油中脱出的气体）定量、定时进入色谱柱。样气经过色谱柱中能否完全分离，主要取决于色谱柱的效能和选择性，而色谱柱的效能和选择性在很大程度上取决于固定相选择和本身的性能。常用的色谱柱有填充式和毛细式两种，其中，填充式在色谱柱中填充有固体颗粒，如石墨化炭黑、分子筛、硅胶、多孔性高分子微球等。检测单元用来把色谱柱分离出来的各气体组分转化为可检测的电信号，然后经过信号处理，实现定量检测与记录。检测单元的核心是检测器，常用的检测器有热导池检测器、氢火焰电离检测器等。

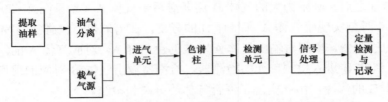

图 2-21　基于色谱柱的油中溶解气体传感与检测过程示意图

2.2.7.2　光声光谱法

光声光谱是一种基于光声效应发展起来的光谱技术，参见图 2-22，其原理是在完成油—气分离之后，不再需要色谱柱进行气—气分离，而是将混合气体导入光声池中，然后，应用一束经过调制的红外辐射光源，照射光声池中的混合气体，气体分子会吸收红外辐射能量。每一种气体都有特有的吸收光谱，在特定的频率下出现吸收峰值（参见表 2-1），且吸收量与气体浓度存在对应关系。气体吸收红外辐射能量后会导致温度上升，随之压力也会升高。红外辐射源经斩波器调制，故气体压力会随调制频率涨落。通常，调制频率在声频范围内，所以这种压力涨落就成为声波。这一声波信号可以应用声敏元件（微音器）检测。声波强度与气体浓度间可建立相关关系，从而实现对气体组分浓度的定量检测。基于光声光谱原理的油中溶解气体感知流程如图 2-23 所示，其中，辐射光源可以是可调谐的激光源，或多个不同频率的激光源，也可以通过窄带滤光片实现对入射光源频率的控制。微音器将光声池的声信号转变为电信号，经信号处理，进行定量检测并记录。

表 2-1　　　　　　　　　　　　常用气体组分的吸收峰值

气体组分	分子量	特征波数（cm^{-1}）	特征波长（μm）
甲烷（CH_4）	16	1245	7.974
乙烷（C_2H_6）	30	861	11.614
乙烯（C_2H_4）	28	1061	9.425
乙炔（C_2H_2）	26	783	12.771
一氧化碳（CO）	28	2150	4.651
二氧化碳（CO_2）	44	668	14.970

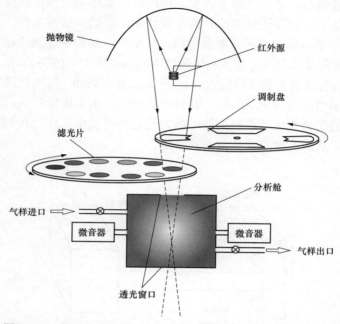

图 2-22 基于光声光谱原理的油中溶解气体监测仪结构示意图

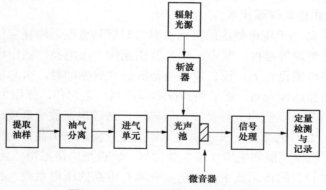

图 2-23 光声光谱测量过程示意图

2.2.8 振动传感技术

2.2.8.1 压阻式振动传感技术

振动传感器的敏感元件与压力传感器相同,区别在于,振动传感器是通过质量块将振动信号转变成压力信号。图 2-24 为振动传感器的基本原理示意图,包括基底、硅梁和质量块三部分。实际应用时，基底通过紧固螺丝等刚性固定在被监测设备上，以保证振动信号的有效传递。硅梁为敏感元件，有四个通过扩散形成的 P 型电阻组成桥式测量电路，硅梁的一端与基底刚性连接，另一端为自由端，与质量块相连，设备发生振动方向与基底平行的振动时，通过基底、硅梁将振动传导至质量块（质量为 m），引起质量块振动（振动加速度为 a），进而对硅梁施加惯性力（$F = ma$），引起硅梁形变。由于压阻效应，硅梁形变引起扩散电阻的阻值变化，打破电桥平衡，通过不平衡电压即可得到振动强度和频率等信息，从而实现对设备振动的感知。

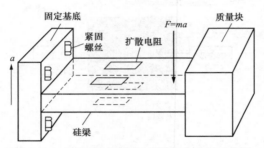

图 2−24　压阻式振动加速度传感原理示意图

2.2.8.2　压电式振动传感技术

图 2−25 是基于压电效应的振动传感器原理示意图，同样包括基座、压力敏感元件和质量块等部件。其中，压力敏感元件为压电晶体或压电陶瓷，基座刚性固定在被检测设备上，设备发生与基底垂直的振动时，引起质量块纵向振动，假设振动加速度为 a，质量块的振动作用到压电元件，作用力为 $F = ma$，在压力 F 的作用下，压电元件产生电压输出，通过电荷放大器或电压放大器，可以实现对压力 F 的感知。关于压电元件选择方面，石英晶体的突出优点是性能非常稳定，机械性能和绝缘性能也非常好，缺点是价格昂贵，且压电系数低，一般用于要求较高的传感器中；压电陶瓷具有很高的压电系数，在压电式振动传感器中得到广泛应用。

2.2.9　特高频射频信号传感技术

通常将频率超过 500MHz 的信号称为特高频（UHF）信号。特高频射频信号传感器实际上就是 UHF 天线。UHF 天线有多种，如平面等角螺旋型、阿基米德螺旋型等。

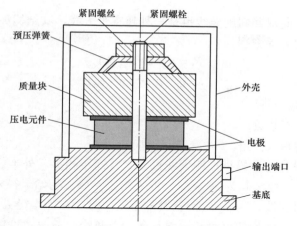

图 2-25　基于压电效应的振动传感器原理示意图

平面等角螺旋型天线是一种超宽带天线，其结构如图 2-26（a）所示。该天线有两个臂，一个臂为螺线方程 $r_1 = r_0 e^{a \cdot \theta}$、$r_2 = r_0 e^{a(\theta - \delta)}$ 和半径为 R 的外圆围成的区域，另一臂与前一臂对称，为螺线方程 $r_3 = r_0 e^{a(\theta - \pi)}$、$r_4 = r_0 e^{a(\theta - \pi - \delta)}$ 和半径为 R 的外圆围成的区域。R 为天线的外半径。平面等角螺旋型天线由初始半径 r_0、臂宽 δ、臂长 L_0、螺旋系数 α 和外半径 R 等来表征。臂长 L_0 决定天线的下限工作频率（对应波长为 λ_{max}），初始半径 r_0 决定天线的上限工作频率（对应波长为 λ_{min}），当取 $\alpha = 0.221$ 时，天线初始半径、外半径与上下限频率对应波长之间的关系为：$r_0 \approx \lambda_{min} / 4$，$R \approx \lambda_{max} / 4$，并有 $\lambda_{min} / \lambda_{max} = r_0 / R$。如取 1.5 匝，则有 $R = r_0 e^{a \cdot 3\pi} \approx 8 \cdot r_0$，即倍频带宽可达 8:1。此外，臂宽越大，天线波段特性越好，通常取 $\delta = \pi / 2$。

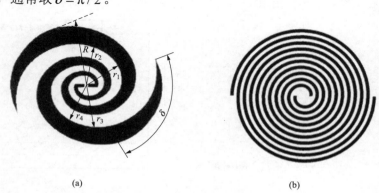

（a）　　　　　　　　　　　　　　　　　　（b）

图 2-26　典型 UHF 天线

（a）平面等角螺旋天线；（b）阿基米德螺旋天线

阿基米德平面双臂螺旋天线也是一种超宽带天线，其结构如图 2-26（b）所示。两个臂的方程分别为

$$R_1 = r_0 + \alpha \left(\theta - \theta_0 \right)$$
$$R_2 = r_0 + \alpha \left(\theta - \pi - \theta_0 \right)$$

式中　r_0——初始半径；

　　　α——螺旋系数；

　　　θ_0——初始方位角。

天线一般设计为自补型，即天线臂宽与臂间距相等。外半径 R 决定天线的下限工作频率（对应波长为 λ_{max}），一般 $R \approx \lambda_{max} / 5$；初始半径 r_0 决定天线的上限工作频率（对应波长为 λ_{min}），一般 $r_0 \approx \lambda_{min} / 8$。在外半径 R 一定的条件下，螺旋系数 α 越小，螺旋线就越长，终端效应就越小，波段特性就越好。但 α 太小，螺旋线太长，传输损耗会增大。

2.2.10　液位传感技术

液位传感器可以分为接触式和非接触式两种。最常见的接触式液位传感器为浮子式液位传感器，也称浮子式液位计，是利用漂浮在被测液面上的浮子（也称浮标）的位置来检测液位的。当液位发生改变时，浮子会发生相应的位移。浮子式液位仪结构简单、工作可靠、显示直观，因此有较为广泛的应用。具有越线告警接点的浮子式液位传感器如图 2-27（a）所示，也称开关式浮子液位计，其工作原理是利用一个浮子随液位运动来驱动内部的磁簧开关，形成一个单接点输出的浮子液位开关。以此为基础，也可以配置多个浮子和多个开关形成多点液位检测和信号输出。

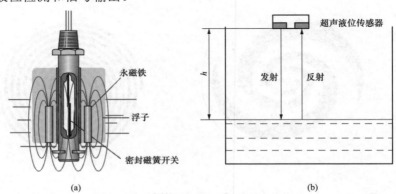

图 2-27　液位传感器示意图

（a）开关式浮子液位传感器；（b）超声液位传感器

对于模拟量输出的浮子液位计是以磁性浮子为测量元件，通过磁耦合作用，使传感器内部的电阻成线性变化，再由变送器将电阻变化转换成 4～20mA 标准电流信号。由于浮子式液位计采用的是磁场驱动，因此传感器为无源传感器，无需外部单独供电。

非接触式主要以超声液位传感器为主，参见图 2－27（b），其原理是通过向液体表面发射超声波，测量反射回来的超声波需要的时间来确定液面位置。超声液位传感器具有精度高、体积小等特点，但造价偏高。超声液位传感器属于有源传感器，需要外部单独供电，可以用于接点输出的液位开关，也可以用于连续输出的模拟量液位变送器。

2.2.11 气体继电器

气体继电器，俗称瓦斯继电器，是专门针对油浸式电力变压器等设计的。当油浸式电力变压器内部发生故障时，因油纸绝缘的分解会产生瓦斯气体或油流迅速流动，推动气体继电器动作，发出告警信号或跳闸电源，以保护变压器。为了提高气体继电器的可靠性，通常采用无源的挡板式多磁力接点结构，通过浮子的移动带动磁开关管转动，磁开关管靠近永磁铁后导致接点闭合，接通告警回路或跳闸回路。

气体继电器安装在变压器与储油柜之间的连接管路上。在正常状态下，气体继电器内充满了变压器油。由于浮力，浮子处在最高位置。当变压器内部出现故障时，气体继电器会根据不同的故障输出不同的信号，具体如下。

2.2.11.1 气体聚集

故障时，变压器油纸绝缘分解产生自由气体，气体在油中向上溢，在气体继电器上部聚集并挤压变压器油，使气体继电器内的油面下降。随着油面的下降，上浮子也一同下降。通过上浮子的运动，将带动一个磁性开关管逐渐靠近永磁铁，并启动告警信号，见图 2－28（a）。此时，下浮子不受影响。

2.2.11.2 绝缘油渗漏

若因渗漏造成变压器绝缘油流失，油面会下降。随着油面的下降，上浮子同时下沉，通过浮子的移动带动磁开关管转动，磁开关管靠近永磁铁后导致接点闭合，此时发出告警信号。当变压器油继续流失，油面进一步下降，导致下浮子下沉。通过浮子的运动，带动另外一个磁开关管转动，如图 2－28（b），磁开关管靠近另一个永磁铁后导致接点闭合，此时发出跳闸信号，由非电量保护 IED 切断变压器的进线侧电源。

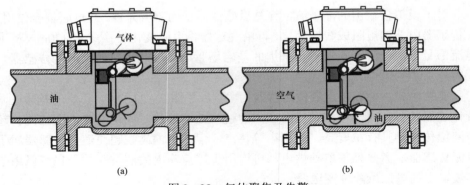

(a) (b)

图 2-28 气体聚集及告警

(a) 气体聚集; (b) 绝缘油渗漏

2.2.11.3 变压器内部突发故障

若变压器内部突发严重故障, 由故障产生的大量气体会压迫绝缘油向储油柜方向快速运动, 形成高速油流。高速油流冲击挡板, 挡板沿着油流动的方向运动, 如图 2-29 所示, 磁开关管被启动, 发出保护跳闸信号。

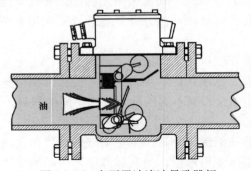

图 2-29 变压器油流速导致跳闸

2.3 状态评估

2.3.1 引言

为了满足支持运行控制的时效性要求, 减少变电站网络传输压力, 智能高压设备要求对监测结果进行就地分析, 仅报送分析后得到的结果信息。为此, 状态量经传感器采集之后, 需要由监测 IED 完成实时评估, 实现由"感"到"知"的转变, 以便支持智能告警及智能控制, 达成智能化目标。智能高压设备的分析与评估有两个特征：一是由智能高压设备自主完成，二是综合多个状态量信息，实现对运行可靠性、控制可靠性和负载能力的评估。自主评估要求评估方法不依赖于技术人员，完全通过 IED 内置的嵌入式算法完成；多状态量综合评估则是基于状态量之间的互证、互补关系，对设备状态做出综合判断。通常，单个状态量的评估由采集该状态量的 IED 完成，多状态量综合评估由主 IED 完成。目前常用的评估方法包括：健康指数法、合成概率评估法和故障模式诊断法等。

2.3.2 健康指数法

健康指数法又称为基于电网状态评估的风险防范管理体系（condition based risk management，CBRM），是目前应用比较广泛的高压设备状态评估方法，由英国 EA 公司（EA technology limited）于 20 世纪末提出。健康指数法首先根据设备的预期使用寿命、运行环境、运行条件估算出设备的老化速率与老化健康指数理论值（HI_0）；再根据设备的状态量对 HI_0 进行校正，获得综合健康指数值（HI）；最后根据 HI 与故障发生概率（P_i）的指数对应关系，计算出设备的故障发生概率。图 2-30 展示了健康指数法的输入信息、中间变量，以及输出结果之间的关系。

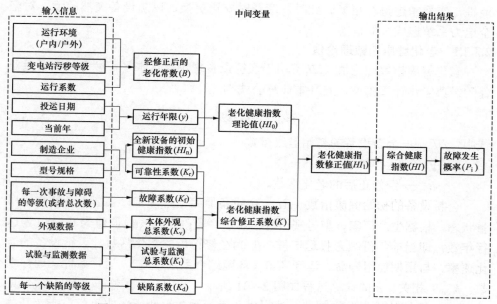

图 2-30　健康指数法的输入信息、中间变量与输出结果

在图 2 - 30 中，输入信息大致可以分为三类：① 铭牌信息，包括设备的制造企业、型号规格、投运日期等；② 运行环境，如变电站所在地区的污秽等级，运行于户内或户外等；③ 设备的状态量，包括由监测 IED 或试验获取的数据、巡检记录、事故与障碍记录、缺陷记录等。输出结果包括 HI 与 P_i。HI 表征了设备的整体健康状态，其值介于 0～10 之间。对于 HI 的不同取值，意义如下：

（1）$HI = 0$：设备处于完好状态。

（2）$0 < HI \leqslant 3.5$：设备存在着可以观察到或探测到的早期老化现象，但设备整体的健康状态依旧优良。此时，设备发生故障的概率处于比较低的水平，并且在一段时间内，设备的健康指数和故障发生概率不会有太大的变化。

（3）$3.5 < HI \leqslant 5.5$：设备已经有明显的老化，但属于正常老化的范围，设备整体健康状态良好。此时，设备发生故障的概率虽然仍比较低，但已经开始上升，老化率也有所增大。

（4）$5.5 < HI \leqslant 7.0$：设备已严重的老化，超出了正常的老化范围，设备整体健康状态为差。此时，设备发生故障的概率明显增加，需要专业工程师认真分析原因，进而采取相应措施，有效地改善或提升设备健康状态，使其尽可能工作在良好的状态下。

（5）$7.0 < HI \leqslant 10$：表明设备整体健康状态极差，随时都有出现故障的可能性，需要考虑进行更换。此时，应及时安排更换，以防设备突然故障，对整个电力系统造成大的危害。

2.3.2.1　老化健康指数理论值

老化健康指数理论值（HI_0）用于表征设备理论老化水平，参考了电子元器件的经典老化计算模型，其基本计算公式为

$$HI_0 = HI_n \times \mathrm{e}^{B \cdot y} \tag{2-5}$$

式中　HI_n——全新设备的初始健康指数；

　　　　y——运行年限，年；

　　　　B——经修正后的老化常数。

全新设备的初始健康指数（HI_n）由设备原始信息确定，表征设备的初始质量状态，根据生产厂家、型号规格等信息由经验确定，一般取值为 0.5；y 为运行年数，即当前年份减去投运年份；B 为经修正后的老化常数，表征设备的老化速率，与预期使用寿命、运行环境（环境综合系数，K_e）、运行条件（运行系数，K_{run}）相关。B 的计算过程如图 2 - 31 所示，其中，污区修正系数（K_{ep}）见表 2 - 2；预期使用寿命由制造企业提供；运行系数用变压器的负荷率或者开关

的跳闸次数表征，第 5 章与第 6 章将详细介绍。

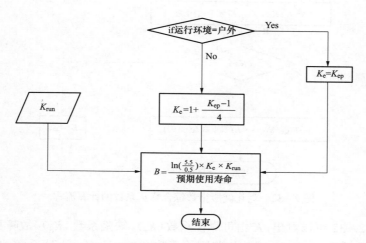

图 2－31　经修正后的老化常数 B 的计算流程

表 2－2　　　　　　　不同变电站污秽等级下的污区修正系数（K_{ep}）

变电站污秽等级	Blank*	1	2	3	4
污区修正系数 K_{ep}	1	0.9	1	1.1	1.25

* Blank 表示缺失相关数据时的默认值。

2.3.2.2　综合健康指数（HI）

在 HI_0 的基础上，根据设备运行中记录的状态量，包括监测 IED 采集的数据以及试验数据、巡检记录、事故与障碍记录、缺陷记录等，校正健康指数，获得老化健康指数修正值（HI_1），见式（2－6）。对于高压开关，综合健康指数 $HI = HI_1$。对于油浸式电力变压器，由于油的品质至关重要，因此，综合健康指数 HI 还应考虑绝缘油的状态，详见第 5 章。HI_1 计算公式为

$$HI_1 = HI_0 \times K \tag{2－6}$$

式中　K——老化健康指数综合修正系数；

　　　HI_1——老化健康指数修正值。

老化健康指数综合修正系数（K）的计算流程如图 2－32 所示。

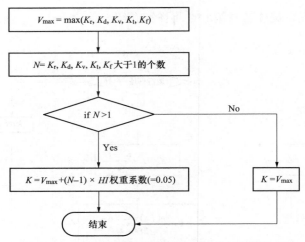

图 2-32 老化健康指数综合修正系数的计算流程

由图 2-32 可以看出，K 由可靠性系数（K_r）、缺陷系数（K_d）、故障系数（K_f）、本体外观总系数（K_v）和试验与监测总系数（K_t）决定，上述系数的物理意义与计算方法如下：

（1）可靠性系数（K_r），用以反映设备的可靠性记录。具有良好可靠性记录的设备：$K_r = 1$；K_r 越大，可靠性越差，如表 2-3 所示。具体应用时，根据设备生产厂家、设备型号、批次等由经验确定。

表 2-3　　　　　　　　不同可靠性等级下的可靠性系数（K_r）

可靠性等级	1	2	3	4	Blank
可靠性系数 K_r	1	1.1	1.25	1.5	1.1

（2）缺陷系数（K_d），用以反映设备的缺陷状态，决定于缺陷的严重等级与数量。缺陷严重等级及对应分值见表 2-4。K_d 的确定流程：① 根据表 2-4 获得每一个缺陷对应的分值；② 按式（2-7）计算出缺陷总分值；③ 根据缺陷总分值查表获得 K_d。若设备未曾发生缺陷，则 $K_d = 0.9$ 或者 1；缺陷严重等级越高，次数越多，K_d 越大，但最大不超过 1.5。缺陷总分值与缺陷系数的对应关系请参考第 5 章、第 6 章。缺陷总分值公式为

$$缺陷总分值 = \sum_{i=1}^{n} 第 i 个缺陷的分值 \tag{2-7}$$

缺陷严重等级	状态描述	缺陷分值
1	较轻：不会导致设备立即失效的缺陷	1
2	严重：将立即导致设备失效的停运	1.5
3	重大：导致停运，并可能导致严重的继发性损坏和资产替换	2

表 2-4　　　　　　　　　　不同缺陷严重等级下的缺陷分值

（3）故障系数（K_f），取决于设备发生故障的次数及每次故障的严重程度。若未曾发生故障，$K_f = 1$；发生的故障次数越多、越严重，K_f 越大，通常在 1~1.4 之间。

（4）本体外观总系数（K_v），决定于设备外观展示的状态，根据巡检情况确定。外观良好：$K_v = 1$；由外观反映的缺陷越多，K_v 越大，通常在 1~1.45 之间。具体参见第 5 章、第 6 章。

（5）试验与监测总系数（K_t），决定于试验与监测数据的分布范围，若监测 IED 采集的数据合格，且预防性试验数据全部一次通过，则 $K_t = 1$，否则不合格或未通过的数据越多、偏离要求越严重，K_t 越大，通常在 1~1.7 之间。

2.3.2.3　故障发生概率

故障发生概率（P_i）是基于综合健康指数（HI）对设备发生故障的一种预测。根据故障的严重程度，可以将故障分为轻微故障（P_1）、中等故障（P_2）和重大故障（P_3）❶。设备的综合健康指数（HI）与故障发生概率（P_i）之间的对应关系如式（2-8）所示，在工程应用中，常常将指数函数展开成为三次多项式的形式，如式（2-9）所示。然而在设备投入使用的初期，会有一个时间很短的调试期，在此期间 HI 较低，而故障发生概率较高。因此故障发生概率与 HI 之间是一个分段函数的关系。当 HI 在阈值 h_i 以内时，故障概率是一个由 h_{il} 决定的常数；当 $HI \geqslant h_i$ 时，故障发生概率的计算如式（2-9）所示。具体的 h_i 与 h_{il} 的取值由各个项目确定。

$$P_i = k_i \times \mathrm{e}^{c_i \times HI} \tag{2-8}$$

$$P_i = k_i \times \left[1 + c_i \times HI + \frac{(c_i \times HI)^2}{2} + \frac{(c_i \times HI)^3}{6} \right] \tag{2-9}$$

式中　i——代表故障类型，$i = 1,2,3$，分别对应轻微故障、中等故障以及重大故障；

---

❶　断路器还包含拒动故障。

P_i —— 第 i 类故障的发生概率；

k_i —— 第 i 类故障的比例常数，与设备类型相关；

c_i —— 第 i 类故障的曲率常数，与设备类型相关。

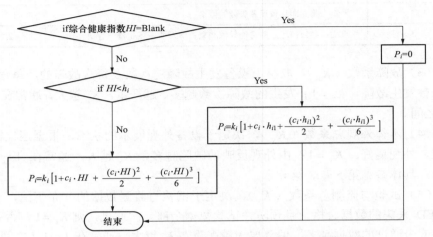

图 2-33　综合健康指数 HI 与故障发生概率的函数关系

图 2-33 中，h_i 为第 i 种故障类型下 HI 的变化起点；h_{i1} 为第 i 种故障类型下设备调试期的 HI 常数，通常 $h_{i1} = h_i$。

2.3.3　概率合成法

合成概率评估法是一种基于经验的量化评估方法，主要步骤包括单状态量评估、多状态量之间关联关系分析和多状态量综合评估。其中，多状态量综合评估是基于合成概率的方法予以实现。合成概率评估法解决了以往多状态量综合评价中某一状态量的作用被重复考虑的问题，特别是对于同一缺陷多个状态量异常的情形。状态量作用的重复考虑会导致评估结果严重偏离实际。

2.3.3.1　单状态量评估法

单状态量评估法是合成概率评估法的基础，顾名思义，单状态量评估法是依据单一传感器采集的状态量值，对设备运行可靠性，或/和控制可靠性做出评估的方法。目前，常用的单状态量评估法包括阈值法、指纹法和趋势法等。

（1）阈值法。在长期的实践中，逐步积累了一批可反映设备可靠性水平的状态量及其量值分布。习惯上把某一状态量正常范围的边界值称为该状态量的阈值。几十年来，阈值一直是评估设备状态的依据。状态量与阈值之间大致有以下三种关系：① 状态量（记为 C_1）应不小于某个阈值，适用于量值越大说

36

明状态越好的情形，如绝缘电阻；② 状态量（记为 C_2）应不大于某个阈值，适用于量值越小说明状态越好的情形，如介质损耗因数；③ 状态量（记为 C_3）应不超过某个阈值区间，适用于具有指纹属性的状态量，如绕组电阻。上述三种情形如式（2-10）所示。符合式（2-10）要求时，设备状态被认为正常。

$$\begin{cases} C_1 \geq T_1 \\ C_2 \leq T_2 \\ T_1 < C_3 \leq T_2 \end{cases} \quad (2-10)$$

随着经验的积累，一部分状态量的阈值可进一步细分为不同的严重等级。通常分为预警（warning）和告警（alarm）两个级别。以式（2-10）中的 C_1 为例，可设预警值为 T_{wrn}，告警值为 T_{alm}，即

$$\begin{cases} C_1 > T_{wrn} & \text{正常条件} \\ T_{wrn} \geq C_1 > T_{alm} & \text{预警条件} \\ C_1 \leq T_{alm} & \text{告警条件} \end{cases} \quad (2-11)$$

式（2-11）中 $T_{wrn} > T_{alm}$。当 C_1 达到预警条件时，表示设备存在可靠性下降的某种不确定性，应引起注意；当 C_1 达到告警条件时，表示设备极有可能存在严重缺陷，可靠性明显下降。对于后一种情形，通常要求尽快予以处置。其中，预警值与告警值多为经验值或统计值。对于 C_2、C_3，情况类似，这里不再赘述。之前，预警与告警都是一种定性描述，用以警示设备存在可靠性下降的风险，其中，告警比预警的风险更高。为了实现多状态量综合分析，需要根据经验量化预警及告警条件下的可靠性指标。

（2）趋势法。仍以 C_1 为例说明。实践表明，设备从缺陷发展为事故都有一个过程，大多数情形下，缺陷一旦出现，就会随着运行时间的推移变得越来越严重。在这一过程中，状态量会伴随缺陷的发展而不断偏离阈值要求。阈值法虽然简单，但最明显的缺点是只关注状态量的大小，忽视了状态量的变化。对于缺陷发展较为迅速的情形，阈值法可能导致的误判是显而易见的。

趋势法要点在于既要考虑状态量当前值的大小，也要考虑状态量的发展变化态势。对于后者，简单的方案是粗略地将变化态势分为稳定、增长和减少三类，并在评估中作为因素之一予以考虑。更精细的方法则是根据状态量的当前值及近期值，计算劣化速率 D，将 D 作为评估依据之一。仍以 C_1 为例

$$D = \frac{\Delta C_1}{\Delta t} \quad (2-12)$$

式（2-12）中，ΔC_1 为 Δt 时间间隔内 C_1 的减少量。Δt 要恰当选择，不宜

太大或太小，以使 D 值尽可能真实地反映 C_1 的发展变化态势。

（3）指纹法。阈值法及趋势法适用于同一类设备中的任何一台设备，普适性强，但精准性不够。随着对评估质量要求的不断提高，针对单一具体设备，以其状态量自身的原始值作为参考，分析其变化态势的评估方法受到重视，这就是指纹法。具体某一状态量是否适用于指纹法决定于该状态量是否具有指纹属性。指纹属性表示状态量的值仅决定于设计、材质和工艺，不受或基本不受环境和役龄影响，或影响可以修正。在指纹法的实际应用中，应基于状态量的多次测量，通过统计分析给出界定指纹是否改变的判据。

在指纹法中，状态量值不是与普适性的阈值去比较，而是与状态量的原始值（原始指纹）去比较。因此，指纹法属于个性化诊断，更有针对性，诊断结果的品质也较高。

2.3.3.2 多状态量综合评估法

不论是运行可靠性，或是控制可靠性，与其关联的状态量通常不止一个。实践中，需要在单状态量评估的基础上进行多状态量综合评估。在进行综合评估之前，需要理清多状态量之间的关联关系。一般可归纳为以下三种情形：① 多个状态量分别指向同一被评估对象的多个部件，如图 2-34（a）所示。② 多个状态量指向同一个被评估对象的不同缺陷，如图 2-34（b）所示。图 2-34（b）是两个状态量的例子，状态量 C_1 和 C_2 为互补关系，彼此互不直接关联。③ 多个状态量从不同的原理指向同一个被评估对象的同一缺陷，如图 2-34（c）所示。图 2-35（c）是两个状态量的例子，状态量 C_1 和 C_2 为互证关系，彼此有高度关联性。

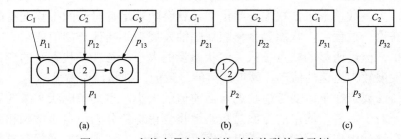

图 2-34　多状态量与被评估对象关联关系示例

（a）多个状态量分别指向同一被评估对象的多个部件；（b）多个状态量指向同一个被评估对象的不同缺陷；
（c）多个状态量从不同的原理指向同一个被评估对象的同一缺陷

对于图 2-34（a）的情形，C_1、C_2 和 C_3 各自反映部件 1、部件 2 和部件 3 的可靠性，由于此种情形下 C_1、C_2 和 C_3 彼此独立，就被评估对象的可靠性而言，C_1、C_2 和 C_3 之间是串联关系，假设对应的可靠性分别为 p_{11}、p_{12} 和 p_{13}，则整个被评估对象的可靠性可表达为

$$\begin{cases} p_1 = p_{11}p_{12}p_{13} & （本例）\\ p_1 = \prod_{i=1}^{n} p_{1i} & （通用）\end{cases} \quad （2-13）$$

式中　p_1——整个被评估对象的可靠性；

　　　p_{1i}——组成被评估对象的部件 i 的可靠性；

　　　n——部件数。

对于图 2-34（b）的情形，假设 C_1 和 C_2 各自反映的可靠性为 p_{21} 和 p_{22}，由于 C_1 和 C_2 分别对应于不同的缺陷，彼此独立，因此，情形与图 2-34（a）类似，被评估对象的可靠性可表达为

$$\begin{cases} p_2 = p_{21}p_{22} & （本例）\\ p_2 = \prod_{i=1}^{m} p_{2i} & （通用）\end{cases} \quad （2-14）$$

式中　p_2——被评估对象的可靠性；

　　　p_{2i}——被评估对象存在第 i 种缺陷时的可靠性；

　　　m——独立缺陷种类数。

对于图 2-34（c）的情形，由于 C_1 和 C_2 指向同一部件的同一缺陷，因此，C_1 和 C_2 彼此不独立，而且，鉴于指向的部件及缺陷都相同，因此，应有 $p_{31} = p_{32}$。在实践中，必须处理常遇到的以下三种情况：

（1）C_1 反映有缺陷，C_2 反映无缺陷。

（2）C_1 反映无缺陷，C_2 反映有缺陷。

（3）C_1 和 C_2 都反映有缺陷，但 $p_{31} \neq p_{32}$。

对于上述第一种和第二种情况，可能的情形包括一个状态量的传感链路失效或者受到了干扰，或灵敏等级差异所致。以第一种情况为例，参见图 2-35（a），C_1 反映存在缺陷 A，而 C_2 反映无缺陷。假设 C_1 和 C_2 的传感链路有相同的故障或受干扰几率，则有 $P(C_1) = P(C_2) = 0.5$，此时

$$\begin{aligned} p_3 &= P(A/C_1)P(C_1) + P(A/\overline{C_1})P(\overline{C_1}) \\ &= p_{31} \times 0.5 + 1 \times 0.5 = 0.5(1 + p_{31}) \end{aligned} \quad （2-15）$$

式中　p_3——被评估对象的可靠性；

　　　p_{31}——基于 C_1 评估的可靠性。

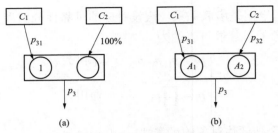

图 2-35　多状态量同部件、同缺陷可靠性分析示意图

(a) 第一种情况；(b) 第三种情况

第三种情况最常见。此时，参数 C_1、C_2 都反映存在缺陷 A，但严重程度不同。为了便于分析，这里把缺陷 A 虚拟为严重程度不同的两个独立缺陷，参见图 2-35（b），此时

$$p_3 = P(A_1 / C_1 \cdot \overline{C_2}) \cdot P(C_1 \cdot \overline{C_2}) + P(A_1 / \overline{C_1} \cdot C_2) \cdot P(\overline{C_1} \cdot C_2)$$
$$+ P(A_2 / C_1 \cdot \overline{C_2}) \cdot P(C_1 \cdot \overline{C_2}) + P(A_2 / \overline{C_1} \cdot C_2) \cdot P(\overline{C_1} \cdot C_2) \quad (2-16)$$
$$= p_{31} \times 0.5 + p_{32} \times 0.5 = 0.5(p_{31} + p_{32})$$

式（2-16）中，假设了 C_1 与 C_2 的传感链路有相同的受干扰几率并忽略同时出错的可能性，p_{32} 为基于 C_2 评估的可靠性。

2.4　智能故障诊断技术

2.4.1　概述

智能诊断技术是一种快速、简明的分析方法，适宜于将传感信息就地转化为支持电网运行控制决策的结果信息，其目的在于，通过综合各类设备状态信息，应用人工智能技术，对设备故障概率进行估计，以支持对设备故障的提前处置。

通常，设备从投运时的正常状态到故障或事故发生会有一个渐变过程，包括前期的状态劣化，到缺陷的形成与发展，再到缺陷引发故障或事故等。在故障或事故实际发生之前，通常有一些状态量已经发生了改变。因此，基于状态量，通过故障诊断技术，可提前确定故障诱因并及时进行处理。这里，故障诊断技术嵌入在智能组件各相关 IED 中，由 IED 针对设备结构特征，综合传感信息及运行工况信息，对隐含的缺陷进行诊断，对可能发生的故障进行预测，并以此提出处理对策，以使设备回归正常状态，保障电网安全运行。

传感信息是故障诊断的基础，然而，传感信息与故障之间的关系多数情况下是非直接的一对一关系，而且由传感信息确定的故障征兆和故障之间也是一种非确定的概率关系，通常情况下，故障诊断的准确性依赖于检修人员的专业知识和经验。智能高压设备需支持故障诊断功能，以更高地支持电网运行决策，因此，将人工智能技术引入故障诊断，利用人工智能技术对非线性对应关系的学习能力，结合先验知识和专家经验，构建适合 IED 应用的诊断模型，成为故障诊断的一条新途径。随着传感信息的多维化、传感数据品质的提高以及人工智能诊断技术的进步，智能故障诊断的重要性越来越受到重视，参考价值亦越来越高。本节介绍几种常用的智能诊断技术。

2.4.2　基于人工神经网络的故障诊断技术

人工神经网络（artificial neural network，ANN，以下简称神经网络）模拟人脑，是一个能够学习、总结和归纳的系统，且系统简洁，响应速度快，适合在 IED 等嵌入式系统中应用。其技术要点是，利用已知故障及其对应的状态量进行训练，以调整神经网络的结构和权值，直到达到故障诊断的可信度要求，然后将所得故障编码及与之相对应的故障类型存放在知识库中。故障诊断时，神经网络将根据新获取的状态量，对故障类型进行识别。如果与知识库中的已有类型没有匹配成功，确认其为新的故障类型，可在知识库中添加新的故障类型编码，同时神经网络执行网络结构和权值自更新程序，以实现对新故障类型的识别。下面分别介绍径向基函数神经网络模型及其故障诊断算法。

2.4.2.1　径向基函数神经网络模型

2.4.2.1.1　径向基神经网络的结构

径向基神经网络是一种以径向基函数（radial basis function，RBF）作为激活函数的三层神经网络。每个径向基函数有一个中心 $c_i \in R^n$，函数具有以下形式 $R_i(x, c_i) = \varPhi(\| x - c_i \|)$，其中 x 为径向基函数的输入，其维度与 c_i 相同。径向基函数有多种形式，但最常用的是高斯函数，如式（2-17）所示。

$$R(x, c_i) = \exp\left[-\frac{\| x - c_i \|^2}{2\sigma_i^2} \right], \quad i = 1, 2, \cdots, m \qquad (2-17)$$

式中　x——n 维向量；

　　　c_i——n 维向量，第 i 个基函数的中心；

　　　σ_i——n 维向量，第 i 个高斯核的宽度；

　　　m——感知单元的个数。

式（2−17）中，σ_i 决定了第 i 个基函数围绕中心点的宽度，σ_i 越小，径向基函数的宽度就越小，基函数就越具有选择性；$\|\boldsymbol{x}-\boldsymbol{c}_i\|$ 是向量 $\boldsymbol{x}-\boldsymbol{c}_i$ 的范数（常使用欧氏距离）。

径向基函数的典型应用为函数插值。图 2−36 给出了一个输入为一维向量的径向基函数插值的例子。为了对图 2−36（a）中的散点进行插值，首先，如图 2−36（b）所示，以每一个点 $\boldsymbol{x}_i$ 为中心放置一个高斯函数 $R(\boldsymbol{x},\boldsymbol{x}_i)$，即基函数中心的选择为 $\boldsymbol{c}_i=\boldsymbol{x}_i$；其次，插值函数由每一个高斯函数乘以一个相应的权值 w_i 并累加得到，如图 2−36（c）所示，形成式（2−18）所示表达式。插值函数的结构可用图 2−37 表示，其求解过程比较简单，直接将插值条件，即各个点的输入值和输出值代入可以得到

$$y(x)=\sum_{i=1}^{N}w_i R(\boldsymbol{x},\boldsymbol{x}_i) \tag{2−18}$$

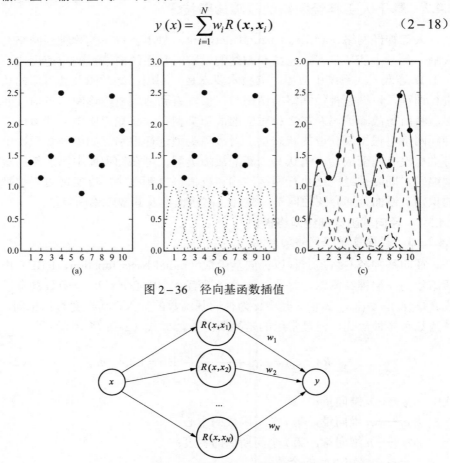

图 2−36　径向基函数插值

图 2−37　径向基神经网络插值结构图

$$\begin{cases} w_1 R(x_1, x_1) + w_2 R(x_1, x_2) + \cdots w_N R(x_1, x_N) = y_1 \\ w_1 R(x_2, x_1) + w_2 R(x_2, x_2) + \cdots w_N R(x_2, x_N) = y_2 \\ \qquad\qquad\qquad\qquad \cdots \\ w_1 R(x_N, x_1) + w_2 R(x_N, x_2) + \cdots w_N R(x_N, x_N) = y_N \end{cases} \qquad (2-19)$$

式中　N——全部样本的个数。

式（2-19）可用矩阵简化方式表示即为 $\boldsymbol{RW} = \boldsymbol{Y}$，$\boldsymbol{R} \in R^{N \times N}$，$\boldsymbol{W} \in R^{N \times 1}$，$\boldsymbol{Y} \in R^{N \times 1}$，解得权重为 $\boldsymbol{W} = \boldsymbol{R}^{-1}\boldsymbol{Y}$。实际上，式（2-19）所示插值函数就可以被看作由 1 个输入节点、N 个隐含节点和 1 个输出节点的径向基函数神经网络，每个隐含节点表示一个径向基函数。若将输入和输出都扩展到多维，就可以得到一般的径向基函数神经网络。

一般的径向基函数神经网络为三层结构，包括输入层、隐层和输出层。图 2-38 所示为一个 $n-m-p$ 结构的径向基神经网络示意图，即神经网络有 n 个输入，m 个隐层节点，p 个输出。其中，单个样本的输入 $\boldsymbol{x} = (x_1, x_2, \cdots, x_n)^T \in R^n$ 为输入矢量。输入层节点只起信号传递作用，即将状态量传递到隐层，输入节点的个数应等于状态量的维度；隐层节点处于输入层和输出层之间，由基函数构成，第 i 个节点的基函数 $R_i(\boldsymbol{x})$ 为上面提到的径向基函数，每个基函数有一个中心 $\boldsymbol{c}_i \in R^n$，具有径向基函数形式 $R_i(\boldsymbol{x}, \boldsymbol{c}_i) = \boldsymbol{\Phi}(\| \boldsymbol{x} - \boldsymbol{c}_i \|)$，负责对输入层传递的状态量在局部产生响应。在靠近基函数的中央范围时，隐层节点将产生较大的输出，由此看出这种神经网络具有局部逼近能力，所以径向基函数网络也称为局部感知场网络；输出层节点通常是简单的线性函数。

如图 2-38 所示，隐层实现从 $\boldsymbol{x}$ 到 $R_i(\boldsymbol{x}, \boldsymbol{c}_i)$ 的非线性映射，输出层实现从 $R_i(\boldsymbol{x}, \boldsymbol{c}_i)$ 到 y_k 的线性映射，即

$$y_k = \sum_{i=1}^{m} w_{ik} R_i(\boldsymbol{x}, \boldsymbol{c}_i), \ k = 1, 2, \cdots, p$$

$$(2-20)$$

式中　p——输出节点数；

$\quad\quad w_{ik}$——为第 i 个隐层神经元到第 k 个输出神经元的权值。

将式（2-17）代入式（2-20）可得式（2-21）。输出节点的数应等于全部的故障及正常状态的种类数，即

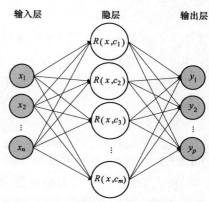

图 2-38　径向基神经网络结构示意图

$$y_k = \sum_{i=1}^{m} w_{ik} \times \exp\left[-\frac{\parallel \boldsymbol{x} - \boldsymbol{c}_i \parallel^2}{2\sigma_i^2}\right], \ k = 1, 2, \cdots, p \qquad (2-21)$$

2.4.2.1.2 径向基神经网络的学习

（1）神经网络中心的学习。与图 2-36 所示例子中每个样本都作为径向基函数的中心不同，为防止过拟合，径向基神经网络的隐含层节点数一般小于样本数。对于径向基函数的中心 $\boldsymbol{c}_i$ 可由自动聚类算法确定初始值，然后利用对称距离方法对初始值进行优化。当获得新的样本时，可由式（2-22）进行在线更新，每次修正使用新的 $\boldsymbol{c}_i$ 值代替旧的；σ_i 可以通过式（2-23）计算得到。

$$\boldsymbol{c}_i(new) = \frac{t \cdot \boldsymbol{c}_i(old) + \boldsymbol{x}}{t + 1} \qquad (2-22)$$

式中　t——该参数被修正的次数，依次为 1，2，3…；

　　　i——1，2，…，m。

$$\sigma_i = \frac{1}{r}\left(\sum_{j=1}^{r} \parallel \boldsymbol{c}_i - \boldsymbol{c}_j \parallel^2\right)^{\frac{1}{2}} \qquad (2-23)$$

式中　c_i 和 c_j——分别是最近的第 i 和第 j 个基函数的中心；

　　　r——相邻基函数中心的个数，若取值为 2，则 σ_i 的取值仅与 c_i 其最近的一个径向基中心相关；若大于 2，则 σ_i 的取值为 c_i 其最近的 r 个径向基函数中心的平均值。

（2）神经网络权值的学习。对于一般径向基神经网络，由于隐含层节点数量不等于样本数，可以使用最小二乘法求连接权值，即

$$W = (RR^T)^{-1}RY^T \qquad (2-24)$$

式中各个变量的意义同式（2-19），只是由于输入节点和输出节点分别扩展到 n 维和 p 维，导致权值矩阵 $W \in R^{m \times p}$；R 为隐含层构成的矩阵，$R \in R^{m \times N}$；Y 为代入全部样本的网络输出，$Y \in R^{p \times N}$，Y 的每行表示一个状态量向量 x 输入径向基神经网络得到的诊断结果向量 y，其中 $y = (y_1, y_2, \cdots, y_p)$。

此外，同其他神经网络一样，径向基神经网络也可以使用 BP 算法同时对网络中心和网络权值进行求解。

2.4.2.1.3 径向基神经网络的应用

作为工程应用，没有必要完全了解径向基神经网络的内部构造和工作机理。如前所述，径向基神经网络可以用来解决非线性拟合问题。如果把径向基神经网络的隐含层用一个黑盒子罩起来，只看到输入层（状态量）和输出层（诊断

结果），那么径向基神经网络的作用就是对输入和输出进行拟合，所研究的问题可简化为："状态量＋径向基神经网络参数→诊断结果"，即基于状态量，经过径向基神经网络处理，得到诊断结果。如图 2-39 所示，当取单个输出时，如图 2-39（a）所示，径向基解决的是一个回归问题，可以用于预测结果；当取多个输出时，如图 2-39（b）中所示，通过比较不同输出的大小，解决的就是一个分类问题，可以用于故障诊断。

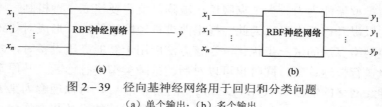

图 2-39　径向基神经网络用于回归和分类问题
（a）单个输出；（b）多个输出

　　将径向基神经网络运用于故障诊断的原因在于，由智能高压设备采集的状态信息与设备缺陷之间并不是简单的线性关联关系，状态量之间存在相关性，有时需要综合多个状态量才能进行正确的诊断，要通过对状态量的分析进行故障诊断，即处理一个"状态量→诊断结果"的问题，以专家经验作为评判依据显得越来越复杂。因此，利用径向基神经网络这种能够处理多对多的复杂非线性映射关系的系统进行判断，将"状态量→诊断结果"转换为一个"状态量＋径向基神经网络参数→诊断结果"的问题。所谓神经网络的学习是指，利用采集的"状态量＋诊断结果"集合来调整"径向基神经网络参数"，使其能够"记住"不同的状态量组合对应的是什么结果，即处理一个"状态量＋已知的诊断结果→径向基网络参数"的问题，以达到"未知样本的状态量＋学习好的径向基网络参数→诊断结果"的目的。从实现非线性拟合的角度，径向基网络作为一个黑箱系统，也可以根据不同的应用场景，被支持向量机等取代。

　　因此，使用径向基神经网络进行故障诊断时，首先，要建立其网络结构，具体包括：令径向基神经网络的输入层节点个数等于状态量的维度，输出层节点数量等于设备状态数（含故障状态及正常状态）；其次，收集若干组状态量和与之对应的设备状态，即"状态量＋已知的诊断结果"，作为训练数据，建立知识库，来训练径向基神经网络。对于分类问题，由于其输出并不是数值，要进行二值化处理，即对第 k 种状态，其输出 $\boldsymbol{y}=(y_1,y_2,\cdots,y_p)^T\in R^p$ 的第 k 维数值 y_k 置为 1，其他维度置为 0。具体应用案例参见 6.4。

　　通过径向基神经网络的学习，对径向基神经网络参数进行调整，从而能够获得针对特定诊断问题的权值，以达到故障诊断的目的。

2.4.2.2 具有快速诊断与在线更新功能的改进神经网络算法

从上面的描述可以看出，在对径向基神经网络进行训练之前，其输出层的个数是固定的，即神经网络所能诊断的故障类型必然是训练集现有故障类型的一个子集。若将一个新故障类型对应的状态量输入此径向基神经网络，系统会输出一个与此新故障类型最接近的已有故障类型作为结果。显然，这种结果是错误的。因此，直接使用径向基神经网络进行故障诊断是有缺陷的，因为它对于新故障类型无能为力。为了克服这一缺陷，就需要建立一种机制，不断更新知识库，以提升诊断水平。为此，提出改进神经网络算法，形成对传统径向基函数神经网络算法的进一步优化，当该方法应用于智能高压设备时，既可以基于状态量进行快速诊断，同时也可以对新的故障类型进行诊断。其原理在于，径向基神经网络的输出 $\boldsymbol{y} = (y_1, y_2, \cdots, y_p)^T$ 的第 k 维 y_k，可以理解为第 k 种设备状态的置信度水平，这也是取各维度最大数值所对应的设备状态作为故障诊断结果的依据。实际应用中，当最大置信度水平低于某个阈值时，表示诊断结果的可信度低，即可能出现了新的故障类型，应提请专业人员进行分析，若专业人员确诊为新的故障类型，通过神经网络的在线更新程序，将新故障类型及其对应的状态量作为新的训练样本，并结合知识库现有数据更新神经网络结构与权值，同时将新故障类型及其编码作为新知识添加到知识库中，在一定程度上解决了专家系统的新知识获取瓶颈问题，进一步提升了诊断的智能化水平。

经过改进后的神经网络实现算法描述如下：

（1）输入向量的归一化处理。一个输入节点对应输入向量的一个分量，通常，不同输入节点的分量有不同的量值范围，对所有输入节点的分量进行归一化处理，使其取值范围限制在 $[-1, 1]$ 之间或 $[0, 1]$ 之间。以限制在 $[0, 1]$ 之间为例，归一化具体实现方法如下

$$X = \frac{x - x_{\min}}{x_{\max} - x_{\min}} \tag{2-25}$$

式中，x，$X \in R^n$；$x_{\min} = \min(x)$；$x_{\max} = \max(x)$。

（2）设备故障类型及对应的二进制编码。假设有 Q 种不同类型的设备状态，则神经网络输出向量 y 中第 i 种设备状态的二进制状态编码为

$$y_i = Out_{ij} = \begin{cases} 0 & j \neq Q - i \\ 1 & j = Q - i \end{cases} \tag{2-26}$$

式中，$j = 1, 2, \cdots, Q$。

（3）构造径向基函数神经网络。输入层节点个数应等于状态量的个数，输

出层节点数量等于设备的状态数量，并根据经验确定合适的隐含层数量和径向基函数。直观来讲，隐含层节点越多，径向基神经网络的变量就越多，从而模型复杂度越高。较高复杂度的模型可能会有更好的分类效果，但是在数据不足时，可能会导致模型欠拟合，即导致训练不充分。因此在实践中，隐含层节点的个数可选择略多于输入节点个数，同时当数据量比较大时可以适当增加隐含层的节点个数；当输入节点个数较多且比较稀疏时，可选择较少的隐含层数量，能起到类似于压缩表示的效果。对于径向基函数的选择，一般情况下高斯函数即可达到比较好的效果。此时，神经网络的参数 c_i、σ_i 根据上文中径向基神经网络的学习中的参数确定方法得到。

（4）模型训练。把输入样本 x 和与其对应的二进制编码 y 作为训练样本对输入神经网络进行训练，直至神经网络输出满足精度要求，神经网络训练完成。不同于前面神经网络权值的学习介绍的直接解法，这里使用梯度下降法求解模型。

对于分类问题，常使用 softmax 函数作为最终分类结果的判别函数。设输入样本 x 输入径向基神经网络得到的输出为 $y' = (y'_1, y'_2, \cdots, y'_p)$，则模型输出其第 k 维 y_k 为 1 的概率如（2－27）所示为

$$p(y_k = 1 \mid \boldsymbol{x}) = \frac{\exp(y'_k)}{\sum_{c=1}^{p} \exp(y'_c)} \tag{2－27}$$

使用交叉熵损失函数，单个样本的损失为

$$-\sum_{k=1}^{p} y_k \log\left(p\left(y_k = 1 \mid \boldsymbol{x}\right)\right) = -\sum_{k=1}^{p} y_k \log\left(\frac{\exp(y'_k)}{\sum_{c=1}^{p} \exp(y'_c)}\right) \tag{2－28}$$

由于 y_k 只有一个为 1，其余为 0，设 y 的第 r 维为 1，因此式（2－28）可以简化为

$$l = -\log\left(\frac{\exp(y'_r)}{\sum_{c=1}^{p} \exp(y'_c)}\right) \tag{2－29}$$

因此对于全部 N 个样本，模型的损失函数为

$$J = -\sum_{i=1}^{N} \log\left(\frac{\exp(y'_{r(i)})}{\sum_{c=1}^{p} \exp(y'_{c(i)})}\right) \tag{2－30}$$

使用梯度下降法进行参数更新，公式为

$$W^{(t+1)} = W^{(t)} - \alpha \nabla_{W^{(t+1)}} J \qquad (2-31)$$

当模型的损失函数值随着模型训练在较长个迭代周期中不再减少时，则认为模型训练达到精度要求。

（5）故障诊断。对传感信息进行归一化处理，然后输入训练好的神经网络进行故障诊断，求取神经网络输出状态编码的最大分量值 γ，该值表征了对应设备状态类型的可信度。如果 γ 小于给定的阈值 A，则认定此为新状态类型，把新状态类型标志置位，并和新状态类型编码一起反馈给径向基神经网络；如果 γ 大于给定的阈值 A，则认为是已知状态类型，转第（8）步骤。

（6）通过专家系统的干预，如果确定有新故障状态类型，把新故障状态类型编码及相应的新故障状态量存入知识库中，并把新故障状态标志、状态量和故障编码送入神经网络接口文件；如果确定为已知故障类型，则转（8）步骤。

（7）神经网络判断到新故障类型标志位后，把确定为新故障类型的故障参量作为神经网络输入样本，与原样本一起重新归一化处理，重复（2）～（4）步骤，直至重新训练后的神经网络满足故障识别精度要求，算法结束。

（8）把识别出的状态类型编码及对应的传感信息一起加入当前数据集，当数据累积到当前数据集的 50% 之后转到（1）步骤，并随机剔除相同数量的较老样本，重新进行模型训练。

经过专家系统干预，采用上述算法实现的神经网络具有快速故障诊断和网络结构和权值自更新功能，专家系统的操作人员不需要对神经网络做深入了解，只需熟悉其外部数据处理过程即可。具体应用实例详见 6.4。

事实上，上面改进后的神经网络算法可以分为两部分，步骤（1）～（4）为神经网络的训练阶段，其流程图如图 2-40 所示；步骤（5）～（8）为神经网络的应用和更新阶段，其流程图如图 2-41 所示。

2.4.3　基于支持向量机的故障诊断技术

机器学习方法是从观测样本数据出发，研究样本输入与输出之间的规律，对未知数据进行预测。现有机器学习方法的重要理论基础之一是统计学。传统统计学研究的是样本趋于无穷大时的渐近理论，但在实际问题中，样本往往是有限的，因此，一些理论上很优秀的学习方法实际中表现却可能不尽如人意。与传统统计学相比，统计学习理论（statistical learning theory，SLT）是一种专门研究小样本情况下机器学习规律的理论。支持向量机（support vector machine，

SVM）算法是基于统计学习理论的人工智能方法，可有效避免维数灾问题，即既能将低维度数据映射到高维进行更好的分类，又避免了由于维度增高计算量暴增的难题，同时克服了传统神经网络算法的局部最优、收敛难以控制、结构设计困难等缺点。

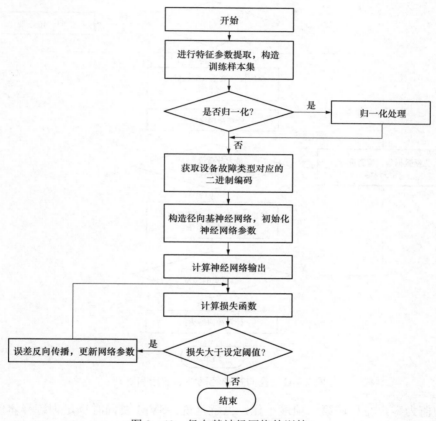

图 2-40　径向基神经网络的训练

2.4.3.1　支持向量机的基本概念

2.4.3.1.1　支持向量机模型

支持向量机是在统计学习理论基础上发展起来的一种新的机器学习方法，这个原理基于这样的事实：机器学习模型在测试数据上的误差（即泛化误差），以训练误差和一个依赖于 VC 维数（vapnik－chervonenkis dimension）的项的和为界，VC 维数是机器学习中表征模型泛化能力的一个指标。对于可分问题，在能够实现对全部样本进行正确分类情况下，支持向量机使得泛化误差的前一

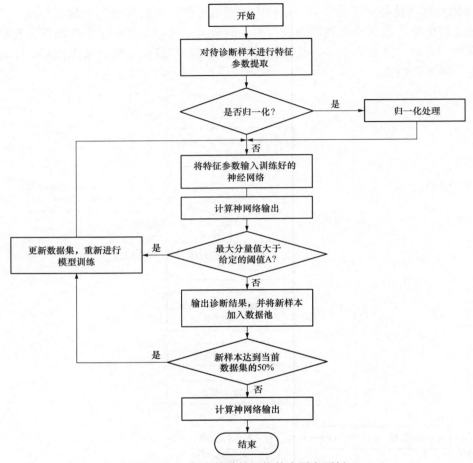

图 2-41 径向基神经网络的应用和更新

项的值为零，并且使第二项最小化，也就是说，SVM 要同时满足训练样本的低错误率和较好的泛化能力。其主要手段是建立一个分类超平面作为决策曲面，使得正例和反例之间的隔离边缘被最大化。

低维空间中线性不可分的问题，被映射到更高维空间内可能变成可分的。一个简单的例子如图 2-42 所示，图 2-42（a）中两类样本点在二维空间是不可分的。然而，当在 z 轴引入一个新的维度 $z = x^2 + y^2$，将二维平面的点映射到三维空间中，如图 2-42（b）所示，则这两类样本点可以被平面 $z = 0.5$ 进行线性区分。也就是说，二维空间中线性不可分的问题，在三维空间中变得线性可分。支持向量机运算法则中，是通过核函数将 N 维向量 x 映射到 K 维

空间 $(K > N)$ ，即把数据映射到高维空间，并在高维空间建立决策函数 $\text{sign}\left[\sum_{i=1}^{l} y_i \alpha_i K(x_i, x) + b\right]$，其中，$l$ 为训练样本数，K 被称为为核函数，α_i 衡量各个样本在最终分类面中起的作用，α_i 为 0 的样本在最终的决策函数中不起作用，b 为偏置。所谓最优分类面就是要求对于二分类可分问题，分类面不但能将两类正确分开（训练错误率为 0），而且使分类间隔最大。分类间隔是指两类中距离分界线最近样本的距分界线距离的和。但是，即使投射到高维空间，有一些样本仍然无法被正确分类。此时，需要惩罚因子来惩罚越过分类面的样本点，惩罚的权重由惩罚因子 C 表征。建立一个支持向量机分类器，需要调整其惩罚因子 C 并且选择核函数及其参数。目前为止，没有分析或实证研究表明某一个核函数确实优于其他核函数，因此在特定的应用中，选择不同的核函数，支持向量机分类器的性能也会不同。

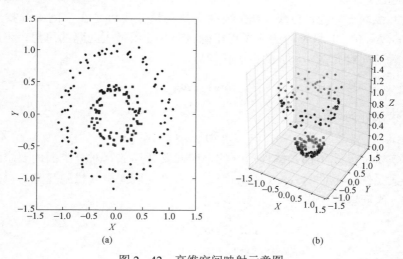

图 2-42　高维空间映射示意图

（a）在二维空间不可分；（b）被平面 $z = 0.5$ 进行线性区分

核函数 K 的种类主要有：

（1）linear 核函数

$$K(x, x_i) = x^T x_i \tag{2-32}$$

（2）polynomial 核函数

$$K(x, x_i) = (\gamma x^T x_i + r)^d, \gamma > 0 \tag{2-33}$$

（3）radial basis function（RBF）核函数

$$K(x, x_i) = \exp(-\gamma \| x - x_i \|^2), \gamma > 0 \qquad (2-34)$$

（4）sigmoid 核函数

$$K(x, x_i) = \tanh(\gamma x^T x_i + r) \qquad (2-35)$$

其中，γ，r 和 d 是核函数参数。用支持向量机进行模式识别或者回归预测时，支持向量机方法、惩罚因子 C、核函数及参数的选择，现在国际上没有统一的模式，最优的支持向量机算法参数选择目前还仅依靠经验、实验对比、大范围搜寻及交互检验功能进行寻优。目前支持向量机分类算法已经得到了广泛的应用。

2.4.3.1.2　支持向量机模型的求解

下面分别从线性支持向量分类器和非线性支持向量分类器来讲支持向量机分类问题的求解。

（1）线性支持向量分类SVM　线性支持向量分类机是在空间中寻找一条分类线 $\omega x + b = 0$，能将不同的两类点正确区分。使用最大间隔的思想，将原问题变成求解下列对变量 ω 和 b 的最优化问题

$$\min \frac{1}{2} \| \omega \|^2 \qquad (2-36)$$

约束条件为

$$y_i(\omega \cdot x_i + b) \geqslant 1, i = 1, 2 \cdots, l \qquad (2-37)$$

现实中的问题不都是线性可分的，因此要适当放宽对分类面的要求，即允许有不满足约束条件 $y_i(\omega \cdot x_i + b) \geqslant 1$ 的点存在，因此引入松弛变量 ξ_i 以及惩罚因子 C，原问题被扩展为

$$\min \frac{1}{2} \| \omega \|^2 + C \sum_{i=1}^{l} \xi_i \qquad (2-38)$$

约束条件为

$$\begin{cases} y_i(\omega \cdot x_i + b) \geqslant 1 - \xi_i, i = 1, 2 \cdots, l \\ \xi_i \geqslant 0, i = 1, 2 \cdots, l \end{cases} \qquad (2-39)$$

为了求解式（2-38）和式（2-39）所描述的优化问题，引入拉格朗日函数

$$\mathrm{L}(\omega, b, \xi, \alpha, \beta) = \frac{1}{2} \omega \cdot \omega + C \sum_{i=1}^{l} \xi_i - \sum_{i=1}^{l} (\alpha_i y_i(\omega \cdot x_i + b) - 1 + \xi_i) - \sum_{i=1}^{l} \beta_i \xi_i$$

$$(2-40)$$

式中 α_i, β_i ——拉格朗日乘子。

根据基于拉格朗日函数的最优化理论对式（2-40）$\omega, b, \xi, \alpha, \beta$ 求偏导数为 0，则原问题可化为其对偶问题为

$$W(\alpha, \alpha^*) = -\frac{1}{2} \sum_{i,j=1}^{l} y_i y_j \alpha_i \alpha_j (x_i \cdot x_j) + \sum_{i=1}^{l} \alpha_i \qquad (2-41)$$

约束条件为

$$\begin{cases} \sum_{i=1}^{l} y_i \alpha_i = 0 \\ 0 \leqslant \alpha_i \leqslant C, i = 1, 2 \cdots, l \end{cases} \qquad (2-42)$$

（2）非线性支持向量分类。当引入核函数进行高维映射时，因为核函数的引入，对偶问题式（2-41）应改写为

$$W(\alpha, \alpha^*) = -\frac{1}{2} \sum_{i,j=1}^{l} y_i y_j \alpha_i \alpha_j K(x_i \cdot x_j) + \sum_{i=1}^{l} \alpha_i \qquad (2-43)$$

在线性和非线性支持向量分类问题中，α_i 是模型求解的对象。α_i 不为零的部分相对应的样本就是所谓的支持向量。理想情况下，起到支持向量作用的样本只占全部样本的一小部分。

2.4.3.1.3　支持向量机模型的应用

同径向基神经网络一样，将支持向量机看作一个黑箱系统，处理的是一个"状态量＋支持向量机⇒诊断结果"的问题。对于支持向量机的学习也有很多成熟的软件可供使用，其中应用最为广泛的是 LibSVM。LibSVM 是基于支持向量机二次开发的 SVM 库，其目标是将支持向量机变为简单快速有效、易于使用的软件包。它提供了可在 Windows 系统中执行的已编译好的文件，易于修改、优化。LibSVM 中集成了 C-SVM 分类器、nu-SVM 分类器、一对多 SVM 分类器、epsilon-SVM 回归和 nu-SVM 回归，也提供了 C-SVM 的自动建模工具。LibSVM 提供了较多的默认参数，利用默认参数即可方便的解决很多问题，较少涉及 SVM 的参数调节，易于应用；同时提供了交互检验（cross validation, CV）功能进行参数优化。

2.4.3.2　基于支持向量机的故障诊断算法

支持向量机的核函数类型和核函数参数 g [即式（2-33）～式（2-35）中的 γ]，以及惩罚因子 C 的选择对模型的表现有很大的影响。在实践中，人们为核函数的选择和参数寻优累积了一些经验和方法。此外，同径向基神经网络一

样，支持向量机在运用时一般需要对输入向量先进行归一化处理。下面将对数据归一化、核函数的选择方法和参数寻优方法分别进行介绍。

2.4.3.2.1 数据归一化

在进行分类算法之前，需要对实验数据进行归一化预处理，避免由于数值范围不同等原因导致不同维度在最后分类模型中不平等的地位，能有助于改善 SVM 的识别准确度，至于采取哪种归一化的方法，应该针对具体数据类型具体分析。下面分别介绍 [0，1] 和 [−1，1] 两种归一化方法。

（1）[0，1] 归一化映射

$$X = \frac{x - x_{\min}}{x_{\max} - x_{\min}} \tag{2-44}$$

式中 x，$X \in R^n$；$x_{\min} = \min(x)$；$x_{\max} = \max(x)$。

此归一化方法的效果是原始数据被归一化到 [0，1] 区间内，即 $X_i \in [0,1], i = 1,2,\cdots,n$，这种归一化的方法称作 [0，1] 区间归一化。

（2）[−1，1] 归一化映射

$$X = 2 \times \frac{x - x_{\min}}{x_{\max} - x_{\min}} + (-1) \tag{2-45}$$

式中 x，$X \in R^n$；$x_{\min} = \min(x)$；$x_{\max} = \max(x)$。

此归一化方法是将原始数据归一化到 [−1，1] 区间内，即 $X_i \in [-1,1], i = 1,2,\cdots n$，这种归一化的方法称作 [−1，1] 区间归一化。

经验证，[0，1] 归一化更适于本书中机械特性诊断数据。

2.4.3.2.2 核函数的选择

在支持向量机分类算法中，有四类核函数可供选择，选择不同的核函数进行分类识别，具有不同的准确度，一般情况下，选择 RBF 核函数会取得较好的效果；当输入数据维度较高时，选择 linear 核函数可能更为适合。

2.4.3.2.3 参数寻优

在 SVM 算法中，参数的选取一直是讨论的话题。交叉验证方法，是用于验证分类器的一种统计学方法，基本原理是将实验数据分成验证集和训练集，先用训练集进行训练，然后用验证集来测试得到的模型，用测试得到的分类准确率作为衡量分类器的标准。通过对实验数据的多次分组，在一定范围和步长上对 C 和 g 的组合进行网格遍历，从而选出能够实现最高平均分类准确率的参数 C 和 g 值。采用 CV 的思想可以在当前样本集中，找到一组最佳的参数 C 和 g，可以有效地避免过学习和欠学习状态的发生。实验数据表明，在分类问题上，应用交叉验证选取出的参数训练 SVM 得到的模型比随机选取参数训练 SVM 得到的模型更有效。交叉验证的三种划分实验数据的方法如下：

（1）hold–out method。将原始数据分成训练集和验证集两组，用训练集进行训练，用验证集进行模型验证，获得的分类准确率作为考核分类器的指标。这种方法只是将原始数据分成两类，不具备交叉验证的思想，获得的分类准确率也缺乏说服力。

（2）K–fold cross validation（K–CV）。将训练集均分成 K 组，将每个子集分别做一次验证集，其余的 $K-1$ 组子集数据作为训练集，得到 K 个模型，这 K 个模型的分类准确率的平均数作为分类器的评判标准。一般情况下，K 值大于 2；标准 K–CV 中，K 值取 10；当数据量较小时，K 值取 3～5；在 SVM 中记做参数 v。K–CV 可以有效避免过学习和欠学习情况的发生，所获结果满足一定意义下的最优情况，具有说服力。

（3）leave–one–out cross validation（LOO–CV）。假定原始实验数据有 N 组，即为 N 个样本，则 LOO–CV 将 $N-1$ 个样本作为训练集进行训练，然后将剩余的 1 个样本作为验证集进行验证，最后取 N 个模型分类准确率的平均数作为此次分类训练的评价标准。该方法将每一个样本都用来训练模型，最接近原始数据情况，没有随机因素影响准确率，因此结果较为可靠；但是遍历整个原始数据，计算成本高，费时较大，所以适合小样本数据采用。

优化参数过程中，对于同一个准确率具有多个参数 C 和 g 的组合，这里选择其中 C 值最小的组合；因为过高的 C 值将导致 SVM 分类过学习情况发生，即训练集有较好的准确率，但是对于测试集，则准确率较差，也就是泛化能力较差；对于同样的 C 值，选取较小的 g 值。

2.4.3.2.4 基于 LibSVM 的故障诊断算法描述

综合以上的数据归一化和核函数类型及其参数的选取技术，将应用 LibSVM 进行断路器机械状态诊断的算法描述如下：

（1）提取特征向量及类别标签。

（2）对原始数据进行 [0, 1] 归一化处理。

（3）选择 RBF 核函数。

（4）对 C 和 g 进行 CV 交叉验证，比较分类正确率，选择最优参数。

（5）利用所获得的最佳 C 和 g 参数，构建模型，进行状态诊断。

SVM 故障诊断算法流程图如图 2–43 所示。

2.4.4　基于短时能量法的状态评估技术

短时能量（short time energy，STE）法被广泛应用于语音信号处理中，它包括短时能量、短时过零率、短时平均幅度等。其中，短时能量分析方法是短时分析方法的重要组成部分，由于其具有良好的噪声抑制能力，因而被广泛的用于基于振动信号的机械故障诊断中。机械设备的振动信号因为能表征设备独一无二的内在特性，因此也被称为声学指纹信号。

设采样后的振动信号时间序列为 $x(i),i=0,\cdots,N-1$，则短时能量函数 $S(n)$ 定义为

$$S(n)=\sum_{i=-\infty}^{+\infty}x^2(i)\,w(n-i)=x^2(n)\otimes w(n)$$

$$(2-46)$$

式中　$w(n)$——移动窗函数；

M——窗函数的长度。

如果窗函数选为矩形窗，则信号的短时能量表示为

$$S(n)=\sum_{m=n}^{n+m-1}x^2(m)\qquad(2-47)$$

式中 $w(n)=1.0$；$0\leqslant n\leqslant M-1$。

图 2-43　SVM 故障诊断算法流程图

可以看到，声学指纹信号的短时能量 $S(n)$ 代表了信号在时刻 n 的局部能量。可以看到，短时能量分析相当于对信号先进行指数变换，然后用分段或分帧叠加的方法加以处理。分帧可以连续，也可以交叠。由于窗函数的幅频特性类似于一个低通滤波器，故短时能量分析也可看作是信号平方通过一个单位函数响应为 $w(n)$ 的线性滤波器的输出。不同的窗函数（形状、长度）将决定短时能量的输出特性。常用的窗口类型有矩形窗和汉明窗。相对矩形窗而言，汉明窗具有较大的带宽和较快的带外衰减速度，对输入信号的失真较小，因此在分析中选用汉明窗函数对断路器的声学指纹信号进行处理。汉明窗函数定义为

$$w(n) = 0.54 - 0.46\cos\left(\frac{2\pi n}{M-1}\right) \quad\quad （2-48）$$

窗函数不仅能起到对信号局部分析的作用，还有抑制噪声的作用。相对于方差而言，噪声在时域中大部分时刻取值较小，只有少数时刻取值较大。假设在随机噪声中包含了有用的高频冲击衰减声学指纹信号，则叠加后的信号经过平方处理后可以突出能量较大的声学指纹信号，同时弱化取值较小的噪声信号。又由于冲击信号具有局部连续性，当采样率足够高时，在冲击开始处连续几点的取值都较大，而噪声具有随机性，连续几点取到较大值的概率很低，所以经过窗函数的平滑作用可以进一步削弱噪声的影响。

通过短时能量法，可以获得振动信号能量在时域的分布规律，从而帮助对关键时间点进行提取。

参考文献

[1] 王化祥，张淑英. 传感器原理及应用[M]. 天津：天津大学出版社，2007.

[2] 刘爱华，满宝元. 传感器原理及应用技术[M]. 北京：人民邮电出版社，2010.

[3] 潘炼. 传感器原理及应用[M]. 北京：电子工业出版社，2012.

[4] 刘有为，肖燕. 智能高压开关设备可靠性自评估方法[J]. 电网技术，2015，39（3）：862~866.

[5] S. Haykin. Neural Networks a Comprehensive Foundation[M]. Prentice-Hall Inc，second edition，1999.

[6] 兰天鸽，方勇华，雄伟，等. 自构造 RBF 神经网络及其参数优化[J]. 计算机工程，2008，33（9）：200~202.

[7] 侯媛彬，杜京义，汪梅. 神经网络[M]. 西安：西安电子科技大学出版社，2007.

[8] 王小华. 真空断路器机械状态在线识别方法[D]. 西安：西安交通大学电气工程，2006.

[9] Vapnik V. Universal learning technology: support vector machines[J]. NEC Journal of Advanced Technology, 2005, 2(2): 137~144.

[10] 奉国和. SVM 分类核函数及参数选择比较[J]. 计算机工程，2011，47（3）：123~124，128.

[11] 赵冀宁. 基于电网状态评估的风险防范管理体系的应用研究[D]. 北京：华北电力大学电气工程，2012.

[12] 田丰. 基于改进灰靶理论的变压器状态评估[D]. 北京：华北电力大学电力系统及其自动化，2011.

[13] 白恺，罗日成. 输变电设备风险评估[J]. 中国电力，2009，42（10）：48~51.

[14] 张爽，田浩，焦龙，等. 基于役龄回退理论的电网设备健康指数建模方法[J]. 供用电，
    2016，23（01）：8～13.

[15] 徐成龙，于虹，刘泽坤，等. 电网资产管理体系在 500kV 电网设备中的应用[J]. 云南电
    力技术，2014，42（06）：31～34.

第3章 电磁兼容

3.1 电磁环境

智能高压设备在变电站运行，通过输电线路连接到更广大区域，雷电过电压、操作过电压、电网接地故障引起的暂态地电位，各类高压设备产生的工频电场磁场以及各类放电等产生的射频干扰等，都是智能高压设备面临的电磁环境，十分复杂、严酷。在常规变电站，智能电子设备数量少，且大都安装在主控室或保护小室，在这种情况下，一方面与高压设备相距一定距离，电磁干扰与高压设备区相比较弱；另一方面主控室或保护小室对电磁辐射具有较好的屏蔽作用，因此智能电子设备的电磁兼容问题并不突出。在智能变电站，一方面智能电子装置的数量显著增加，另一方面，包括保护、测控等电子装置的就地安装成为一种趋势，特别是智能组件就安装在高压设备的近旁，各类电磁干扰引发的稳定性、可靠性问题突出。电磁兼容已成为智能变电站技术发展的主要瓶颈之一。

变电站的电磁环境可分为稳态电磁环境和瞬态电磁环境两类。其中稳态电磁环境主要是指电网在稳定运行时产生的工频电场和工频磁场；瞬态电磁环境由多种电磁干扰源构成，包括雷击、开关设备操作、电网接地故障以及各类放电等。变电站中主要的电磁干扰源及环境如图 3-1 所示。下面将对不同的电磁干扰做简单介绍。

3.1.1 工频电场和工频磁场及其谐波

变电站中的所有高压带电体，包括高压设备、母线及线路，都会产生工频电场，载流体还会同时产生工频磁场。电场及磁场的分布及强弱与电压等级、电流幅值、高压设备的空间布置、输电线路的导线排列方式等有很大关系。变电站电磁环境示意图见图 3-1。通常，输电线路所产生的工频电场和磁场计算和测量相对要简单，而变电站内的工频电场和磁场分布要复杂的多。主要干扰源包括：

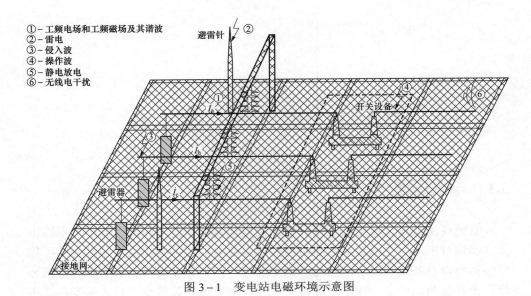

①－工频电场和工频磁场及其谐波
②－雷电
③－侵入波
④－操作波
⑤－静电放电
⑥－无线电干扰

避雷针 ②
开关设备 ④ ⑥
避雷器
接地网

图 3-1　变电站电磁环境示意图

（1）变压器、电抗器，属于高电压、强磁场设备，以工频电场和工频磁场为主，但也存在谐波电场和谐波磁场，特别是在空载投运、过励磁、直流偏磁和短路故障等特殊工况下，所产生的电磁环境更为复杂、严峻。

（2）非线性元件、包括越来越多的电力电子设备都会产生谐波，包括谐波电场和谐波磁场，电网谐波源呈现出多样性和广泛性。

3.1.2　雷电

雷电的频谱较宽，根据观测结果，其频谱可到 30MHz。雷电击中变电站的避雷针、避雷线，或对临近大地放电，都会在站内电子设备产生传导干扰和辐射干扰。其中，雷电流注入点会产生极高的电位升，具体决定于被击物体阻抗、雷电流幅值、陡度等，可达数兆伏以上，即使在变电站内雷电流的入地点（如避雷器接地线）也会有上千甚至逾万伏的电位升。

3.1.3　侵入波

变电站进线和出线（包括线路或避雷线）遭受雷击，或线路发生短路故障时，会产生暂态电压或暂态电流，并沿进线和出线侵入到变电站。由于电晕及线路电阻，侵入变电站的暂态电压或暂态电流的幅值均会随着线路的长度衰减。

3.1.4 操作波

由于开关操作，使电网参数突然变化，电网由一种状态瞬间转换为另一种状态，在此过渡过程中，电网本身的电磁振荡产生的过电压（包括相对地或相间过电压）统称为操作波（或操作过电压）。操作波的幅值、波形因电网参数、操作过程差异有很大不同，通常具有缓波前、持续时间短、单极性或振荡、强衰减等特性。

空载线路合闸时，由于线路电感—电容的振荡将产生合闸过电压；线路重合或电弧重燃时，若适逢电源电势较高，且与线路上残余电荷极性相反，这一电磁振荡过程会加剧，使过电压幅值进一步提高。图 3-2 所示为空气绝缘变电站隔离开关合闸产生的瞬态电场波形。其中图 3-2（a）为某变电站隔离开关操作在其附近产生的实测瞬态电场波形图，图 3-2（b）为其中一个重燃瞬态电场波形的展开图。

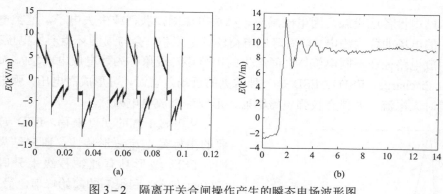

(a)   (b)

图 3-2 隔离开关合闸操作产生的瞬态电场波形图

（a）瞬态电场波形图；（b）单次瞬态电场波形图

气体绝缘开关变电站具有占地面积小、可靠性高和检修周期长等优点。但是，隔离开关在分、合电容性负载时会产生特快速暂态过电压（very fast transient overvoltage，VFTO）。VFTO 通常是单极性的，其波前时间小于 0.1μs，一般为 4～20ns，持续时间小于 4ms，振荡频率为 30kHz～100MHz，峰值与残余电荷量线性相关，一般不超过 2.0p.u.，最高可达到 2.5p.u.。典型 VFTO 波形如图 3-3 所示。VFTO 以行波方式传播，部分耦合到壳体与地之间，造成在 GIS 本来是接地的外壳上产生较高电位，即暂态地电位升高（transient ground potential rise，TGPR）和壳体暂态电位升高（transient enclosure voltage，TEV），对站内相关智能电子设备的安全运行产生严重干扰。典型 TEV 波形如图 3-4 所示。目前在 330kV 和 500kV 系统中 VFTO 的抑制措施主要有增加合闸电阻、装设避雷器、提高隔离开关动作速度、改变操作程序等。

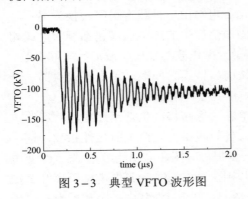

图 3-3　典型 VFTO 波形图　　　　　图 3-4　典型 TEV 波形图

3.1.5　静电放电

站内设备或设施，因电磁感应、摩擦等原因，获得或失去电子，这类电荷产生的电场即称为静电。随着静电电荷的逐渐累积，会与周围环境产生电位差，经由放电路径在不同电位体之间产生的电荷移转现象称为静电放电现象（electrostatic discharge，ESD）。ESD 是一种常见的近场危害源，可形成高电压、强电场和瞬时大电流，并伴有较强电磁辐射，形成静电放电电磁脉冲。

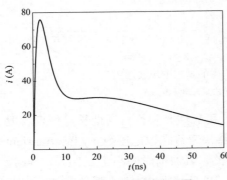

图 3-5　ESD 的典型波形图

从电磁干扰的观点来看，ESD 最重要的指标是电流波形特性。研究结果表明，ESD 波形具有亚纳秒级上升时间（200ps 左右）和很高的起始峰值。另外，人体放电会产生持续时间长得多的脉冲。这两种波形特点就反映了包含人体在内的静电放电特性。从一台设备的带电部位到另一设备的 ESD 波形往往具有较宽的峰值特性。ESD 的典型波形如图 3-5 所示，其数学表达式为

$$i(t) = 1943(e^{-\frac{t}{2.2}} - e^{-\frac{t}{2.0}}) + 857(e^{-\frac{t}{22}} - e^{-\frac{t}{20}}) \qquad (3-1)$$

式中　　t——时间，ns。

此波形起始尖峰的上升时间为 1.2ns，两个波的峰值电流分别为 75A 和 30A。

3.1.6　无线电干扰

变电站外部的无线电发射装置、变电站内的各类放电，都会产生高频电磁场，形成无线电干扰。当变电站附近建有无线电广播、无线通信、导航、雷达等发射台时，应考虑这种电磁场辐射影响。实践证明，在变电站内对智能电子设备影响最大的还是无线通信设备（如步话机、手机等）的辐射电磁场、电晕及电弧放电，它们是变电站内高频电磁场的主要来源，会对智能组件及传感器的可靠性、稳定性产生影响。

3.2　电磁干扰抑制方法

在变电站中，智能组件随高压设备布置在变电站现场，并在临近高压设备的位置，面临变电站内各种复杂的电磁干扰。变电站内电磁干扰的特点是：① 频率范围宽，从工频、谐波、低频直到高频、甚高频；② 强度高，雷电电磁干扰可达到几十千伏甚至更高；③ 耦合途径和耦合机理多样。电磁干扰的抑制主要可以从减小电磁干扰源、切断电磁干扰耦合途径以及提高设备的抗干扰能力等三方面进行。电磁干扰抑制的一般措施包括屏蔽、接地、滤波、隔离和使用防护元件等。

3.2.1　降低电磁干扰源幅值

如 3.1 所述，变电站内不可避免地存在各种电磁干扰源。因此，降低干扰源幅值和干扰源出现概率是减小影响的主要方式。以气体绝缘开关变电站为例，通过以下措施抑制可以减小开关操作产生的 VFTO 峰值及其出现的概率：包括选用灭弧能力强的高压开关；提高开关动作的同期性；开关断口加装并联电阻；采用性能良好的避雷器；选择合适的合闸相位等。对于雷电，可以通过安装避雷针、避雷线、避雷器及降低接地电抗等方法加以抑制。

3.2.2　切断电磁干扰耦合途径

切断电磁干扰的耦合途径是解决智能组件电磁兼容问题的技术措施之一。这里以气体绝缘变电站为例，如图 3-6 所示，多种不同的传感器用以监测断路器状态、隔离开关状态、SF_6 气体密度等，传感器采集到的信号通过屏蔽电缆或双层屏蔽电缆传输到 GIS 附近的智能组件，由智能组件对其进行分析、评估，最终形成决策信息。IED 及有源传感器的供电采用隔离变压器（AC）或悬浮不接地方式（DC）。

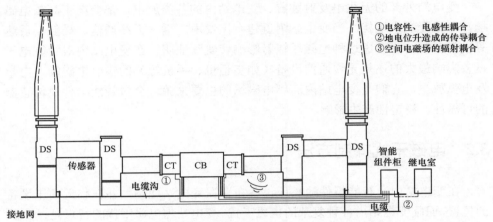

图 3－6　气体绝缘开关变电站电磁干扰耦合机理

3.2.2.1　耦合机理

　　传感器与智能组件中的各 IED 最容易受到电磁环境的影响，由于变电站内传感器和 IED 本身一般都具有良好的屏蔽措施，直接受电磁干扰的影响不大。但是，连接传感器与 IED 的信号电缆、为有源传感器及 IED 供电的电源电缆（统称二次电缆）是电磁干扰耦合到传感器及 IED 的重要路径。电磁干扰耦合主要有以下三种方式：电容性和电感性耦合、地电位升造成的传导耦合、空间电磁场的辐射耦合。

　　（1）电容性和电感性耦合。当变电站受到雷电、操作波及各类放电干扰时，会在母线或 GIS 外壳上出现的瞬态过电压、过电流，通过电容性和电感性耦合到二次电缆，从而对二次电缆终端的传感器或 IED 产生干扰。容性耦合是干扰源与敏感设备之间通过静电感应原理实现的；感性耦合是高频电流产生的交变磁通与二次电缆回路交链，在二次电缆回路中产生电磁感应电动势，形成干扰源。在实际工程中，更一般的是低频电磁场耦合，即在两个或两个以上的带电系统中，一个带电系统在周围空间既产生电场又产生磁场，干扰源不仅通过电容耦合也通过电感耦合影响敏感设备，这种耦合方式称为低频电磁场耦合。对于低频电磁场耦合，由于其弱耦合特性，忽略干扰回路在受扰电路中形成的干扰对干扰电路的反作用，简化电路如下图 3－7 所示。考虑到大量实际工程中，自电容远大于互电容，自电感远大于互电感，以及低频电磁场耦合呈现弱耦合特性，因此，分析在敏感对象上产生的电磁干扰时只考虑互电容 C_0 注入的电流 $j\omega C_0 \dot{U}_1$ 和通过互感 M 产生的感应电动势 $j\omega M \dot{I}_1$，忽略敏感电路通过互电容 C_0 和互感 M 对干扰电路的作用。简化电路中 $\dot{U}_s$ 和 Z_s 分别为干扰电路的激励源的戴维宁等效电压源和阻抗，Z_1 为干扰电路的负载；Z_2 和 Z_3 均为敏感电路的负载。由于只考虑干扰电路在受扰电路中形成的等效干扰，因此根据叠加原理，受扰电路中的等效电压源可视为短路，在图 3-7 中没有独立的电压源或激励源，只有由干扰回路电压或电流控制的受控源。其中电压 $\dot{U}_1$ 和 C_0 分别为两电路导体之间的导体间的电位差和导体之间互容。

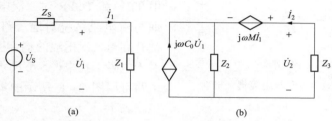

图 3-7　低频电磁场耦合简化等效电路
（a）干扰电路；（b）敏感电路

（2）地电位升造成的传导耦合。变电站中，由于雷击、接地故障、开关操作等原因引起的地电位升高，是二次电缆回路电磁干扰的主要来源之一。特别是变电站接地网及设备接地不良时，地电位升对传感器及 IED 威胁更大。

当雷电流或接地故障电流等暂态电流通过设备接地线泄入变电站接地网时，接地点乃至整个地网的电位会升高。这时，接地点的电位可由下式决定

$$\dot{U}_g = \dot{I}_g Z_e \tag{3-2}$$

式中　$\dot{I}_g$ ——流经接地点的电流；

　　　Z_e ——接地阻抗。

接地阻抗是入地点相对于无穷远点（即电位参考点）的等值阻抗。正常运行时，ABC 三相对称，入地点电流几乎为零，不存在地电位升问题。如果二次电缆回路（如二次电缆的屏蔽层）与一次设备外壳或接地点连接，或在其附近接地，则当一次设备接地线出现大的接地电流时，或者接地网因消散雷电流导致电位升高时，会在二次回路中造成共模干扰电压，当干扰电压超过一定幅值时，可能会对传感器或 IED 造成干扰，甚至发生电击损坏事故。若二次电缆的屏蔽层在电缆两端与地网连接，由于距离接地点电气结构的不对称，两端的接地点电位不相等，将有电流流过屏蔽层，通过电磁耦合在电缆芯线上感应纵向

电势，叠加到信号上造成干扰，或损坏传感器及 IED，电流较大时甚至会烧毁二次电缆。

GIS 隔离开关操作时，会产生特快速电磁暂态过程（very fast transient，VFT），在 GIS 内部形成 VFTO，在外部形成壳体暂态电位升高（TEV）和暂态地电位升高（TGPR），一方面 TEV 和 TGPR 可能对二次电缆构成直接的传导干扰，另一方面电磁场从壳体向四周辐射可能引起对二次电缆的辐射干扰。其中 TEV 和 TGPR 对二次电缆的耦合机理与雷电或系统对地短路造成的地电位升高对二次电缆的耦合机理一样。相对于电磁干扰来说，小尺寸电缆的等效电路可用图 3-8 所示的集中参数等效电路表示。

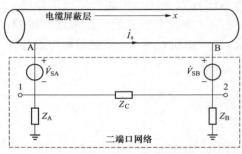

图 3-8　地电位升与电缆耦合机理

图 3-8 中二次电缆在 A 和 B 两点接入地网，$\dot{V}_{SA}$ 和 $\dot{V}_{SB}$ 为当有电流注入地网时，不考虑二次电缆存在时 A 和 B 两点的地电位升，即两点相对无穷远点的电位相量。在图 3-8 集中参数等效电路中，A、B 两点戴维宁等效开路电压等于没有电缆存在的情况下两点相对无穷远的电位之差，即 $\dot{V}_{SA} - \dot{V}_{SB}$。因为戴维宁开路电压本身就要求在该二端网络端口处无负载效应情况下求出，因此这里特别强调了在没有电缆存在的条件。其中 Z_A、Z_B 和 Z_C 是对应的等效阻抗，与实际电路问题具有一定的结构对应性。根据三个阻抗及其结构关系可计算出戴维宁等效阻抗。同时，相对于电缆来说，可将 A、B 两点和无穷远点（即图中接地点）内电网络视为二端口网络，这样 Z_A、Z_B 和 Z_C 三个阻抗可由下式计算

$$Z_A = \frac{Z_{11}Z_{22} - Z_{12}^2}{Z_{22} - Z_{12}} \tag{3-3a}$$

$$Z_B = \frac{Z_{11}Z_{22} - Z_{12}^2}{Z_{11} - Z_{12}} \tag{3-3b}$$

$$Z_C = \frac{Z_{11}Z_{22} - Z_{12}^2}{Z_{12}} \tag{3-3c}$$

式（3-3）中，Z_{11}、Z_{12} 和 Z_{22} 为图 3-8 中虚线框内二端口网络开路阻抗矩阵的元素，可通过下面测量方法计算得到。在不考虑 $\dot{V}_{SA}$ 和 $\dot{V}_{SB}$ 存在情况下，即均视为短路。在图 3-8 中 A 点注入电流 $\dot{I}$，测量得到 A 点的地电位 $\dot{V}_A$ 和 B 点的

地电位升 $\dot{V}_\mathrm{B}$ ，由此可以得到

$$Z_{11} = \frac{\dot{V}_\mathrm{A}}{\dot{I}} \qquad (3-4\mathrm{a})$$

$$Z_{21} = \frac{\dot{V}_\mathrm{B}}{\dot{I}} \qquad (3-4\mathrm{b})$$

在 B 点注入电流 $\dot{I}$ ，有同样方法可以得到 Z_{12} 和 Z_{22}，显然 $Z_{12} = Z_{21}$。基于二端口网络理论可以得到电缆屏蔽层沿线的电流 $\dot{I}_\mathrm{s}$ 和纵向感应电压 $\dot{V}_\mathrm{AB}$。通过转移阻抗和转移导纳的概念可以计算得到屏蔽电缆芯线与屏蔽层之间电压分布。

（3）空间辐射耦合。变电站空间辐射电磁场具有覆盖频段宽、幅值大的特点。空间电磁场与电缆的耦合分析方法主要是传输线理论中的场线耦合理论，耦合响应分析一般可采用三种分析模型：Taylor 模型、Agrawal 模型以及 Rachidi 模型。下面仅给出场线耦合 Taylor 模型的基本原理。

考虑如图 3-9 所示的传输线由两根平行、完全相同的圆柱形理想导体组成，导体半径为 a，导体轴线距离为 d，且 $d \gg a$，导线周围介质为理想介质。设正弦电磁波入射方向为 k 所指的方向，波长为 λ，且有 $\lambda \gg d$。

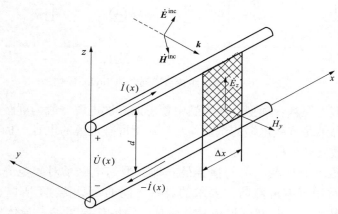

图 3-9　空间电磁场与传输线耦合

从图 3-9 可知，由于磁场耦合，空间电磁场将在传输线两导体构成的回路中产生感应电压；而由于电场耦合，空间电磁场将在传输线两导体之间产生感应电流。感应电压、电流将以空间分布函数的形式沿着传输线作用，形成传输线的分布电压源和电流源。空间电磁场在传输线上产生的单位长度电压源和单

位长度电流源分别为

$$\dot{U}_{S1}(x) = -j\omega\mu_0 \int_0^d \dot{H}_y^{\text{inc}}(x,z)\mathrm{d}z \qquad (3-5a)$$

$$\dot{I}_{S1}(x) = -j\omega C' \int_0^d \dot{E}_z^{\text{inc}}(x,y)\mathrm{d}z \qquad (3-5b)$$

频域形式的电报方程为

$$\frac{\mathrm{d}\dot{U}(x)}{\mathrm{d}x} + Z'\dot{I}(x) = \dot{U}_{S1}(x) \qquad (3-6a)$$

$$\frac{\mathrm{d}\dot{I}(x)}{\mathrm{d}x} + Y'\dot{U}(x) = \dot{I}_{S1}(x) \qquad (3-6b)$$

此时,传输线的等效模型如图 3-10 所示。一般将这一模型称为场线耦合的 Taylor 模型。

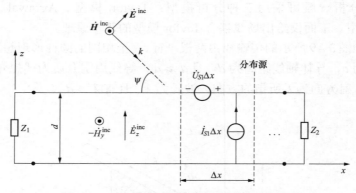

图 3-10 电磁场对传输线耦合的 Taylor 模型

(4)屏蔽电缆耦合模型。变电站中使用的二次电缆一般为屏蔽电缆,转移阻抗和转移导纳是屏蔽电缆的重要参数,对于屏蔽电缆的电磁干扰耦合主要基于这两个参数展开分析。

外界电磁场对屏蔽电缆的耦合是一种典型的电磁场对导电壳体的耦合。屏蔽电缆经常用于有屏蔽防护要求的设备之间的信息传递,所以可以定义两部分独立的传输线:一部分形成外传输线,为屏蔽层与参考导体构成的传输线;另一部分形成内传输线,为电缆芯线与屏蔽层构成的传输线。电磁干扰可以在外传输线上产生响应。由于电缆屏蔽层不是理想导体,外部的一些电流和电荷就会穿过屏蔽层,在内传输线产生响应,从而对被保护设备产生干扰。

由转移阻抗 Z_{T} 和转移导纳 Y_{T} 的定义可知,外传输线上的响应会在内传输线上产生分布式的激励源，进而在内导体终端产生干扰。定义一个空间电磁场在屏蔽层上感应出电流为 $\dot{I}_s$ 和对地电压为 $\dot{V}_s$，在内导体上感应出电压为 $\dot{V}_i$ 和电流为 $\dot{I}_i$。这些量的定义和极性如图 3-11 所示。

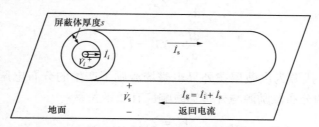

图 3-11　位于导电地平面上的屏蔽电缆

屏蔽层上的电流在屏蔽层轴向产生一个电场，由于集肤效应，在屏蔽层横截面上的电流及电场分布是不均匀的，集肤效应所产生的电场强度的衰减反映了屏蔽对电缆的保护能力。转移阻抗定义为频域的内部电场强度与屏蔽层电流强度的比值。转移导纳为转移阻抗的对偶量，转移导纳描述了屏蔽层上的部分电荷流到内部导线的过程，内导体上的这部分电荷相当于注射到内部电缆上的电流，这种效应可以通过转移导纳和屏蔽体与大地之间的电压联系。

图 3-12 为单芯屏蔽电缆内、外传输线系统示意图。这里，假设外传输线与内传输线是相互独立的。内部传输线沿线分布的电压源和电流源由外部传输线响应与转移阻抗和转移导纳确定。

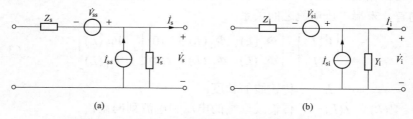

图 3-12　单芯屏蔽电缆内、外传输线系统示意图
（a）外部电路；（b）内部电路

对于单层屏蔽电缆的情形，可以使用下列方程描述，外传输线方程见式（3-7），内传输线方程见式（3-8），即

$$\frac{\mathrm{d}\dot{V}_s}{\mathrm{d}x} + Z_s\dot{I}_s = \dot{V}_{ss} \qquad (3-7a)$$

$$\frac{\mathrm{d}\dot{I}_s}{\mathrm{d}x} + Y_s \dot{V}_s = \dot{I}_{ss} \qquad (3-7b)$$

$$\frac{\mathrm{d}\dot{V}_i}{\mathrm{d}x} + Z_i \dot{I}_i = \dot{V}_{si} \qquad (3-8a)$$

$$\frac{\mathrm{d}\dot{I}_i}{\mathrm{d}x} + Y_i \dot{V}_i = \dot{I}_{si} \qquad (3-8b)$$

初始的干扰源为屏蔽层在外界电磁场激励下产生的分布电压源 $\dot{V}_{ss}$ 和电流源 $\dot{I}_{ss}$ ，内部的分布激励源与外传输线响应有如下关系

$$\dot{V}_{si} = Z_T \dot{I}_s \qquad (3-9a)$$

$$\dot{I}_{si} = -Y_T \dot{V}_s \qquad (3-9b)$$

以上讨论了屏蔽体为完全圆柱体时的情形，对于其他屏蔽形式，如带绕式屏蔽、编织式屏蔽以及多层屏蔽等，还需要考虑电磁场穿过屏蔽体孔或缝的透射，屏蔽体各线缆重叠引起更加复杂的耦合现象。

（5）电磁干扰的集中等效源法。在外界电磁场入射下，电缆的端部响应可以通过集中等效源的方法建模。该方法基于传输线的场线耦合理论得到，外部电磁场对电缆的影响可以等效为集中的电压源和电流源，并且该等效的集中电压源和电流源只与外界入射的电磁场和电缆结构有关，与端部负载无关。利用该性质，在已知传输线参数的情况下，可以通过一次测量得到集中等效源，应用该等效源计算不同抑制措施的抑制效能。

根据传输线场线耦合理论，传输线可以表示为多端口网络，外场激励下传输线的首、末端电压电流之间关系

$$\begin{bmatrix} \dot{V}(L) \\ \dot{I}(L) \end{bmatrix} = \begin{bmatrix} \boldsymbol{\Phi}_{11}(L) & \boldsymbol{\Phi}_{12}(L) \\ \boldsymbol{\Phi}_{21}(L) & \boldsymbol{\Phi}_{22}(L) \end{bmatrix} \begin{bmatrix} \dot{V}(0) \\ \dot{I}(0) \end{bmatrix} + \begin{bmatrix} \dot{V}_{FT}(L) \\ \dot{I}_{FT}(L) \end{bmatrix} \qquad (3-10)$$

式中　　　　　　 L ——传输线的长度；

$\dot{V}(L)$ 、 $\dot{I}(L)$ ——传输线远端的电压和电流列向量；

$\dot{V}(0)$ 、 $\dot{I}(0)$ ——传输线的近端电压和电流列向量；

$\boldsymbol{\Phi}_{11}$ 、 $\boldsymbol{\Phi}_{12}$ 、 $\boldsymbol{\Phi}_{21}$ 和 $\boldsymbol{\Phi}_{22}$ ——传输线的链路参数矩阵；

$\dot{V}_{FT}$ 、 $\dot{I}_{FT}$ ——外部电磁场在传输线上产生的集中等效电压源和电流源。

根据传输线理论，链路参数与传播常数 γ 、相模变换的变换矩阵 T 和传输线的单位长度参数有关。两参数均只与传输线的特性有关。 $\dot{V}_{FT}$ 和 $\dot{I}_{FT}$ 与链路参数和入射电磁场有关。因此，集中等效源与传输系统两端的端接阻抗无关。

70

集中等效源模型可由图 3-13 表示。近端与远端的电压、电流关系可以通过终端的端接条件表示。实际应用中可以简化测量，只需测量近端与远端的电压即可，而无外场激励的传输线可通过链路参数来表征其传输特性。集中等效源部分为每一线上串联集中电压源和与地线之间并联集中电流源。这样，对于 $n+1$ 传输线，由 n 个集中等效电压源和 n 个集中等效电流源来表示激励场对传输线的耦合作用。可以通过测量的电缆两端端口干扰电压来计算等效源，然后基于等效源计算不同端接条件下的端口电压，也可以计算不同抑制措施的抑制效果。

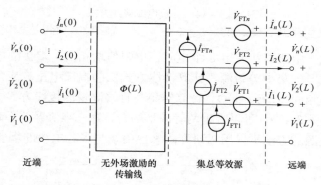

图 3-13　电缆上集中等效电磁干扰源等效模型

对于带有端部负载的传输线，端部条件可以通过戴维宁等效电路的方法得到，即

$$\begin{bmatrix} \dot{V}(0) \\ \dot{V}(L) \end{bmatrix} = \begin{bmatrix} -\boldsymbol{Z}_N & 0 \\ 0 & \boldsymbol{Z}_L \end{bmatrix} \begin{bmatrix} \dot{I}(0) \\ \dot{I}(L) \end{bmatrix} + \begin{bmatrix} \dot{V}_N \\ \dot{V}_L \end{bmatrix} \tag{3-11}$$

其中 Z_N 和 V_N 表示近端的戴维宁等效电路参数，Z_L 和 V_L 表示远端的戴维宁等效电路参数。通过实验测量可获得电磁干扰激励下时域端部的干扰电压 $v(0,t)$ 和 $v(L,t)$，使用快速傅里叶变换得到频域干扰电压，根据式（3-10）、式（3-11）可以计算得到这一外部激励场下集中等效源 VFT 和 IFT，为研究相同激励场不同负载情况下的端部干扰电压提供计算依据。

使用电快速群脉冲发生器产生瞬态脉冲，通过容性耦合夹将瞬态脉冲耦合到多芯屏蔽电缆上的实验可验证上述集中等效源法的有效性。图 3-14 所示是两种端部接线方式：接线方式一为在每根芯线与屏蔽层之间连接电阻；接线方式二为在两个芯线之间连接电阻。每一种接线方式下的端部阻抗矩阵通过网络分析仪测量获得。

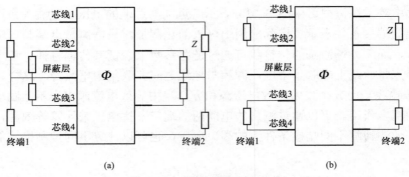

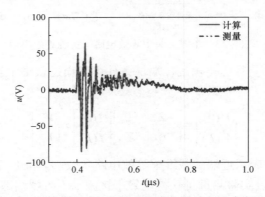

图 3-14　屏蔽电缆接线方式

（a）在每根芯线与屏蔽层之间连接电阻（接线方式一）；（b）在两个芯线之间连接电阻（接线方式二）

　　接线方式一中两端共使用 8 个电阻，电阻值均相同，端接的电阻为 50Ω，根据接线方式一的集中等效源，计算接线方式二的端部电压响应，接线方式二两端电阻大小相同，均为 50Ω。计算结果与直接测量的接线方式二的电压响应比较，结果见图 3-15，可以看出两者波形吻合，峰—峰值误差不超过 12%。验证了集中等效源的方法可以用以研究瞬态电磁场与多芯电缆的耦合。

图 3-15　接线形式二终端 1 仿真与测量电压响应对比

3.2.2.2　抑制方法

　　切断电磁干扰耦合途径的一般方法是完善屏蔽措施、改进接地方式与隔离干扰源。

3.2.2.2.1　屏蔽

　　屏蔽是抑制电磁干扰的有效方法。通常，只要是通过空间传播的电磁干扰都可以采用屏蔽的方法来抑制。屏蔽是通过导电体或导磁体制成的电屏蔽体或磁屏蔽体将电磁干扰源强度限制在一定范围内，使得干扰源得到有效抑制或衰减。屏蔽一般分为静电屏蔽、磁屏蔽以及电磁屏蔽三类。

（1）静电屏蔽：消除两个设备、装置及电路之间由于杂散电容耦合所产生的静电场干扰。静电屏蔽可以使用任何金属（即导体），而且对金属的厚度以及电导率没有特殊要求。任何与干扰源机壳相连接的金属封闭外壳，都可以将电场限制住，达到静电屏蔽的效果。最常用的材料是铜，要求屏蔽外壳接地电阻越低越好。一般设计在 1Ω 以下。

（2）磁屏蔽：低频（100kHz 以下）磁场的屏蔽通常使用高磁导率的铁磁材料（如铁、硅钢片、坡莫合金等），其屏蔽原理是利用铁磁材料的高磁导率对干扰磁场进行分路。由于铁磁材料的磁导率比空气的磁导率大得多，将铁磁材料置于磁场中时，磁通将主要通过铁磁材料，从而起到磁场屏蔽作用。高频磁场的屏蔽则采用低电阻率的良导体材料，如铜、铝等，其屏蔽原理是利用电磁感应现象在屏蔽体表面所产生的涡流，通过涡流形成的反向磁场来达到屏蔽效果。涡流越大，屏蔽效果越好。随着频率增大，涡流亦增大，即屏蔽效果越好。当涡流产生的反向磁场足以完全排斥干扰磁场时，涡流不再增大，此时，屏蔽达到理想状态。由于集肤效应，涡流只在材料的表面产生，因此，对于高频磁场，很薄的良导体材料就可以达到较好的屏蔽效果。

（3）电磁屏蔽：主要防止高频场的干扰，即用金属和磁性材料对电磁场进行隔离。这种屏蔽通常用在 10kHz 以上频段。屏蔽效果由某一位置屏蔽前后场强比值的对数来表示，反映了电磁波穿越屏蔽体的衰减程度。若屏蔽壳体有缝隙、孔隙，会引起导电的不连续性，产生电磁泄漏，影响屏蔽效果，使屏蔽效能远低于理论计算值。因此，在实际实施电磁屏蔽时应予以避免。

3.2.2.2.2　接地

智能组件及 IED 正确、良好的接地是电磁干扰主要抑制措施之一。这里"地"通常定义为电网的零电位参考点。接地按其作用可分为安全接地、保护接地、防雷接地和信号接地，而信号接地又可分为单点接地、多点接地、混合接地和悬浮接地。安全接地就是指采用低阻抗的导体将用电设备的外壳连接到大地上，使设备外壳漏电或静电放电对操作人员的危害降到最低。变电站现场的高压设备本体、智能组件及 IED 等电气设备都应进行安全接地。大地具有非常大的电容量，对于实际应用注入的电荷量来讲，大地基本上都能保持电位为零。电气设备的安全接地根据接地的功能可分为两类：保护接地和防雷接地。在电气设备发生故障时，其外壳可能带电，人员接触带电设备外壳会产生危险。因此为了保护人身安全，所有电气设备的外壳都必须接地，这种接地被称之为保护接地。防雷接地是将建筑物等设施和用电设备的外壳与大地连接，将雷电电流引入大地，从而保护设施、设备和人身安全，使之免于雷击的危险，同时避免雷击电流进入信号接地系统，影响用电设备的正常工作。信号接地是为设备、系统内部各种电路的信号提供一个零电位的公共参考点或面。对于电子设备，将其底座或者外壳接地，除了能提供安全接地外，更重要的是在电子设备内部提供一个作为电位基准的导体，以保证设备工作稳定，抑制电磁干扰。这个导体则称之为接地面。设备的底座或者外壳往往采用接地导线连接至大地，接地面的电位一旦出现不稳定，就会导致电子设备工作的不稳定。

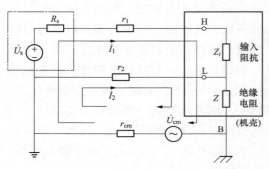

图 3-16　浮置测量时的等效电路

变电站是低频电磁场和高频电磁场混合的复杂电磁场所，既有 50Hz 的工频电磁场，也有开关操作产生的高频成分达到百兆赫兹的特快速暂态电磁场，接地问题非常复杂。在低频情况下，共模干扰是变电站的主要干扰之一，对于共模干扰抑制的接地有多种方法，例如浮置接地法，其测量等效电路如图 3-16 所示，将测量端浮置，即不与机壳地连接，设其到机壳的绝缘电阻为 Z，两根引线的电阻为 r_1 和 r_2，被测信号的等效内阻 R_S，共模干扰信号的等效内阻 r_{cm}，Z_i 为测量端的等效输入阻抗，$\dot{U}_{cm}$ 共模干扰电压。

为了计算共模干扰电压 $\dot{U}_{cm}$ 在输入端 H 和 L 之间产生的差模干扰电压 $\dot{U}_{cn}$，根据叠加原理，可将信号源置零，即短路；同时由于信号源内阻抗 R_s 很小，可以忽略。在图 3-16 中，$\left| R_s + r_1 + Z_i \right| \gg r_2$，因此 $\dot{I}_1 \ll \dot{I}_2$，$\dot{I}_1$ 可忽略，于是 $\dot{U}_{cn}$ 计算公式为

$$\dot{U}_{cn} = \dot{U}_{HL} = \dot{U}_H - \dot{U}_L \approx -\dot{I}_1 r_1 + \dot{I}_2 r_2 \approx \dot{I}_2 r_2 \qquad (3-12)$$

由于 $|Z| \gg r_{cm} + r_2$，所以 $\dot{I}_2 \approx \dot{U}_{cm}/Z$，代入上式可得

$$\dot{U}_{cn} = \frac{r_2}{Z}\dot{U}_{cm} \qquad (3-13)$$

其中 $\dot{U}_{cn}$ 为差模干扰电压。当测量端的接地端直接与机壳连接时，共模干扰电压 100% 引入到了测量输入端，即 $U_{cn} \approx U_{cm}$。可见浮置测量与其相比，U_{cn} 减小到 U_{cm} 的 $|r_2/Z|$ 倍。此时，共模抑制比为

$$CMR(dB) = 20\lg\left|\frac{r_2}{Z}\right| \qquad (3-14)$$

由于 $|Z/r_2| \gg 1$，所以浮置测量具有较高的共模抑制比。此外，共模干扰的抑制方法还有双端对称测量、浮置双端对称测量等。

对于高频电磁干扰的抑制，在1000kV GIS真型试验平台上对比了对四种接地方式（双端接地、仅在控制室一侧接地、仅在开关一侧接地、双端悬浮）对高频干扰（隔离开关操作产生的特快速暂态干扰）的抑制效果。结果表明，干扰电压的频谱与屏蔽层的接地方式有关，而与开关分或合操作关系不大。而且，就控制室一侧的干扰电压来说，屏蔽层在开关一侧单端接地，或屏蔽层双端悬浮，干扰电压无论是幅值还是脉冲持续时间，均远大于屏蔽层在控制室一侧单端接地和屏蔽层双端接地的情况。因此，屏蔽层在双端接地或控制室一侧单端接地，对外界电磁干扰的屏蔽抑制作用较强。

3.2.2.2.3　隔离

（1）光电耦合器件隔离：以数字电路为例，光电耦合器件隔离电磁干扰的示意图如图3-17所示，它将输入信号的地和数字电路的地分开，使两个电路在电气相互独立，达到比较好的隔离效果，从而有效地抑制了干扰耦合。光电耦合隔离器传输速度快，可抑制高达1000V/μs瞬态共模电压。

（2）变压器隔离：图3-18所示为用变压器隔离的电路。通常隔离变压器的变比为1:1，初级和次级之间加有屏蔽层，只要屏蔽层接地良好，便可有效地抑制从初级绕组耦合到次级绕组的干扰。

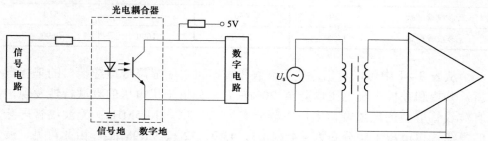

图3-17　用光电耦合器件隔离电磁干扰　　　　图3-18　用变压器隔离电磁干扰

（3）继电器隔离：图3-19所示为用继电器隔离的电路，通常要求$U'_{CC} > U_{CC}$。

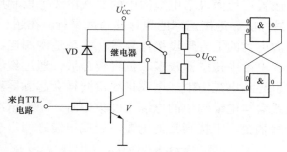

图3-19　用继电器隔离电磁干扰

由于继电器线圈和接点之间没有电路上的连接，因此，用继电器可将两个电路有效地隔离开来。继电器多用于输入信号为直流或为几十毫秒的数字信号。它的缺点是体积大，其本身也是干扰源，有时还需附加继电器的驱动电路。

下面举例说明上述方法的抑制效用。

在变电站中，智能组件的电磁干扰耦合途径包括空间电磁辐射耦合和地电位升造成的传导耦合。实验表明，在 GIS 变电站，隔离开关操作引发的空间电磁辐射是智能组件端口干扰电压的主要耦合方式。实验中在套管上同一位置连接两根相同的电缆，其中一根电缆放置在金属波纹管内，用以屏蔽空间干扰，波纹管两端与相应屏蔽箱体具有 360° 电气完好连接，因此，其端口电压可近似认为完全通过传导的方式耦合得到；另一根电缆没有外加波纹管屏蔽，在两端屏蔽箱的电缆入口应用铝箔纸作 360° 完整电气连接，其端口电压可认为是通过传导与辐射两种方式耦合得到。实测数据见表 3−1。

表 3−1   不同耦合方式感应电压比较表   （V）

工况	合闸		分闸	
	屏蔽层与芯线间	两芯线间	屏蔽层与芯线间	两芯线间
有波纹管屏蔽	320	430	360	510
无波纹管屏蔽	1490	2340	1690	2690

从表 3−1 中可以看出，使用波纹管屏蔽可以明显降低电缆端口的干扰电压，共模和差模干扰电压均降至 20%左右。分析干扰电压的频域特性发现，有波纹管屏蔽的电缆端口电压主频分布为 3、7.7、14.5MHz；无波纹管屏蔽的电缆端口电压主频分布为 4.4、14.5、43.9、72.1、91.9MHz。由此可见，波纹管主要可以屏蔽瞬态干扰中的高频分量。实验表明，加强二次电缆的屏蔽措施是抑制电磁干扰的一种有效方式。实际应用中要充分利用电缆沟和集线盒的屏蔽作用。放置在地面以下电缆沟中的二次电缆可以利用大地的天然屏蔽作用。电缆沟最好能靠近接地网的导体并与之平行。在超、特高压变电站，可以考虑在电缆沟电缆的上方敷设接地导线，并与地网相连，这样可以增加电磁屏蔽作用。变电站中传感器较多，位置较分散，通过集线盒把临近的传感器电缆集中并引导到电缆沟中，电缆集线盒同样会起到屏蔽作用。同时也应注意，如果集线盒与电缆沟中的电缆过度集中时，一根电缆上的瞬态干扰会通过电容及电感耦合，干扰到其他电缆，造成电缆之间串扰，产生较大的干扰电压。

改善二次电缆屏蔽层的接地方式，对于抑制瞬态干扰也有一定效果。实验研究表明，变电站隔离开关操作时电缆屏蔽层不同接地方式下电缆端口干扰电压相差很大。在 1000kV GIS 实验平台，将 4 条长度为 100m 的屏蔽电缆平行于GIS 铺在地面上，4 根电缆屏蔽层的接地方式分别为双端接地、在开关侧接地、在控制室侧接地、双端悬浮。其中开关一侧的接地点位于隔离开关的正下方，以便模拟尽可能大的电磁干扰；控制室一侧的接地点为二次电缆末端附近的接地上引线，该位置距离开关现场较远，受开关操作影响也较小。这两个接地点均与接地网良好连接。测试结果为：双端悬浮，或在开关一侧单端接地时电缆芯线感应电压幅值较高，峰—峰值分别可以达到 9kV 和 8kV。双端接地，或在控制室一侧单端接地时电缆芯线感应电压较小，分别为 700V 和 500V。这一结果表明，屏蔽层在双端接地或控制室一侧单端接地对外界电磁干扰的屏蔽抑制作用较强。如果采用多芯电缆，将备用芯线与屏蔽层在两端连接后接地也可以取得一定的屏蔽效果。

基于 252kV 实验平台，搭建了模拟智能组件、传感器以及两者之间屏蔽电缆连接线实验电路，测量电缆两端感应电压，应用前面提出的集中等效源方法计算了集中等效干扰源，集中等效干扰源的等效电路如图 3-13所示。根据集中等效干扰源与终端电路结构无关的性质，应用计算求得的集中等效干扰电压和电流源研究了电缆端部并联电容对干扰的抑制效果。研究发现，IED 侧并联电容只对该侧的端口干扰有抑制效果，而对于传感器端口干扰电压基本没有抑制效果。并联 1nF 电容对峰—峰值的抑制为60%左右。结果如图 3-20 所示。并联电容可以有效的减小干扰电压的峰—峰值。

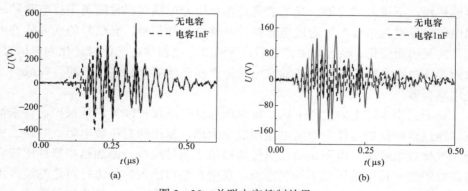

图 3-20 并联电容抑制效果

（a）传感器侧电缆端口电压；（b）IED 电缆端口电压

多余芯线与屏蔽层开路时，传感器侧信号与地线之间的感应电压峰—峰值为 1125V，对应的 IED 侧两线之间电压峰—峰值为 1106V，多余芯线与屏蔽层连接时，传感器侧信号线与地线之间电压峰—峰值为 898V，对应的 IED 侧两芯线之间电压峰—峰值为 959V，多余芯线与屏蔽层连接后，传感器侧峰—峰值减小 20%，IED 侧减小 13%。可以看出多芯屏蔽电缆多余芯线与屏蔽层连接后，芯线之间电压峰—峰值会减小。多余芯线与屏蔽层连接是减小变电站二次电缆感应电压的一种简单可行的方法。

3.2.3　提高智能组件的抗干扰能力

提高智能组件各 IED 抗干扰能力的方法应随着 IED 的不同而不同，下面是一些普遍使用的方法，如在 IED 二次电缆端口进行隔离、滤波和采用过电压保护器件等。

电磁干扰的隔离技术主要包括电磁隔离和光电隔离两类。电磁隔离装置一般指起隔离作用的各种形式的变压器。变压器与其它磁耦合器件一样，都是以磁通的形式将能量从一个电路转换到另一电路的装置。变压器一方面本身存在电磁干扰问题，如一次和二次绕组之间的分布电容、磁场泄漏和产生谐波引起的电压失真等；另一方面变压器也用于减小电磁干扰，如抗干扰变压器、隔离变压器和中和变压器。IED 的交流输入回路通常和各类中间互感器相连接。这些中间互感器是干扰电压进入二次回路的重要途径。共模干扰电压则通过互感器一、二次绕组之间的耦合电容进入 IED，如果在互感器的一、二次绕组之间装设一个用铜箔做成的屏蔽层，而且将屏蔽层与铁心一起接地，称之为隔离变压器。隔离变压器可将一次侧出现的共模干扰电压经对地杂散电容及屏蔽层而接地短路，不进入二次侧。光电隔离是指采用光电耦合器件隔离干扰电路和敏感电路。原理为信号电流通过电光器件，转化为光信号，光信号的强弱随着电信号的强弱而变化，经过光隔离之后，再通过光电器件将光信号转化为电信号，从而实现电路之间的光耦合。通常电光器件和光电器件封装在一起，构成一个光电耦合器。

对于二次电缆上的浪涌干扰，可以依靠过电压保护或者浪涌保护器件来抑制。通过这些保护器件将浪涌电流泄放至大地，常用的有压敏电阻、齐纳二极管、气体放电管等。电源端口、信号端口由于信号线少，添加这些器件比较容易。对瞬变干扰可采用以下抑制措施：在所有端口的入口处进行对地滤波；用共模扼流圈或光电耦合器隔离敏感端口；用接地金属板，将 PCB 与暴露的金属件或外部放电点隔离开。

在智能组件各 IED 电路板设计时应合理布线。一般应注意下面几点：强弱电平的导线最好不平行布线或捆扎在一起，如果必须平行布线时，应在关键部位使用屏蔽线；各个插件的相互连接线应尽量短，同时应使同一回路的引入线和引出线尽量靠在一起，避免形成环路。

3.3 电磁兼容试验原理

随着智能高压设备技术的发展，IED 的数量、种类与日俱增，采样向宽频带、微弱信号方向发展，IED 则呈现高集成度、高可靠性、高精度和高灵敏度方向发展。智能组件趋于小型化、紧凑化、低功耗化、一体化方向发展。对它们的抗干扰能力提出了新的挑战，电磁干扰的问题越来越复杂，现已成为电力系统继电保护装置正常工作的关键技术之一。电磁兼容试验是检验智能电子设备电磁兼容设计的重要技术手段。电磁兼容试验应与智能组件的功能测试融为一体，即电磁兼容试验过程中必须监测智能组件工作情况。

目前，电磁兼容试验主要分为：静电放电抗扰度、射频电磁场辐射抗扰度、电快速脉冲群抗扰度、浪涌（冲击）抗扰度、射频电磁场感应的传导干扰抗扰度、电压暂降、短时中断和电压变化的抗扰度、工频磁场、脉冲磁场、阻尼振荡磁场抗扰度等。这些抗扰度试验大致可分为两大类：一类是空间电磁场直接激励下的受试设备抗扰度试验，包括射频电磁场辐射抗扰度、工频磁场、脉冲磁场、阻尼振荡磁场抗扰度；另一类是干扰源以传导方式激励下受试设备抗扰度试验，包括静电放电抗扰度、电快速脉冲群抗扰度、浪涌（冲击）抗扰度、射频电磁场感应的传导干扰抗扰度、电压暂降、短时中断和电压变化的抗扰度。

电磁兼容试验的目的就是在实验室模拟各种电磁干扰，以合适的方式将干扰耦合到处于正常运行状态的受试设备，用各种监测设备监测受试设备工作状况，确定不同测试等级下，设备是否具有抗该试验等级干扰能力，即受试设备抗扰度。从此描述可看出电磁兼容抗扰度试验具有以下五个必备要素：① 干扰源的模拟；② 电磁干扰的注入方式；③ 受试设备正常运行状态抗扰度测试；④ 避免试验网络中其他电网络中的干扰信号对抗扰度测试的影响；⑤ 避免试验中模拟干扰对与试验相关联的其他电源电网及电路的影响。其中②、④和⑤就是各个电磁干扰抗扰度试验必须讨论的耦合去耦合网络问题。

3.3.1 静电放电抗扰度

在我们日常生活中，由于各种摩擦过程可能使得物体带上过剩的电荷。当两种具有不同电位物体相距距离逐渐接近时，并达到空气击穿场强时，两物体之间将发生放电现象，放电过程的放电电流一般是具有很快的上升时间的脉冲电流。如果这种现象发生在操作者与电气设备之间时，这种放电电流或者放电电流产生的快速变化的电磁场可能影响电子设备的正常工作，甚至直接毁坏电子设备。静电放电是一个非常复杂的物理现象，其受环境因素影响较大，目前对该方面的理论研究并不完善，因此多处于实践经验。

静电放电试验旨在检测智能组件内各 IED 耐受静电放电的能力，即耐受由短暂放电产生的电磁场干扰的能力，本试验所涉及的是处于静电放电环境中和安装条件下的装置、系统、子系统和外部设备的电磁抗扰度。静电放电试验通常采用 IEC 61000-4-2《静电放电抗扰性试验》。试验等级规定了受试设备所受到试验的严酷程度，见表 3-2。考虑到智能组件内各 IED 所处严酷电磁环境，一般选择第 4 级，或 X 级。静电放电试验分类及试验方法如图 3-21 所示。静电放电试验对被试设备的干扰方式如图 3-22 所示。

表 3-2   试 验 等 级

1a—接触放电		1b—空气放电	
等级	试验电压（kV）	等级	试验电压（kV）
1	2	1	2
2	4	2	4
3	6	3	8
4	8	4	15
X[①]	待定	X[①]	待定

① X 是开放等级，该等级须在专用设备的规范中加以规定。

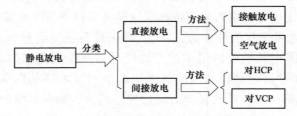

图 3-21　静电放电试验分类及试验方法

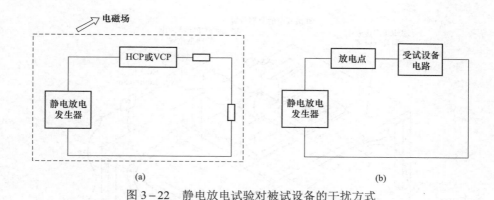

图 3-22　静电放电试验对被试设备的干扰方式

（包括空气放电和经耦合板放电）

（a）放电电流产生的空间 EMF 干扰受试设备；（b）放电电流直接流过受试设备电路

HCP—水平耦合板（horizontal coupling plane）；VCP—垂直耦合板（vertical coupling plane）

　　直接放电是指直接对受试设备实施放电，本试验采用的是对受试设备导体表面接触放电；间接放电是指对受试设备附近的耦合板实施放电，以模拟人员对受试设备附近的物体的放电，本试验采用的是在绝缘表面上的空气放电。试验中的静电发生器应能以至少 20 次/s 的重复频率产生放电。在接触放电的情况下，放电电极的顶端应在操作放电开关之前接触受试 IED；在空气放电的情况下，用作接触放电的开关应当闭合后再进行试验。每次放电后，放电电极从受试 IED 处移开，然后重新触发静电放电发生器，进行新的放电试验，直到整个试验完成。试验中，在规定有耦合板的地方，例如允许采用间接放电的地方，这些耦合板采用和接地参考平面相同的金属材料和厚度，而且经过每端带有一个 470kΩ 电阻的电缆与接地参考平面连接。实验室实验时，台式设备试验布置的实例图见图 3-23，图中两块金属耦合板，HCP 和 VCP 是用来模拟临近设备发生静电放电产生的电磁干扰对受试设备的影响，为间接放电。耦合板不同布置，即相对于接地参考平面是垂直还是水平布置，用于模拟在相同放电脉冲作用下产生的不同的空间电磁场。图中共计存在四只 470kΩ 电阻分别连接在耦合板（HCP 和 VCP）与接地参考平面连接线的两端。图中还有三个静电放电发生器，分别示意三种不同放电，即对 HCP 和 VCP 的间接放电和对受试设备的直接放电。每个静电放电发生器一端与接地参考平面上面的电源相连，另一端接地。静电放电典型放电电流如图 3-5 所示，其上升时间为 0.7～1.0ns。该典型电流是在端口处满足一定布线结构要求情况下静电放电发生器的端口短路电流。

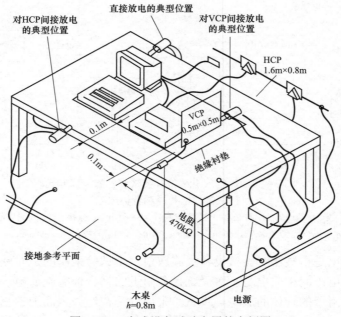

图 3 – 23　台式设备试验布置的实例图

3.3.2　射频电磁场辐射抗扰度

　　射频电磁场辐射抗扰度试验适用于一般目的用的抗扰度试验和防止数字无线电话的射频辐射抗扰度试验。电磁辐射会对 IED 产生干扰，影响其工作的稳定性和可靠性。IED 所处变电站存在着形式多样的电磁辐射源，包括高压设备在运行中的电晕放电或局部放电、雷电以及开关设备操作时暂态过程伴随的电磁辐射等。射频电磁场辐射抗扰度试验国家标准是 GB/T 17626.3—2016《电磁兼容　试验和测量技术　射频电磁场辐射抗扰度试验》。射频电磁场辐射试验中采用的试验等级是一般试验等级，频率范围是 80MHz～1GHz，试验等级如表 3 – 3 所示。800MHz 以上的干扰主要来自无线电话系统，对于一般设备来说不需要考虑这些频率范围的干扰。为了检查抵抗数字无线电射频辐射干扰抗扰度，规定了保护设备电磁辐射抗扰度试验等级，如表 3 – 4 所示。表中频率范围为 800～960MHz 及 1.4～2.0GHz，这两个频段为数字无线电话射频电磁干扰频率范围。

表 3 – 3　　　　　　　　**80MHz～1.0GHz 频率范围的试验等级**

等级	试验场强（V/m）	等级	试验场强（V/m）
1	1	3	10
2	3	X[①]	待定

① X 是一开放的等级，可在产品规范中规定。

表 3 – 4　　　　　　　　**800～960MHz 及 1.4～2.0GHz 频率范围的试验等级**

等级	试验场强（V/m）	等级	试验场强（V/m）
1	1	4	30
2	3	X[①]	待定
3	10		

① X 是一开放的等级，可在产品规范中规定。

　　检验受试设备在 80MHz～1GHz 电磁场作用下其射频电磁场辐射抗扰度的试验中，由于试验所产生的场强高，应在屏蔽室中进行试验，并确保试样周围的场强充分均匀，所有受试设备应尽可能在实际工作状态下运行，试验所用的信号发生器输出的信号是用 1kHz 的正弦波进行 80%的幅度调制后形成的信号。受试设备（equipment under test，EUT）布线、走向、安放都会造成辐射场变动，影响测试结果，宜按照生产厂推荐的规程进行试验布置。布线完成后，进行场地校准，场强的校准方法分为恒定场强法和恒定功率法，图 3 – 24 给出了本试验的整体布置框图。试验结果按照 EUT 的功能丧失或性能降级进行分类。

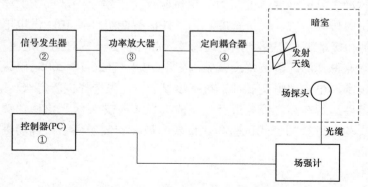

图 3 – 24　射频电磁场辐射抗扰度试验的整体布置框图

从图 3-24 可以看出，在控制器的控制下，信号发生器发出信号送给功率放大器，经放大后的信号送给定向耦合器，最后定向耦合器将信号输送给天线。天线在暗室空间中将产生空间电磁场。检测在此空间电磁场影响下 IED 的工作性能是否达标。

3.3.3　电快速瞬变脉冲群抗扰度

电快速瞬变脉冲群近似模拟变电站中断路器、隔离开关的操作过程中的暂态电磁干扰。在断开电感性负载时，由于开关触头间隙的绝缘击穿或触头弹跳等原因，会在断点处产生瞬态干扰，这种瞬态干扰由于频谱分布较宽，会对临近的智能组件产生影响。开关操作过程中电磁暂态信号很复杂，主要表现在：

（1）初期脉冲上升时间非常短。

（2）相对于初期而言，后期电磁暂态是振荡频率相对低的衰减振荡波。

（3）由于一次开断过程中存在多次燃弧和熄弧过程（或者由于继电器触头弹跳），因此其电磁暂态是脉冲群，即一次电磁干扰中包含着多个重复干扰脉冲，甚至达到数千个。

（4）这种由于电路换路产生的电磁干扰既可以暂态电压和电流形式存在于电路中，也会产生快速暂态脉冲电磁场存在空间中，因此该种电磁干扰过程模拟应包括传导和辐射两种。同样对于开断感性负载或存在触头弹跳继电器操作来说，电磁暂态具有相同的特点。

综上所述，为了模拟这类以暂态电压和电流形成存在于电路中的电磁干扰，快速瞬变脉冲群试验干扰源必须具备能够产生单脉冲和重复脉冲的能力，并且每一个单脉冲上升时间要求非常短。该试验仅用于检查受试设备上述初期变化速率非常快的传导电磁干扰抗扰度。为了评估智能组件各 IED 供电电源端口及信号、控制和接地端口在受到电快速瞬变（脉冲群）干扰时的稳定性和可靠性，制定了电快速瞬变脉冲群抗扰度试验。按照 GB/T 17626.4—2008《电磁兼容　试验和测量技术　电快速瞬变脉冲群抗扰度试验》优先选择试验等级，见表 3-5。鉴于智能组件运行在高压设备近旁，一般选择 4 级或 X 级。电快速瞬变脉冲群试验分在实验室进行的型式试验和在设备的最终安装条件下在现场进行的安装后试验。

表 3-5　　　　　　　　　　　开路输出试验电压和脉冲的重复频率

等级	在供电电源端口，保护接地（PE）		在 I/O（输入/输出）信号、数据和控制端口	
	电压峰值（kV）	重复频率（kHz）	电压峰值（kV）	重复频率（kHz）
1	0.5	5 或者 100	0.25	5 或者 100
2	1	5 或者 100	0.5	5 或者 100
3	2	5 或者 100	1	5 或者 100
4	4	5 或者 100	2	5 或者 100
X①	待定	待定	待定	待定

① X 是一个开放等级，在专用设备技术规范中须对这个级别加以规定。

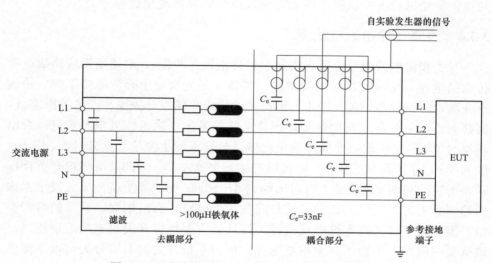

图 3-25　交流/直流电源端口/端子的耦合/去耦网络
注：空心圆圈表示不连接。

　　本试验必要的设备包括：接地参考平面、耦合装置、去耦网络、试验发生器。本试验规定了用于交流/直流电源端口/端子的耦合/去耦网络，见图 3-25，图中主要标识了电源、去耦合网络、耦合网络和受试设备 EUT 四部分。试验发生器的输出电阻为 50Ω，其通过 50Ω 同轴电缆将信号传递到受试设备；试验发生器输出信号在端接 50Ω 情况下要求上升时间为 5ns，50% 脉冲宽度为 50ns，即上升沿和下降沿的两个 50% 峰值点对应的时间差为 50ns；耦合电容 $C_e = 33nF$，耦合方式采用共模方式。所谓共模耦合方式是指信号发生器输出同轴电缆的外皮端与参考地端子相连，芯线与其他受试线相连，即信号施加在受试线与参考地线之间，从图 3-25 信号源与受试线的连接方式可以理解共模耦合的含义；图 3-25 中空心圆圈表示不连接；去耦合部分中的滤波部分的作用是去除外接电源输入掺杂的高频电磁干扰侵入受试设备，这样保证快速瞬变脉冲群干扰度试验的纯洁度；铁氧体部分的作用是滤除来自试验发生器的快速瞬变脉冲群信号，不让其对外接电源产生干扰，同时抑制来自电源的高频干扰，不让其侵入到受试设备；电源整个去耦/耦合网络保证了受试设备只接收到来自试验发生器产生的电磁干扰，同时也确保外接电源不受信号发生器信号的影响。实际上，不让模拟电磁干扰源信号进入电源这一要求很重要，这样可以保证试验中不至于影响处在同一电源网络其他用户的电能质量。试验应当在 GB/T 17626.4 的 8.1.1 和 8.1.2 所列出的气候条件和电磁条件下进行。对于试验结果应该依据受试设备在试验中的功能丧失或性能降低现象进行分类。

3.3.4　浪涌（冲击）抗扰度

开关和雷电瞬变过电压可引起单极性浪涌（冲击）。浪涌是沿线路或电路传送的电流、电压或功率的瞬态波，其特征是先快速上升后缓慢下降。快速瞬变脉冲群试验与浪涌（冲击）抗扰度试验均能模拟开关操作产生的瞬态波，其共同点都是传导抗扰度试验，但是从脉冲发生器输出信号电参数可以看出模拟对象不同。快速瞬变脉冲群抗扰度试验要求发生器信号上升时间特别快，仅为 5ns，并且具有重复性，即可以产生一个脉冲群，因此其可模拟开关操作瞬态干扰的初期，该脉冲上升时间约为 4～10ns；而浪涌抗扰度试验发生器输出的信号上升时间仅为微秒，这与开关操作电磁暂态后期振荡波形的时间类似，因此对于开关瞬态过电压来说，该试验主要模拟开关暂态的后期波形，该试验中脉冲发生器不产生重复脉冲。电力系统开关瞬态可分为与以下操作有关的瞬态：

（1）主要的电力系统切换引起的骚扰，例如电容器组的切换；

（2）配电系统中较小的局部开关动作或负载变化；

（3）与开关器件（如晶闸管）相关联的谐振现象；

（4）各种系统故障，例如设备组合对接地系统的短路和电弧故障。

雷电产生浪涌电压的主要机理如下：

（1）直接雷：它击于外部（户外）电路，注入的大电流流过接地电阻或外部电路阻抗而产生电压。

（2）间接雷：云层之间或云层内的雷击或击于附近物体的雷击电流在空间

产生电磁场干扰，该干扰通过空间容性或感性耦合对受试设备形成干扰。

（3）附近直接对地放电的雷电电流：当它耦合到设备组合接地系统的公共接地路径时产生感应电压，该干扰属于共地传导性干扰。

当雷电保护装置动作时，电路或系统的机构动作，电路发生换路，电路中产生电磁暂态，电压和电流可能发生迅速变化，并可能耦合到内部其他电路。试验发生器的特性应尽可能地模拟上述现象。如果骚扰源在同一线路中，即直接耦合，例如在电源网络中，那么发生器在 EUT 的端口模拟一个低阻抗源。如果骚扰源与 EUT 不在同一线路中，即间接耦合，那么发生器模拟一个高阻抗源。本试验有两种类型的组合波发生器。根据受试端口类型的不同，它们有各自特殊的应用。对于连接到对称通信线的端口，应使用开路电压为 10/700μs 组合波发生器。对于其他情况，特别是连接到电源线和短距离信号互连线的端口，应使用开路电压为 1.2/50μs 组合波发生器。不管是哪种发生器，其参数是未接受试设备时的参数。实际试验时发生器输出信号具体参数取决于受试设备的输入电气参数。这里以 1.2/50μs 组合波发生器为例进行说明。

1.2/50μs 组合波发生器产生的浪涌波形：开路电压波前时间 1.2μs，开路电压半峰值时间 50μs；短路电流波前时间 8μs，短路电流半峰值时间 20μs。发生器的开路电压波形如图 3-26 所示，短路电流波形如图 3-27 所示。

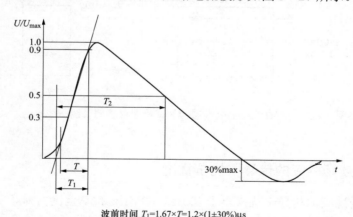

波前时间 $T_1=1.67 \times T=1.2 \times (1\pm30\%)$μs
半峰时间 $T_2=50 \times (1\pm20\%)$μs

图 3-26　未连接 CDN 的发生器输出端的开路电压波形（1.2/50μs）

注：CDN 为耦合去耦合网络，英文全称为 coupling and decoupling network。

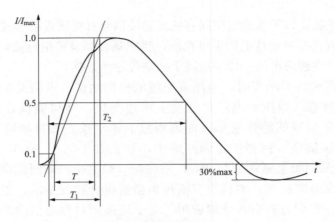

波前时间 $T_1 = 1.25 \times T = 8 \times (1 \pm 20\%)\mu s$
半峰时间 $T_2 = 20 \times (1 \pm 20\%)\mu s$

图 3-27 未连接 CDN 的发生器输出端的短路电流波形（8/20μs）

试验配置如图 3-28 所示，其中去耦合网络用于防止施加到受试设备上的浪涌（冲击）影响其他未试验的装置、设备或系统的电路，同时去耦合网络除去了电源网络中携带的其他电磁干扰信号。

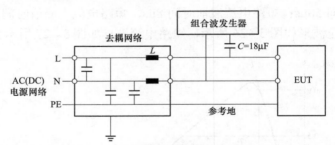

图 3-28 交/直流线上电容耦合的试验配置示例（线—线耦合）
注：空心圆圈表示不连接。

3.3.5 射频场感应的传导干扰抗扰度

射频场感应的传导干扰来自于 9kHz～80MHz 频率范围内射频发射机产生的电磁场。该电磁场会作用于电气、电子设备的电源线、通信线和接口电缆等连接线路上，这些连接引线的长度则可能与干扰频率的几个波长相当，因此，这些引线就变成被动天线，接受外界电磁场的感应，引线电缆就可以通过传导方式把外界干扰耦合到设备内部，最终以射频电压和电流所形成的近场电磁干扰耦合到设备内部，对设备产生干扰，从而影响设备的正常运行，所以本抗扰度试验中受试设备至少通过一条连接电缆（如电源线、信号线、地线等）与射频场相耦合。该抗扰度试验与射频电磁场辐射抗扰度试验名称近似，但实际的差别很大。图 3-29 比较了两种干扰抗扰度试验的不同：

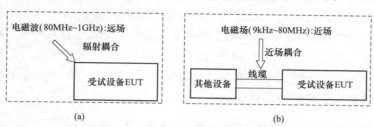

图 3-29　射频电磁场辐射抗扰度与射频场感应的传导干扰抗扰度对比图
（a）射频电磁场辐射抗扰度原理框图；（b）射频场感应的传导干扰抗扰度原理框图

（1）干扰模式不同：射频电磁场辐射抗扰度为辐射抗扰度，而射频场感应的传导干扰抗扰度为传导抗扰度。

（2）频率范围不同，图 3-29 所示射频电磁场辐射抗扰度关注频率范围为 80MHZ～1GHz，而射频场感应的传导干扰抗扰度关注的频率范围为 9kHz～80MHZ。

（3）射频电磁场辐射抗扰度中电磁波属于远场，而射频场感应的传导干扰抗扰度属于近场。

（4）电磁场作用方式不同，射频电磁场辐射抗扰度中电磁场从空间以不同的角度直接作用于受试设备，而射频场感应的传导干扰抗扰度则是以容性或感性耦合方式先作用于线缆上，然后传导到受试设备。

该抗扰度试验信号的注入非常重要。根据实际中近场容性和感性耦合过程，本实验中也设计了干扰的不同注入方式，以模拟不同的电磁干扰耦合方式。注入方式包括直接注入法、耦合去耦合网络注入法、钳式注入法。其中钳式注入法又分为电流钳注入、电磁钳注入和容性耦合夹耦合注入等。电流钳用于模拟感性耦合，容性耦合夹用于模拟容性耦合，而电磁夹用于模拟感性耦合和容性耦合的组合。根据不同的受试设备和实验环境，应具体选择干扰注入方式。本试验用于测量由传导干扰信号所产生的影响，当电子电器设备在遭受由射频场感应的传导干扰时，建立一个评估电子电器设备抗扰度性能的公共参考。参照 GB/T 17626.6《电磁兼容　试验和测量技术　射频场感应的传导骚扰抗扰度》。在 9～150kHz 频率范围内，一般地，对来自射频发射机的电磁场所引起的感应干扰不要求测量。表 3-6 给出了设备或系统的试验等级。在试验过程中，依次将试验信号发生器连接到每个耦合装置上面。对于其他所有非测试电缆或者不连接（当功能允许），或者使用去耦合网络，或者只使用非端接的耦合和去耦合网络，来除去试验中不需要的电磁干扰信号。在测试信号发生器输出端可能会需要一个低通滤波器或高通滤波器以防止谐波对被测设备的干扰。扫频范围是从 150kHz~80MHz，在设置步骤过程中设置信号电平，干扰信号是 1kHz 正弦波调幅信号，调制度 80%的射频信号。在测试过程中，应尝试充分运行被测设备，并充分质询对于敏感度测试的所有运行模式。图 3-30 给出了射频场感应的传导干扰抗扰度试验的示意图。

表 3-6 射频场感应的传导干扰抗扰度试验等级

试验等级	电压 U_0（dBμV）	电压 U_0（V）
1	120	1
2	130	3
3	140	10
X①	待定	

① X 是一个开放等级。

注 频率范围 150kHz~80MHz。

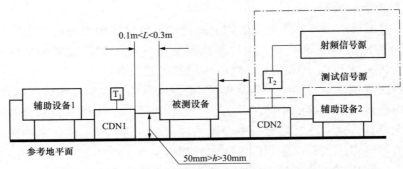

图 3-30 射频场感应的传导干扰抗扰度试验的示意图

T_1—50Ω负载；T_2—6dB 功率衰减器

3.3.6 电压暂降、短时中断和电压变化的抗扰度

与电网连接的电气、电子设备可能会受到电网中的电压暂降、短时中断和电压变化的影响，这些不良的影响是由于电网、电力设备的故障或负荷突然出现大的变化引起，在有些情况下会出现两次或更多连续的暂降或中断。随着经

90

济的发展，对电压变化很敏感的高科技设备获得广泛应用，电压暂降、电压中断和电压变化往往会造成设备不正常运行，例如，会引起敏感控制器不必要的动作（引起跳闸），造成包括计算机系统失灵、自动化控制装置停顿或误动、变频调速器停顿等；引起接触器停顿或低压保护启动，造成电动机、电梯等停顿；引起高温光源（碘钨灯）熄灭，造成公共活动场所失去照明，甚至发生停运事故。因此电压暂降、电压中断和电压变化已经成为重要的动态电能质量问题。

本试验参考 GB/T 17626.11—2008《电磁兼容　试验和测量技术　电压暂降、短时中断和电压变化的抗扰度试验》着重介绍适用于额定输入电流不超过 16A，连接到 50Hz 或者 60Hz 交流网络的电气电子设备的抗扰度试验。试验等级和持续时间的选择由 IEC/TR 61000−2−8《电压暂降和短时中断对公共供电系统影响》中给出。试验发生器应有防止其产生强骚扰发射的措施，否则这些骚扰注入供电网络，有可能会影响试验结果。试验发生器的输出电流要求在额定电压下每相电流的均方根值为 16A，发生器应该有能力在额定电压的 80% 下输出 20A，持续时间达到 5s，在额定也压的 70% 下输出 23A，持续时间达到 3s，在额定也压的 40% 下输出 40A，持续时间达到 3s。试验电压发生器的输出阻抗即使在过渡过程中也必须呈低抗。试验布置要用 EUT 制造商规定的最短的电源电缆把 EUT 连接到试验发生器上进行试验，如果无电缆长度规定，则应是适合于 EUT 所用的最短电缆。

试验开始时，按照 EUT 规定的电源电缆把 EUT 与试验信号发生器连接。试验分为电压暂降和短时中断试验、电压变化试验。电压暂降和短时中断试验的目的是为检测试验品在遇到电压突变情况下的适应能力。EUT 试验等级和持续时间按标准或产品技术要求选定。经过组合后按次序排列，每种组合状态的试验次数规定为 3 次，在两次试验之间的最小时间间隔为 10s。试验时电源电压突变发生在电压过零处及产品技术条件规定的认为是关键的相角处，每相优先选择 45°、90°、135°、180°、225°、270°、315°。对于三相供电系统，短时中断试验应三相同时进行。电压变化试验认为在额定电压和变化后的电压之间有一个确定的过渡过程。对于 EUT 进行的每一种规定的电压变化，都必须进行三次试验。如同试验暂降和短时中断一样，先选定试验电压等级和变化时间、持续时间，然后加以组合，按次序排列，再对每种组合状态进行试验。试验之间的间隔为 10s。

3.3.7　工频磁场、脉冲磁场以及阻尼振荡磁场抗扰度

工频磁场、脉冲磁场、阻尼振荡磁场等可能对传感器、智能组件各 IED 的

正常工作产生干扰，应按 IEC 61000 - 4 - 8 - 2009《电磁兼容性（EMC） 第 4 - 8 部分：试验和测量技术 电源频率磁场抗扰试验》、IEC 61000 - 4 - 9 - 2001《电磁兼容性（EMC） 第 4 - 9 部分：试验和测量技术 脉冲磁场抗扰度试验》、IEC 61000 - 4 - 10《电磁兼容性（EMC） 第 4 - 10 部分：试验和测量技术 阻尼振荡磁场抗扰度试验》的相关标准进行 3 项抗扰度试验。由于这三个抗干扰度试验过程基本相同，因此在本节中一起介绍。三个抗扰度试验不同之处主要体现在它们的模拟发生器上。这三个磁场抗扰度试验与射频电磁场辐射抗扰度试验同属于干扰从空间各角度直接作用于受试设备，它们的主要区别在于：这三个磁场属准静态磁场，工频磁场抗扰度为稳态，而其他两个为暂态，而射频电磁场抗扰度试验为稳态试验，即正弦稳态电磁场激励下抗扰度试验，属于电磁波范畴，并非准静态磁场。工频磁场是由绕组类设备的线圈中的工频电流产生的，或极少量的由附近的其他装置（如变压器的漏磁通）所产生。正常运行条件下的电流，产生稳定的磁场，幅值较小。故障条件下的电流，能产生幅值较高、但持续时间较短的磁场，直到保护装置动作为止。熔断器动作时间按几毫秒考虑，继电器保护动作按几秒考虑。

在工频磁场抗扰度试验中，采用持续和短时两种工频磁场试验，试验等级分别列于表 3 - 7 和表 3 - 8，智能组件试验分别执行其中的 5 级和 4 级。

表 3 - 7 稳定持续磁场试验等级

等级	磁场强度（A/m）	等级	磁场强度（A/m）
1	1	4	30
2	3	5	100
3	10	X[①]	待定

① X 是一个开放等级，可在产品规范中给出。

表 3 - 8 1～3s 的短时试验等级

等级	磁场强度（A/m）	等级	磁场强度（A/m）
1	—	4	300
2	—	5	1000
3	—	X[①]	待定

① X 是一个开放等级，可在产品规范中给出。

试验设备包括电流试验发生器、感应线圈和辅助试验仪器。典型的电流源由一台接至配电网调压器、一台电流互感器和一套短时试验的控制电路组成。

在整个过程中，都需要校准以检测实验设置是否准确达标。发生器应能在连续方式和短时方式下运行。其特性如下：

（1）输出电流波形为正弦波。

（2）持续方式工作时的输出电流范围：1～100A；

（3）短时方式工作时的输出电流范围：300～1000A；

（4）短时方式工作时的整定时间：1～3s。

为了建立磁场强度与电流之间的关系，定义了线圈因数，线圈因数为

$$F = \frac{H}{I} \qquad (3-15)$$

式中　F——线圈因数；

　　　H——磁场强度有效值；

　　　I——电流有效值。

感应线圈与试验发生器相连，应产生与所选试验等级和规定的均匀性相对应的磁场强度。其应由铜、铝或其他导电的非磁性材料制成。线圈可以是单匝，并应具有合适的通流容量，即可满足所选试验等级的要求。为了减小试验电流，可以使用多匝线圈。线圈应具有适当的尺寸，以在三个互相垂直的方向上包围受试设备。

辅助试验仪器包括模拟器以及操作和校验受试设备技术性能必备的其他仪器。试验磁场由流入感应线圈中的电流产生，用浸入法将试验磁场施加到受试设备。如图3－31所示，线圈中产生的磁场方向在图中已标出。图3－31中（a）、（b）和（c）为三个方向磁场分别激励下立式受试设备抗干扰度测量布置结构图。台式设备的检测试验与此略有不同，是将台式设备放在桌面的金属板上进行试验，金属板与其他导体的三个边共同组成电流回路，如图3－31（d）所示。

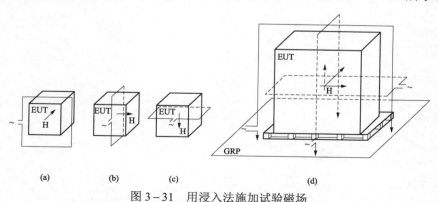

图3－31　用浸入法施加试验磁场

（a）垂直方向一；（b）垂直方向二；（c）水平方向；（d）三维方向

脉冲磁场抗扰度试验主要模拟受试设备在以下电磁干扰激励下的电磁兼容问题。

（1）变电站隔离开关和断路器操作过程产生的上升时间很快的第一个脉冲磁场。

（2）雷电对建筑物放电或对金属部件放电在空间产生的磁场。

（3）电力系统，包括高中低压，发生故障时故障初期脉冲电流产生的磁场。

脉冲磁场抗干扰度试验与工频磁场抗干扰度相似，主要的不同是感应线圈中通入的电流不同。试验的磁场波形为 6.4/16μs 的标准电流脉冲波形。

脉冲磁场的试验等级范围列于表 3－9。

表 3－9 脉冲磁场试验等级

等级	脉冲磁场强度峰值（A/m）	等级	脉冲磁场强度峰值（A/m）
1	—	4	300
2	—	5	1000
3	100	X①	待定

① X 是一个开放等级，可在产品规范中给出。

其余试验方法原理与工频磁场抗干扰度试验相同。试验发生器是非重复脉冲电流发生器，即单次脉冲发生器。上升时间：6.4（1±30%）μs；持续时间：16（1±30%）μs。信号发生器生成波形如图 3－32 所示。

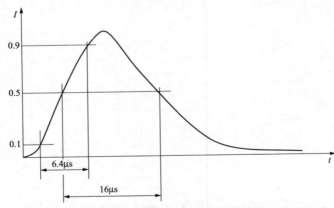

图 3－32 脉冲磁场试验发生器的输出电流波形（6.4/16μs）

阻尼振荡磁场是由隔离刀闸切合高压母线时产生的。变电站隔离开关操作过程会在空间产生衰减振荡磁场，其第一个脉冲上升时间很快，而后期磁场则是以一定的频率衰减振荡，阻尼振荡磁场就是模拟该衰减振荡磁场。图 3-33给出了某敞开式 500kV 变电站隔离开关操作空载母线瞬态电磁场测量波形图。图 3-33（a）为瞬态磁场脉冲群，图 3-33（b）为图 3-33（a）中一个单脉冲的展开图。阻尼振荡磁场试验的试验等级范围列于表 3-10。阻尼振荡磁场抗干扰度试验与工频磁场抗干扰度相似，主要的不同是感应线圈中通入的电流不同。其余试验方法原理与工频磁场抗干扰度试验相同。

表 3-10 　　　　　　　　　　　　阻尼振荡磁场试验等级

等级	磁场强度峰值（A/m）	等级	磁场强度峰值（A/m）
1	—	4	30
2	—	5	100
3	10	X[①]	待定

① X 是一个开放等级，可在产品规范中给出。

试验发生器是可重复产生阻尼正弦电流的发生器。单次磁场脉冲振荡频率为 0.1MHz±10% 和 1MHz±10%，衰减率为 3～6 个周波衰减至峰值的 50%。振荡频率为 0.1MHz 时，至少每秒 40 个衰减振荡波；单次磁场脉冲振荡频率为 1MHz 时，至少每秒 400 个衰减振荡波，试验持续时间是 2s（+10%，−0%）或持续运行，输出电流为 10～100A。

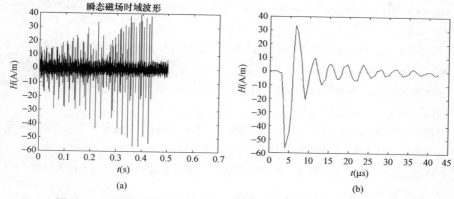

图 3-33　敞开式 500kV 变电站隔离开关操作瞬态磁场测量波形图
（a）隔离开关单次操作瞬态磁场波形；（b）单次脉冲磁场展开波形图

三组试验根据不同的磁场和不同感应线圈确定试验发生器的特点和性能，试验发生器分为：工频磁场试验发生器、脉冲磁场试验发生器、阻尼振荡磁场试验发生器。根据试验布置试验设备，参与试验的包括：接地参考平面、受试设备、试验发生器、感应线圈和终端网络、防逆滤波器。工频磁场试验的试验等级和试验时间根据稳定和短时的两种情况来确定。脉冲磁场试验则至少要施加 5 次正极性脉冲磁场和 5 次负极性脉冲磁场，每两次脉冲之间的时间间隔应不小于 10s。采用阻尼振荡磁场进行试验的时间为 2s，在 30kHz～10MHz 范围内，并且至少在两个频率下进行试验，最好采用 0.1MHz 和 1MHz 频率的信号。对于 0.1MHz 试验的重复频率至少为 400Hz。重复频率将与磁场的振荡频率成比例增加。

参考文献

[1] B. X. Lu, Y. X. Shi, H. M. Zhan, S. F. Duan. "VFTO Suppression by Selection of a Combination of Initial Phase Angle and Contact Velocity". IEEE Transactions on Power Delivery，2018，33：1115～112.

[2] B. X. Lu, H. Y. Sun, Q. K. Wu. "Characteristics of Trichel Pulse Parameters in Negative Corona Discharge". IEEE Transactions on Plasma Science，2017，45：2191～2201.

[3] B. X. Lu, Y. X. Shi, X. H. Lin, X. M. Bian. "3D full Maxwell research for effect of initial electromagnetic field on very fast transient overvoltage in GIS". IEEE Transactions on Dielectrics and Electrical Insulation，2016，23：3319～3327.

[4] B. X. Lu, X. H. Lin, Y. X. Shi, N. Zhao. "Analysis model for VFT considering the effect of nonuniform distribution of residual charge". IEEE Transactions on Power Delivery，2017，32：1157～1164.

[5] B. X. Lu, H. Y. Sun. "The role of photoionization in negative corona discharge". AIP Advances，2016，6，095111.

[6] 卢斌先, 石雨鑫. 集总等效源法在多芯屏蔽电缆电磁干扰中的应用. 中国电机工程学报，2016，36（15）：4291～4298.

[7] 卢斌先, 王泽忠, 李成榕, 丁立建, 王伟, 王景春. 500kV 变电站开关操作瞬态电场测量与研究. 中国电机工程学报，2004，24（4）：133～138.

[8] 卢斌先, 孟准. 基于 GIS 制造特征的电磁波仿真模型简化的研究. 电工技术学报，2013，28（1）：119～125.

[9] 卢斌先, 郝晓飞, 罗艳华, 王泽忠. HEMP 场激励下交直流高压输电线耦合响应概率分布. 电工技术学报，2011，26（1）：141～145.

[10] 卢斌先，王泽忠，李云伟，张芳，易斌. 金属屏蔽盒强瞬态电场屏蔽效能实验. 电工技术学报，2007，22（1）：7～12.

[11] 卢斌先，衣斌，王泽忠. 基于 NILT 的传输线串扰时域响应分析与实验研究. 电工技术学报，2007，22（2）：110～115.

[12] 卢斌先，王泽忠. 外场激励下多导体传输线响应的节点导纳分析法. 电工技术学报，2007，22（10）：145～149.

[13] 卢斌先，周娜，石雨鑫. 电弧三维电磁场模型参数对 GIS 中 VFTO 的影响. 高电压技术，2017，43（3）：953～959.

[14] 卢斌先，石雨鑫，刘丽平. 线缆集总等效电磁干扰源测量模型研究. 高电压技术，2015，41（5）：1624～1630.

[15] 卢斌先，赵楠，郑夏阳. 气体绝缘变电站空载母线残余电荷释放电压响应. 高电压技术，2013，39（3）：534～540.

[16] 卢斌先，王泽忠. 基于数字恢复的脉冲电阻分压器实验研究. 高电压技术，2008，34（8）：1557～1562.

[17] 卢斌先，罗艳华，张宪军，王泽忠，齐磊. 外场激励下架空线响应分布规律的概率分析. 强激光与粒子束，2008，20（5）：819～823.

[18] 卢斌先，衣斌，王泽忠. 基于 FFT 的传输线串扰时域响应分析与实验研究. 电波科学学报，2008，23（1）：106～110.

[19] 卢斌先，彭茂兰，陈甜妹. 传输线残余电荷放电响应模型的研究. 电网技术，2012（4）：247～250.

[20] 卢斌先，王泽忠，程养春. 基于拉氏反变换的传输线耦合电流半解析解. 电网技术，2007，31（14）：52～56.

[21] 李云伟，王泽忠，卢斌先，张志军，张芳. 电磁脉冲模拟器仿真与实验研究. 高电压技术，2007，33（1）：128～131.

[22] 王泽忠，李云伟，卢斌先，张芳，衣斌，齐玮. 变电站电磁脉冲耦合倾斜二次电缆数值分析. 高电压技术，2007，33（7）：98～101.

[23] 肖保明，王泽忠，卢斌先，李云伟. 瞬态弱磁场测量系统的研究. 高电压技术，2005，31（01）：53～54，92.

[24] 古天祥，王厚军，习友宝，詹惠琴，等. 电子测量原理 [M]. 北京：机械工业出版社，2004.

第4章 通 信 与 对 时

4.1 通信

4.1.1 概述

智能高压设备通信包括三部分：IED 与传感器的通信、内部各 IED 之间的通信及主 IED 与站控层间的通信。IED 与传感器的通信方式有多种，目前尚未得到统一，常用的有 CAN 总线、RS－485 等。内部 IED 间的通信依据 IEC 61850 标准，采用以太网进行组网，通过制造报文规范（manufacturing message specification，MMS）、面向通用对象的变电站事件（generic object oriented substation event，GOOSE）、采样测量值（sampled value，SV）协议进行数据交互。主 IED 与站控层间的通信同样依据 IEC 61850 标准，采用以太网进行组网，仅通过 MMS 协议进行数据交互。

以智能变压器和智能高压开关设备为例，传感器、IED、过程层、站控层之间的通信拓扑见图 4－1，要求所有 IED 统一组网。

4.1.2 通信基础

4.1.2.1 IEC 61850

IEC 61850 标准是基于网络通信的变电站自动化系统国际标准，该标准将变电站通信体系分为 3 层：站控层、间隔层、过程层。在站控层和间隔层之间的网络采用抽象通信服务接口映射到 MMS、传输控制协议/网际协议（TCP/IP）以太网或光纤网。在间隔层和过程层之间的网络采用单点向多点的组播服务。变电站内的智能电子设备均采用统一的协议，通过网络进行信息交换。其最大特点是定义了变电站的信息分层结构、采用了面向对象的统一数据建模技术、面向实时业务及通信网络化。

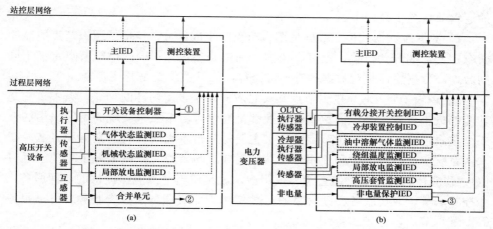

图4-1 电力变压器、高压开关设备智能组件通信拓扑示意图

(a) 高压开关设备智能组件；(b) 电力变压器智能组件

①—继电保护装置跳闸指令；②—至相关继电保护装置；③—至各侧开关设备控制器

（1）面向对象建模技术。智能变电站需要所有设备协同工作，即能够"互操作"。为了实现整个变电站的各种设备之间的互操作，IEC 61850采用了面向对象的建模技术，把所有的设备、IED均看作对象，为每一类对象定义了相应的信息模型，并规定了信息交换机制。在软件工程领域，面向对象建模的基本思想是利用计算机逻辑来模拟现实世界中的物理存在。IEC 61850标准的建模思想与之类似，将变电站中智能电子设备用于通信交换的数据信息建模为分层的信息模型，如图4-2所示，包括五个层次，即服务器（server）、逻辑设备（logic device，LD）、逻辑节点（logic node，LN）、数据（data）及数据属性（data attribute）。通常，一台物理装置建模为一个IED，每个IED包含一个或多个服务器，每个服务器本身又包含一个或多个逻辑设备，每个逻辑设备包含一组逻辑节点，每个逻辑节点包含多个数据，每个数据含有多个数据属性。

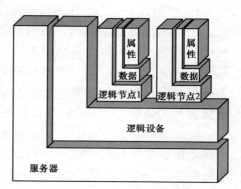

图4-2 IED信息模型

建立信息模型的目的是为了完成指定的功能，如继电保护、监测、控制等。这些功能又包括很多子功能，子功能之间可以进行数据交换的，一般被叫做逻辑节点，也就是说，功能与功能之间如果想要实现数据的交换，其中所要涉及

的逻辑节点至少是一个。

1）数据及数据属性。数据是逻辑节点的组成部分，包括了逻辑节点所需的所有定义，如开关位置、温度、压力、油位等参数，不同的逻辑节点定义不同的数据。数据属性是对数据的进一步诠释，如开关位置是开还是合。

2）逻辑节点 LN。逻辑节点其实对应的就是设备内部的功能，只不过它是功能的最小单元，系统内数据的交换都是通过逻辑节点来实现的，所采用的方式是逻辑连接，而且逻辑节点的定义主要是来自于它所拥有的数据和方法。在二次系统中，数据映射和使用方法共同组成逻辑节点，数据来源于本地或远方I/O、智能传感器和传动装置等。使用方法就是逻辑节点能够提供的访问服务，如控制服务、取代服务、读写服务、读取目录/定义服务、报告服务及日志服务等。逻辑节点模型如图4-3所示。

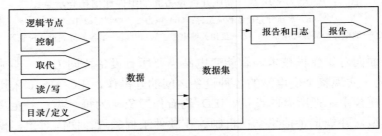

图4-3 逻辑节点模型

3）逻辑设备 LD。在通信过程中，需要使得相关的逻辑节点和数据集中在一起，以完成通信目的，这时就需要一种逻辑设备。逻辑设备实质上是一种虚拟设备，可以包含多个逻辑节点。如果一个设备是以 IEC 61850 标准为基础，它完全可以实现一对多的映射，即根据自身的需要，将一个设备映射为多个设备，然而，如果该设备不是以 IEC 61850 标准定义的，我们也可以根据自身的情况，对相关的逻辑设备进行定义。逻辑设备模型如图4-4所示。

4）服务器（server）。一些行为在设备的外部是可以看得到的，这样的情况通常是由服务器来表示的，一个服务器往往是作为一个功能节点存在于网络的通信中，它拥有一定的资源，可以提供给其他的功能节点使用，或者说可以被其他的功能节点进行访问。服务器模型如图4-5所示。软件算法中如果存在逻辑上的再分，这可能会形成一个服务器，而且这样的服务器所拥有的功能是能够对自己的操作进行对应的控制的。以断路器为例，逻辑节点建模如图4-6所示。

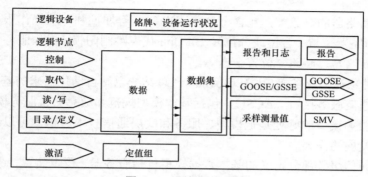

图 4-4　逻辑设备模型

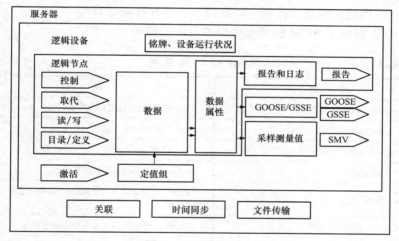

图 4-5　服务器模型

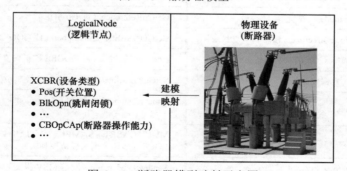

图 4-6　断路器模型映射示意图

　　图 4-6 中，右侧的图片代表现实中的实际设备，左侧为 IEC 61850 标准抽象出的信息模型，即逻辑节点 XCBR，XCBR 就是断路器的模型。该模型作为

一个代表断路器的对象类，包含了 Pos、BlkOpn 等属性和一些操作服务，其中 Pos 代表断路器位置（合位或分位），BlkOpn 代表跳闸闭锁，操作服务包括合断路器、分断路器、断路器位置上送等。

（2）抽象通信服务接口。IEC 61850 在总结变电站自动化需求的基础上，制定了抽象通信服务接口（ACSI），包括基本模型规范和信息交换服务模型规范。抽象通信服务接口的好处是把模型、服务和底层通信技术解耦，可以适应通信技术快速发展的需要。

抽象通信服务部分定义的基本数据模型包括服务器、逻辑装置、逻辑节点、数据等，除此之外还定义了数据集、取代、定值控制块、报告控制块、GOOSE 控制块、采样值控制块、控制、时间同步、文件传输等模型。

表 4-1 列出了 ACSI 的全部模型和对应的服务。

表 4-1　　　　　　　　　　　　ACSI 模 型 和 服 务

模　型	模　型
Server model（服务器模型）	SetLCBValues（设置日志控制块值）
GetSever Directory（读服务器目录）	QueryLogByTime（按时间查新日志）
Association model（关联模型）	QueryLogAfter（查询某条目以后的日志）
Abort（异常中止）	GetLogStatusValues（读日志状态值）
Release（释放）	Generic substation event model – GSE（通用变电站时间模型 GSE）
Logical device model（逻辑设备模型）	GOOSE（面向通用对象的变电站事件）
GetLogicalDeviceDirectory（读逻辑设备目录）	SendGOOSEMessage（发送 GOOSE 报文）
Logical node model（逻辑节点模型）	GetGoReference（读 Go 引用）
GetLogicalNodeDirectory（读逻辑节点目录）	GetGOOSEElementNumber（读 GOOSE 元素数目）
GetAllDataValues（读所有数据值）	GetGoCBValues（读 GOOSE 控制块值）
Data model（数据模型）	SetGoCBValues（设置 GOOSE 控制块值）
GetDataValues（读数据值）	Transmission of sampled values model（采样值传输模型）
SetDataValues（设置数据值）	MULTICASET – SAMPLE – VALUE – CONTROL – BLOCK（多路广播采样值控制块）：
GetDataDirectory（读数据目录）	SendMSVMessage（发送 MSV 报文）
LOG – CONTROL – BLOCK model（日志控制块模型）	GetDataDefinition（读数据定义）
GetLCBValues（读日志控制块值）	Substitution model（取代模型）

模　　型	模　　型
SetDataValues（设置数据值）	SetMSVCBValues（设置 MSV 控制块值）
GetDataValues（读数据值）	UNICAST－SAMPLE－VALUE－CONTROL－BLOCK（单路传播采样值控制块）
SETTING－GROUP－CONTROL－BLOCK mode（定值组控制块模型）	SendUSVMessage（发送 USV 报文）
SelectActiveSG（选择激活定值组）	GetUSVCBValues（读 USV 控制块值）
SelectEditSG（选择编辑定值组）	SetUSVCBValues（设置 USV 控制块值）
SetSGValues（设置定值组值）	Control model（控制模型）
ConfirmEditSGValues（确认编辑定值组值）	Select（选择）
GetSGValues（读定值组值）	SelectWithValue（带值选择）
GetSGCBValues（读定值组控制块值）	Cancel（取消）
REPORT－CONTROL－BLOCK 和 LCB－BLOCK model（报告控制块和日志控制块模型）	Operate（执行）
BUFFERED－REPORT－CONTROL－BLOCK（缓存报告控制块）	CommandTermination（命令中止）
Report（报告）	TimeActiveateOperate（时间激活操作）
GetBRCBValues（读缓存报告控制块）	Time and time synchronization（时间和时间同步）
SetBRCBValues（设置缓存报告控制块）	TimeSynchronisation（时间同步）
UNBUFFERED－REPORT－CONTROL－BLOCK（非缓存报告控制块）	FILE transfer model（文件传输模型）
Report（报告）	GetFile（读文件）
GeUBRCBValues（读非缓存报告控制块）	SetFile（设置文件）
SetURCBValues（设置非缓存报告控制块）	DeleteFile（删除文件）
GetMSVCBValues（读 MSV 控制块值）	GetFileAttributeValues（读文件属性值）

（3）特定通信服务映射。IEC 61850 采用抽象通信服务接口、特定通信服务映射以适应网络技术迅猛发展的要求。抽象通信服务部分定义的是服务模型及其属性的语义以及在这些属性上进行操作服务的语义（包括服务请求和响应的参数）。而特定通信服务映射（SCSM）中定义的是报文的编码，以及它携带服务的服务参数，以及如何通过网络传输。规范中规定的一个特定通

信服务映射是服务映射到 IEC 61850-8-1（MMS）以及 TCP/IP 和以太网。另一个特定通信服务映射是映射到 IEC 61850-9-2（采样值的 SV 服务），见图 4-7。

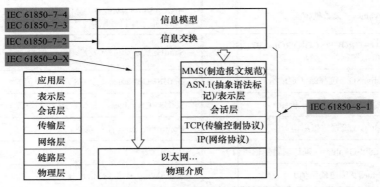

图 4-7　特定通信服务映射示例

也可以映射到其他协议栈，比如现在有些领域在做映射到 Web 服务上的探索。

（4）变电站配置描述语言。IEC 61850 采用配置语言，配备配置工具，在信息源定义数据和数据属性。规范中规定了自动化系统和设备的配置流程和配置文件，变电站配置描述语言允许将智能电子设备的描述传递给通信和应用系统管理工具，也可以某种兼容的方式，将整个系统的配置返传给智能电子设备的配置工具。主要目的就是通信系统配置数据可在智能电子设备配置工具和不同制造商提供的系统配置工具之间相互交换。

在规范中定义的变电站配置描述语言（substation configuration language，SCL）是以 XML 为基础，根据变电站配置的特殊需求定义的一种电力系统专业标记语言，它在语法上遵循 XML 的语法规定。SCL 的应用使得变电站设备自描述、设备在线配置及相互之间的互操作可以方便的实现。

规范的配置文件有几种，分别为：

1）ICD（IED capability description）文件，智能电子设备所具备能力的描述文件；

2）CID（configured IED description）文件，已配置好的智能电子设备的描述文件；

3）SCD（substation configuration description）文件，变电站配置描述文件；

4）SSD（system specification description）文件，系统规格文件。

IEC 61850（第二版）的规范中又增加了两个配置文件：

1）IID（instantiated IED description）文件，实例化的 IED 描述文件；

2）SED（system exchange description）文件，系统交互文件。

站内 IEC 61850 工程配置流程见图 4－8。

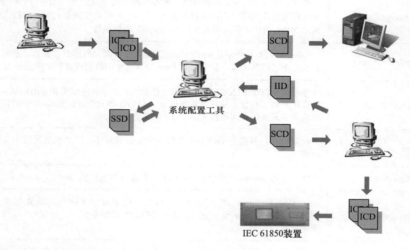

图 4－8 工程配置流程

（5）GOOSE 基础。GOOSE 是 IEC 61850 标准中用于满足变电站自动化系统快速报文需求的机制，用于传输变电站内 IED 之间重要的实时性信号，如高压开关设备分（合）闸控制信号。GOOSE 采用网络信号代替了常规变电站装置之间硬接线的通信方式，大大简化了变电站二次电缆接线，一方面降低了工程造价，另一方面简化了实施方案；而且 GOOSE 通过通信过程的不断自检，实现了装置间二次回路的智能化监测。

GOOSE 和 SV 都是采用以太网帧格式进行传输，GOOSE 报文的帧格式和 SV 较为相近，帧格式参见图 4－9。以太网的帧头部含义都是一样的，在取值方面不同之处有以下几点：GOOSE 的 Ethertype 为 0X88B8，APPID 的取值范围为 0X0000－0X3FFF，在有些系统中 GOOSE 和 SV 的优先级不同，所以标签控制信息（table control information，TCI）的值也会不同。GOOSE 和 SV 的主要区别体现在传输的内容不同，即应用服务数据单元（application service data unit，ASDU）上的差别，GOOSE 的 ASDU 格式如表 4－2 所示。

表 4-2   GOOSE ASDU 格式

内容	说　　　明
Control Block Reference	GOOSE 控制块引用，由分层模型中的逻辑设备名、逻辑节点名、功能约束和控制块名级联而成
Time Allowed to Live	报文允许生存时间，该参数值一般为心跳时间 T_0 的 2 倍，如果接收端超过 $2T_0$ 时间内没有收到报文则判断报文丢失，在 $4T_0$ 时间内没有收到下一帧报文即判断为 GOOSE 通信中断，装置会发出 GOOSE 断链报警
DataSetReference	GOOSE 控制块所对应的 GOOSE 数据集引用名，由逻辑设备名、逻辑节点名和数据集名级联而成，报文汇总 Data 部分传输的就是该数据集的成员值
GOOSE ID	该参数是每个 GOOSE 报文的唯一性标识，该参数的作用和目的地址、APPID 的作用类似。接收方通过对目的地址、APPID 和 GOOSE ID 等参数进行检查，判断是否是其所订阅的报文
Event TimeStamp	时间时标，其值为 GOOSE 数据发生变位的时间，而非装置发出本条报文的时间
StateNuber	状态序号 StNum，用于记录 GOOSE 数据发生变位的总次数。
SequenceNumber	顺序号 SqNum，用于记录稳态情况下报文发出的帧数，装置每发出一帧 GOOSE 报文，SqNum 应加 1；当有 GOOSE 数据变化时，该值归 0，从头开始重新计数
TEST	检修标识，用于表示发出该 GOOSE 报文的装置是否处于检修状态。当检修压板投入时，TEST 标识应为 TRUE
Config Revision	配置版本号是一个计数器，代表 GOOSE 数据集配置被改变的次数。当对 GOOSE 数据集成员进行重新排序、删除等操作时，GOOSE 数据集配置被改变，配置每改变一次，版本号应加 1
Needs Commissioning	该参数是一个布尔型变量，用于指示 GOOSE 是否需要进一步配置
Number DataSet Entries	数据集条目数，代表 GOOSE 数据集中含有的成员数及相应的报文 Data 部分含有的数据条目
Data	该部分是 GOOSE 报文所传输的数据当前值，Data 部分各个条目的含义、先后次序和所属的数据类型都是由配置文件中的 GOOSE 数据集定义的

（6）SV 基础。SV 是一种用于实时传输数字采样信息的通信服务。在智能高压设备中，SV 用于部分监测、控制 IED 从合并单元接收系统电压、电流采样值。从发展历史来说，SV 的发展先后经历：IEC60044-8，IEC 61850-9-1，IEC 61850-9-2（LE），其中 IEC 61850-9-2（LE）采用网络进行传输，得到了业内的认可，是未来发展的主要趋势。SV 采用以太网帧格式进行传输，具体格式内容见图 4-9。

106

SV 帧结构字段含义如下：

1）前导码（preamble）。前导字段，7 字节。preamble 字段中 1 和 0 交互使用，接收站通过该字段知道导入帧，并且该字段提供了同步化接收物理层帧接收部分和导入比特流的方法。

2）帧起始分隔符字段（start-of-frame delimiter）。帧起始分隔符字段，1 字节。字段中 1 和 0 交互使用。

3）以太网媒体访问控制（media access control, MAC）地址报头。以太网 MAC 地址报头包括目的地址（6 个字节）和源地址（6 个字节）。目的地址可以是广播或者多播以太网地址。源地址应使用唯一的以太网地址。IEC 61850－9－2 多点传送采样值，建议目的地址为 01－0C－CD－04－00－00 到 01－0C－CD－04－01－FF。

4）优先级标记（priority tagged）。为了区分与保护应用相关的强实时高优先级的总线负载和低优先级的总线负载，采用了符合 IEEE 802.1Q 的优先级标记。优先级标记头的结构见表 4－3。

preamble 前导码（7字节）
SFD帧起始符（1字节）
MAC目的地址（6字节）
MAC源地址（6字节）
优先级标记（4字节）
以太网类型（2字节）
APPID（2字节）
length（2字节）
保留字段（4字节）
APDU（小于1493字节）
填充字段（若干字节）
FCS（4字节）

图 4－9　IEC 61850－9－2 SV 报文帧格式

表 4－3　　　　　　　　　优先级标记字段含义

字节		7	6	5	4	3	2	1	0
	TPID				0x8100				
	TCI	user priority			CFI		VID		
		VID							

注　1. TPID 值：0x8100。

2. user priority（用户优先级）：用来区分采样值，实时的保护相关的 GOOSE 报文和低优先级的总线负载。高优先级帧应设置其优先级为 4～7，低优先级帧则为 1～3，优先级 1 为未标记的帧，应避免采用优先级 0，因为这会引起正常通信下不可预见的传输时延，优先级默认为 4。采样值传输优先级设置为优先级 4。

3. CFI：若值为 1，则表明在 ISO/IEC 8804－3 标记帧中，length/type 域后接着内嵌的路由信息域（RIF），否则应置 0。

4. VID：虚拟局域网标识，VLAN ID。

5）以太网类型（ethertype）。由 IEEE 著作权注册机构进行注册，可以区分不同应用。GOOSE、SV 以太网类型见表 4－4。

表 4-4   GOOSE、SV 以太网类型

应用	以太网类型码（16 进制）
IEC 61850-8-1 GOOSE	88B8
IEC 61850-9-1 采样值	88BA
IEC 61850-9-2 采样值	88BA

6）应用标识（APPID）。一般同一系统中采用唯一、面向数据源的标识。采样值的 APPID 值范围是 0x4000-0x7fff。可以根据报文中的 APPID 来确定唯一的采样值控制块。在 9-2 LE 版本中 APPID 值默认为 0x4000。如果使用固定 APPID = 0x4000，根据报文中的 svID 来确定唯一的采样值控制块。

长度 length：从 APPID 开始的字节数。保留 4 个字节。

7）应用协议数据单元（APDU）。SV APDU 结构见表 4-5。

表 4-5   SV APDU 结构

内容	说　　明
savPdu tag	APDU 标记（0x60）
savPdu length	APDU 长度
noASDU tag	ASDU 数目标记（0x80）
noASDU length	ASDU 数目长度
noASDU value	ASDU 数目值（=1），类型为 INT16U，编码采用 ASN.1 整型编码
Sequence of ASDU tag	ASDU 序列标记（0xA2）
Sequence of ASDU length	Sequence of ASDU 长度
ASDU	ASDU 内容
ASDU tag	ASDU 标记（=0x30）
ASDU length	ASDU 长度
svID tag	采样值控制块 ID 标记（0x80）
svID length	采样值控制块 ID 长度
svID value	采样值控制块 ID 值，类型为 VISBLE STRING，编码采用 ASN.1 VISBLE STRING
smpCnt tag	采样计数器标记（0x82）
smpCnt length	采样计数器长度
smpCnt value	采样计数器值，类型为 INT16U，编码采用 16Bit Big Endian
confRev tag	配置版本号标记（0x83）

内容	说 明
confRev length	配置版本号长度
confRev value	配置版本号值
smpSynch tag	采样同步标记（0x85）
smpSynch length	采样同步长度
smpSynch value	采样同步值，类型为 BOOLEAN，编码为 32Bit Big Endian
Sequence of data tag	采样值序列标记（0x87）
Sequence of data length	采样值序列长度
Sequence of data value	采样值序列值

8）帧校验序列 FCS。4 个字节。该序列包括 32 位的循环冗余校验（CRC）值，由发送 MAC 方生成，通过接收 MAC 方进行计算得出，以校验被破坏的帧。

4.1.2.2 制造报文规范（MMS）

MMS 为 ISO/IEC 9506 标准所定义的用于工业控制系统的通信报文规范，用于规范工业领域具有通信能力的智能传感器、智能电子设备、智能控制设备的通信行为，使出自不同制造商的设备之间具有互操作性，使系统集成变得简单、方便。MMS 标准是为了便于信息处理系统互联而制定的成套国际标准之一，它作为开放系统互联 OSI 的基本参考模型的一个应用层服务元素 ASE，列入 OSI 环境中的应用层之中。

MMS 是一个非常庞大的协议集，共有六个部分。第一部分和第二部分，分别是服务规范和协议规范，是 MMS 的核心部分，高度抽象，不涉及具体的应用。服务规范包含的定义有：① 虚拟制造设备（virtual manufacturing device，VMD）；② 网络上节点间的信息交换；③ 与 VMD 有关的属性和参数。协议规范定义的是通信规则，包括：① 信息格式；② 通过网络的信息顺序；③ MMS 层与 ISO/OSI 开放模型的其他层的交互。第三部分至第六部分分别是机器人伴同标准、数字控制器伴同标准、可编程逻辑控制器伴同标准及过程控制系统，是伴同规范，完成具体领域的应用。在一定程度上 IEC 61850 标准也可看作是 MMS 核心部分的伴同规范。

基于抽象对象模型方法，MMS 给出了抽象后的设备模型，并且表述了该模型的运行过程，另外还给出了其他的说明，包括抽象对象和关于它的操作及其属性对象。对于对象类，其中最关键的是 VMD，它是一种将一个真实发生在外部的可以看见的行为进行简单表述的设备，不管具体设备拥有何种内部结构或特点，只要具备 VMD，MMS 都可独立于具体设备。MMS 并不需要对实设备进行直接的操作控制，它只需要通过 VMD 的映射功能来实现对实设备的间接操控。在 VMD 中存在着许许多多的抽象对象模型，这些模型都是由 MMS 定义的，它们的建立都是为了更好地对设备进行远距离的操控，这样的模型有抽象对象和事物事件对象等，这些模型主要是对存在于 VMD 的资源和 MMS 所提供的服务的说明。

（1）VMD。VMD 模型示意图如图 4－10 所示。VMD 可以看作是 MMS 其他对象的容器，因为诸如变量、域、日志、文件都被包含在 VMD 中，它提供状态、主动报告状态、识别等服务，也提供获取名称列表和更改名称服务来获得、管理和维护定义在 VMD 内的对象。

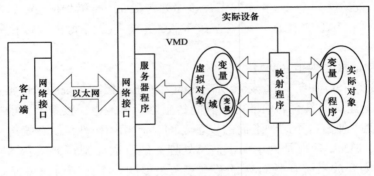

图 4－10　VMD 模型

（2）域（domain）。域是 MMS 用来管理 VMD 内的执行模式的对象，它代表的 VMD 设备内的一些资源，这种资源可以使连续的无类型数据块，通常指的是内存区。

（3）命名变量（name dvariable）。MMS 提供了丰富而灵活的基于网络上的变量信息交换框架。MMS 的变量既可以是简单类型的，如整型、布尔型、浮点型、字符串等；也可以是复杂的数据类型，例如数组和结构。

（4）命名变量列表（named variable list）。为了成组的访问变量，MMS 定义了命名变量列表的对象，来提供快捷的访问方式。MMS 的客户端可以通过读/写一个命名变量列表，来访问命名变量列表里的多个变量。由于命名变量列表中的各个变量各不相干，因此，客户端在接收到服务器端的读/写相应时，必须作相关的访问成功与否检查。

（5）日志（journal）。日志是 MMS 中定义的一个命名对象，代表一个基于时标的记录、Log 或数据。日志中的每个条目可以包含一个时间的状态、变量的值或者字符串数据。应用日志可以实时记录事件的发生、数据的变化等，从而便于日后离线数据召唤、事件查看和分析。日志服务包括建立、读取、删除和清除。

（6）文件（file）。MMS 的文件对象提供了一组简单的传输、改名和删除 VMD 内的文件等服务。文件目录服务能获得有效文件的列表。

（7）上下文（context）。MMS 中的上下文模型提供了一组服务机制，用来管理网络上两个 MMS 节点之间建立和终止应用关联，并且处理协议通信中的错误。

就设计来看，MMS 是存在着通用接口模型的，也就是其中的实设备对象映射接口（object mapping interface，OMI）。对于设备的具体对象和它的属性，以及抽象对象和它的属性，都是由 OMI 来完成它们之间的联系的。OMI 包括了原语分析模块和执行模块，这两个模块之间具有两个关于信息的流向和操作。

（1）MMS 应用进程到实设备：MMS 应用进程到实设备是由 OMI 中的原语分析模块完成的。原语分析模块对 MMS 应用进程的原语接收后，通过 VMD 资源，把原语抽象化，即找到与之相对应的抽象对象和属性，再对其进行必要的具体实施：起初要把设备中的具体对象和属性之间进行映射，使映射到的到实设备发出相应的命令，确保到实设备能够接收和识别，其次就会对实设备进行操作，使得最终能够将其掌控住。

（2）实设备到 MMS 应用进程：在执行模块的辅助下，实设备的实际状态与 VMD 的状态发生映射，另外，不同的状态所需要的 MMS 应用进程是不同的，而 VMD 会根据实际情况启用不同的 MMS 应用进程。

与 MMS 的 VMD 相对应的是智能设备的服务器类模型，它是建立在 IEC 61850 标准基础上最核心的模型。以 IEC 61850 标准为基础，VMD 的基本元素主要包括一系列诸如变量域对象，除此之外，还需要建立一个接口 ACSI 以便完成它的通信，这个接口一方面是对通信所发生的服务的一种抽象，另一方面它又与具体通信协议没有任何的关联；另外，为了使通信能够实际发生，就需要一套相关的具体通信协议映射关系，也就是特定通信服务于 SCSM 的映射关系。由此可见，从本质上来说，OMI 中的原语分析模块和执行模块分别对应于抽象和具体的概念，即抽象通信服务接口 ACSI 和特定通信服务映射 SCSM；通过变电站 IEC 61850 标准的应用等智能装置现状的判断，进而设计出相应的 OMI。IEC 61850 标准对变电站做出了很大的贡献，它不仅仅给出了变电站网络自动化通信方式的一套标准，而且使得接口 ASCI 能够独立存在，不需要依靠具体的网络，这样的接口主要是用于对通信服务的抽象。IEC 61850 标准面向网络通信是建立在制造报文规范 MMS 的基础之上的，在 ISO TC184 的研发和维修作为前提的环境下，为了能够在计算机或智能设备间实现实时数据和用于监督控制的信息的交换，必须要有一套完整的不依赖任何其他情况的标准来规范它，而制造报文规范 MMS 正是起到这样的作用，MMS 不依赖任何的应用和设备的开发者，而且它所拥有的服务基本上能够被应用于各个领域。

IEC 61850 标准的应用需要借助特定的网络，而根据当前的实际情况来看，以太网在所有能够成功实现 IEC 61850 的网络中成为了主流，而它所选择的网络通信协议，是能够完成变电站内、变电站和调度中心之间的协议，这一切也是在 MMS + TCP/IP + Ethenet 的基础上实现的。

4.1.2.3 以太网技术

4.1.2.3.1 交换技术

工业以太网交换技术解决了现场总线网络的性能局限，每个以太网设备都能够独享高带宽，从而缓解了带宽不足和网络瓶颈的问题，为未来更丰富更强大的智能化应用打下坚实的基础。

交换是按照通信两端传输信息的需要，用设备自动完成的方法，把需要传输的信息送到符合要求的对象上的技术统称。广义交换机就是一种在通信系统中完成信息交换功能的设备。

在网络系统中，交换概念的提出是对于共享工作模式的改进。HUB 集线器是一种共享设备，HUB 本身不能识别目的地址，当局域网内的 A 设备给 B 设备传输数据时，数据包在以 HUB 为架构的网络上是以广播的方式传输的，由每一台设备通过验证数据包头的地址信息来确定是否接收。也就是说，在这种工作方式下，同一时刻网络上只能传输一组数据帧的通信，如果发生碰撞还得重试。这种方式是共享网络带宽。

交换机根据数据帧的 MAC 地址进行数据帧的转发操作。交换机转发数据帧时，遵循以下规则：

（1）如果数据帧的目的 MAC 地址是广播地址或者组播地址，则向交换机（除源端口外）所有端口转发；

（2）如果数据帧的目的 MAC 地址是单播地址，但是这个地址并不在交换机的地址表内，那么也会向交换机（除源端口外）所有端口转发；

（3）如果数据帧的目的 MAC 地址在交换机的地址表内，那么根据地址表转发到相应的端口；如果数据帧的目的 MAC 地址与数据帧的源地址在同一个端口上，它就会丢弃这个数据帧，交换也不会发生。

交换机拥有一条很高带宽的背部总线和内部交换矩阵。交换机的所有端口都挂接在这条背部总线上，通过交换机地址表，交换机只允许必要的网络流量通过交换机。通过交换机的过滤和转发，可以有效的隔离广播风暴，减少误帧和错帧的出现，避免共享冲突。

交换机的交换地址表中，一条表项主要由一个 MAC 地址和该地址所位于的交换机端口号组成。整张地址表的生成采用动态自学习的方法，既当交换机收到一个数据帧以后，将数据帧的源地址和输入端口记录在交换地址表中。每一条地址表项都有一个时间标记，用来指示该表项存储的时间周期。如果在一定时间范围内地址表项仍然没有被引用，它就会从地址表中被移走。因此，交换地址表中所维护的一直是最有效和最精确的地址—端口信息。

交换机在同一时刻可进行多个端口对之间的数据传输。每一端口都可视为独立的网段，连接在其上的网络设备独自享有全部的带宽，无须同其他设备竞争使用。目前主要有以下三种交换技术：

（1）直通交换方式（cut-through）。采用直通交换方式的以太网交换机可以理解为在各端口间是纵横交叉的线路矩阵电话交换机。它在输入端口检测到一个数据包时，检查该包的包头，获取包的目的地址，启动内部的动态查找表转换成相应的输出端口，在输入与输出交叉处接通，把数据包直通到相应的端口，实现交换功能。由于它只检查数据包的包头（通常只检查 14 个字节），不需要存储，所以切入方式具有延迟小，交换速度快的优点。所谓延迟（latency）是指数据包进入一个网络设备到离开该设备所花的时间。

它的缺点主要有三个方面：① 因为数据包内容并没有被以太网交换机保存下来，所以无法检查所传送的数据包是否有误，不能提供错误检测能力；② 由于没有缓存，不能将具有不同速率的输入/输出端口直接接通，而且容易丢包。如果要连到高速网络上，如提供快速以太网（100BASE—T）、FDDI 或 ATM 连接，就不能简单地将输入/输出端口"接通"，因为输入/输出端口间有速度上的差异，必须提供缓存；③ 当以太网交换机的端口增加时，交换矩阵变得越来越复杂，实现起来就越困难。

（2）碎片隔离式（fragment free）。这是介于直通式和存储转发式之间的一种解决方案。它在转发前先检查数据包的长度是否够 64 个字节（512bit），如果小于 64 字节，说明是假包（或称残帧），则丢弃该包；如果大于 64 字节，则发送该包。该方式的数据处理速度比存储转发方式快，但比直通式慢，但由于能够避免残帧的转发，所以被广泛应用于低档交换机中。

使用这类交换技术的交换机一般是使用了一种特殊的缓存。这种缓存是一种先进先出的 FIFO（first in first out），比特流从一端进入然后再以同样的顺序从另一端出来。当帧被接收时，它被保存在 FIFO 中。如果帧以小于 512bit 的长度结束，那么 FIFO 中的内容（残帧）就会被丢弃。因此，不存在普通直通转发交换机存在的残帧转发问题，是一个非常好的解决方案。数据包在转发之前将被缓存保存下来，从而确保碰撞碎片不通过网络传播，能够在很大程度上提高网络传输效率。

（3）存储转发方式（store－and－forward）。存储转发是网络领域使用得最为广泛的技术之一，以太网交换机的控制器先将输入端口到来的数据包缓存起来，先检查数据包是否正确，并过滤掉冲突包错误。确定包正确后，取出目的地址，通过查找表找到想要发送的输出端口地址，然后将该包发送出去。正因如此，存储转发方式在数据处理时延时大，这是它的不足，但是它可以对进入交换机的数据包进行错误检测，并且能支持不同速度的输入/输出端口间的交换，可有效地改善网络性能。它的另一优点就是这种交换方式支持不同速度端口间的转换，保持高速端口和低速端口间协同工作。实现的办法是将 10Mbit/s 低速包存储起来，再通过 100Mbit/s 速率转发到端口上。

4.1.2.3.2 虚拟局域网 VLAN 技术

虚拟局域网（virtual local area network，VLAN）是指在交换局域网的基础上，采用网络管理软件构建的可跨越不同网段、不同网络的端到端的逻辑网络。一个 VLAN 组成一个逻辑子网，即一个逻辑广播域，它可以覆盖多个网络设备，允许处于不同地理位置的网络用户加入到一个逻辑子网中。VLAN 工作在 OSI 参考模型的第 2 层和第 3 层，VLAN 之间的通信是通过第 3 层的路由器来完成的。

基于交换式的以太网要实现虚拟局域网主要有三种途径：基于端口的虚拟局域网、基于 MAC 地址（网卡的硬件地址）的虚拟局域网和基于 IP 地址的虚拟局域网。

（1）基于端口的虚拟局域网。基于端口的虚拟局域网是最实用的虚拟局域网，它保持了最普通常用的虚拟局域网成员定义方法，配置也相当直观简单，局域网中的站点具有相同的网络地址，不同的虚拟局域网之间进行通信需要通过路由器。采用这种方式的虚拟局域网其不足之处是灵活性不好。例如，当一个网络站点从一个端口移动到另外一个新的端口时，如果新端口与旧端口不属于同一个虚拟局域网，则用户必须对该站点重新进行网络地址配置，否则，该站点将无法进行网络通信。在基于端口的虚拟局域网中，每个交换端口可以属于一个或多个虚拟局域网组，比较适用于连接服务器。

（2）基于 MAC 地址的虚拟局域网。在基于 MAC 地址的虚拟局域网中，交换机对站点的 MAC 地址和交换机端口进行跟踪，在新站点入网时根据需要将其划归至某一个虚拟局域网，而无论该站点在网络中怎样移动，由于其 MAC 地址保持不变，因此用户不需要进行网络地址的重新配置。这种虚拟局域网技术的不足之处是在站点入网时，需要对交换机进行比较复杂的手工配置，以确定该站点属于哪一个虚拟局域网。

（3）基于 IP 地址的虚拟局域网。在基于 IP 地址的虚拟局域网中，新站点在入网时无需进行太多配置，交换机则根据各站点网络地址自动将其划分成不同的虚拟局域网。在三种虚拟局域网的实现技术中，基于 IP 地址的虚拟局域网智能化程度最高，实现起来也最复杂。

VLAN 在交换机上的实现如图 4-11 所示，生成两个 VLAN：VLAN1 和 VLAN2；同时设置端口 1、2 属于 VLAN1、端口 3、4 属于 VLAN2。如果从 A 发出广播帧的话，交换机就只会把它转发给同属于一个 VLAN 的其他端口——也就是同属于 VLAN1 的端口 2，不会再转发给属于 VLAN2 的端口 3 和端口 4。同样，C 设备发送广播信息时，只会被转发给属于 VLAN2 的端口 4，不会被转发给属于 VLAN1 的端口 1 和端口 2。就这样，VLAN 通过限制广播帧转发的范围分割了广播域。

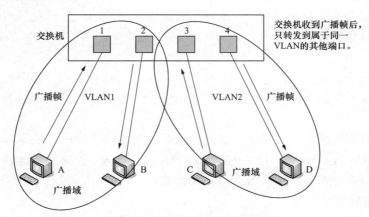

图 4-11　VLAN 功能示意图

4.1.2.3.3　服务质量 Qos 技术

服务质量（quality of service，QoS）是网络的一种安全机制，用来解决网络延迟和阻塞等问题的一种技术。对于网络业务，服务质量包括传输的带宽、传送的时延、数据的丢包率等。在网络中可以通过保证传输的带宽、降低传送的时延、降低数据的丢包率以及时延抖动等措施来提高服务质量。

通常 QoS 提供以下三种服务模型，即尽力而为服务模型（Best–Effort service）；综合服务模型（integrated service，Int–Serv）；区分服务模型（differentiated service，Diff–Serv）。

（1）Best–Effort 服务模型：Best–Effort 是一个单一的服务模型，也是最简单的服务模型。对 Best–Effort 服务模型，网络尽最大的可能性来发送报文。但对时延、可靠性等性能不提供任何保证。Best–Effort 服务模型是网络的缺省服务模型，通过 FIFO 队列来实现。它适用于绝大多数网络应用，如 FTP、E–Mail 等。

（2）Int–Serv 服务模型：Int–Serv 是一个综合服务模型，它可以满足多种 QoS 需求。该模型使用资源预留协议（resource reservation protocol，RSVP），RSVP 运行在从源端到目的端的每个设备上，可以监视每个流，以防止其消耗资源过多。这种体系能够明确区分并保证每一个业务流的服务质量，为网络提供最细粒度化的服务质量区分。比如用基于 IP 的语音传输（voice over internet protocol，VOIP），需要 12k 的带宽和 100ms 以内的延迟，集成服务模型就会将其归到事先设定的一种服务等级中。但是，Int–Serv 模型对设备的要求很高，当网络中的数据流数量很大时，设备的存储和处理能力会遇到很大的压力。Int–Serv 模型可扩展性很差，难以在 Internet 核心网络实施。这种为单一数据流进行带宽预留的解决思路在 Internet 上想要实现很难，所以该模型 1994 年推出以后并没有使用过。

Diff–Serv 服务模型：Diff–Serv 是一个多服务模型，由一系列技术组成，它可以满足不同的 QoS 需求。与 Int–Serv 不同，它不需要通知网络为每个业务预留资源。

Diff–Serv 服务实现简单，扩展性较好。可以用不同的方法来指定报文的 QoS，如 IP 包的优先级、报文的源地址和目的地址等。网络通过这些信息来进行报文的分类、流量整形、流量监管和排队。

4.1.2.4 总线技术

（1）RS–485。RS–485 有两线制和四线制两种接线，四线制是全双工通信方式，两线制是半双工通信方式。在 RS–485 通信网络中一般采用的是主从通信方式，即一个主机带多个从机，这种接线方式为总线式拓扑结构在同一总线上最多可以挂接 32 个节点。RS–485 有以下特点：

1）RS–485 的电气特性：逻辑"1"以两线间的电压差为 +2～+6V 表示；逻辑"0"以两线间的电压差为 –6～–2V 表示。

2）RS-485 的数据最高传输速率为 10Mbit/s。

3）RS-485 接口是采用平衡驱动器和差分接收器的组合，抗共模干扰能力增强，即抗噪声干扰性好。

4）理论上，在 100kbit/s 的传输速率下，RS-485 最大的通信距离可达 1200m，但在实际应用中传输的距离因芯片及电缆的传输特性而所差异。在传输过程中可以采用增加中继的方法对信号进行放大，最多可以加 8 个中继，也就是说理论上 RS-485 的最大传输距离可以达到 9.6km。如果真需要长距离传输，可以采用光纤为传播介质，收发两端各加一个光电转换器，多模光纤的传输距离是 5~10km，而采用单模光纤可达 50km 的传播距离。

（2）CAN 总线。CAN 总线是德国 BOSCH 公司从 20 世纪 80 年代初为解决现代汽车中众多的控制与测试仪器之间的数据交换而开发的一种串行数据通信协议，它是一种多主总线，通信介质可以是双绞线、同轴电缆或光导纤维。通信速率最高可达 1Mbit/s。具有以下特点：

1）电气特性。CAN2.0B 规范定义了两种互补的逻辑数值："显性"和"隐性"，同时传送"显性"和"隐性"位时，总线结果值为"显性"。"显性"数值表示逻辑"0"，而"隐性"（"Recessive"）表示逻辑"1"。在 CAN 规范中并未定义代表逻辑电平的物理状态（例如电压），iCAN 网络使用符合 ISO11898-2 标准的电平信号，典型地，CAN 总线为"隐性"（逻辑 1）时，CAN_H 和 CAN_L 的电平为 2.5V（电位差为 0V）；CAN 总线为"显性"（逻辑 0）时，CAN_H 和 CAN_L 的电平分别是 3.5V 和 1.5V（电位差为 2V）。

2）完成对通信数据的成帧处理。CAN 总线通信接口中集成了 CAN 协议的物理层和数据链路层功能，可完成对通信数据的成帧处理，包括位填充、数据块编码、循环冗余检验、优先级判别等项工作。

3）使网络内的节点个数在理论上不受限制。CAN 协议的一个最大特点是废除了传统的站地址编码，而代之以对通信数据块进行编码。采用这种方法的优点可使网络内的节点个数在理论上不受限制，数据块的标识符可由 11 位或 29 位二进制数组成，因此可以定义 2 或 2 个以上不同的数据块，这种按数据块编码的方式，还可使不同的节点同时接收到相同的数据，这一点在分布式控制系统中非常有用。数据段长度最多为 8 个字节，可满足通常工业领域中控制命令、工作状态及测试数据的一般要求。同时，8 个字节不会占用总线时间过长，从而保证了通信的实时性。CAN 协议采用 CRC 检验并可提供相应的错误处理功能，保证了数据通信的可靠性。CAN 卓越的特性、极高的可靠性和独特的设计，特别适合工业过程监控设备的互连，因此，越来越受到工业界的重视，并已公认为最有前途的现场总线之一。

4）可在各节点之间实现自由通信。CAN 总线采用了多主竞争式总线结构，具有多主站运行和分散仲裁的串行总线以及广播通信的特点。CAN 总线上任意节点可在任意时刻主动地向网络上其他节点发送信息而不分主次，因此可在各节点之间实现自由通信。CAN 总线协议已被国际标准化组织认证，技术比较成熟，控制的芯片已经商品化，性价比高，特别适用于分布式测控系统之间的数据通信。CAN 总线插卡可以任意插在 PC‒AT/XT 兼容机上，方便地构成分布式监控系统。

5）结构简单。只有 2 根线与外部相连，并且内部集成了错误探测和管理模块。

6）传输距离和速率。通信距离最远可达 10km（速率低于 5kbit/s），速率可达到 1Mbit/s（通信距离小于 40m）；CAN 总线传输介质可以是双绞线，同轴电缆。CAN 总线适用于大数据量短距离通信或者长距离小数据量，实时性要求比较高，多主多从或者各个节点平等的现场中使用。

4.1.2.5　无线通信技术

变电站内智能高压设备一般不采用无线通信，但一些传感器可能处于高电位处，如临近输电线路接触式温度传感器，传感器与 IED 之间采用无线通信能够很好的解决传输中复杂的电磁兼容及绝缘问题。本节介绍比较常用的两种无线通信技术。

4.1.2.5.1　ZigBee

在短距离的无线控制、监测、数据传输领域，通用的技术有 802.11、蓝牙、HomeRF 等，它们各有自己的优势，但都存在功耗大、组网能力差等劣势。为了弥补上述协议的不足，ZigBee 联盟于 2004 年 12 月中旬推出基于 IEEE 802.15.4 的 ZigBee 协议栈。ZigBee 短距离低速无线个域网（low rate‒wireless personal area network，LR‒WPAN）不仅具有低成本、低功耗、低速率、低复杂度的特点；而且具有可靠性高、组网简单、灵活的优势。特别适合站内高压设备在线监测传感器与 IED 之间的无线数据传输。

ZigBee 作为一种无线连接，可工作在 2.4GHz、868MHz 和 915MHz 三个频段上，分别具有最高 250、20kbit/s 和 40kbit/s 的传输速率，它的传输距离在 10～75m 的范围内，但可以继续增加。相比较于其他无线通信技术，ZigBee 具有如下优点：

（1）低功耗：由于 ZigBee 的传输速率低，发射功率仅为 1mW，而且采用了休眠模式，功耗低，因此 ZigBee 设备非常省电。仅靠两节 5 号电池就可以维持长达 6 个月到 2 年左右的使用时间，这是其他无线设备望尘莫及的。

（2）成本低：ZigBee 协议是免专利费的，低成本对于 ZigBee 也是一个关键的因素。

（3）时延短：通信时延和从休眠状态激活的时延都非常短，典型的搜索设备时延 30ms，休眠激活的时延是 15ms，活动设备信道接入的时延为 15ms。此延时对于绝大多数实时性要求不高的在线监测设备而言非常适合。

（4）网络容量大：一个星型结构的 Zigbee 网络最多可以容纳 254 个从设备和一个主设备，一个区域内可以同时存在最多 100 个 ZigBee 网络，而且网络组成灵活。

（5）可靠性高：采取了碰撞避免策略，避开了发送数据的竞争和冲突。MAC 层采用了完全确认的数据传输模式，每个发送的数据包都必须等待接收方的确认信息。如果传输过程中出现问题可以进行重发。

（6）安全性高：ZigBee 提供了基于循环冗余校验（cyclic redundancy check，CRC）的数据包完整性检查功能，支持鉴权和认证，采用了 AES - 128 的加密算法，各个应用可以灵活确定其安全属性。

ZigBee 在传感器网络中的应用有一个非常大的特点就是自组网功能。一个大型的变电站高压设备在线监测往往会拥有几百个传感器进行数据采集，如果手动方式将这些温度传感器进行网络组织的话，可想而知工作量巨大而且容易出错。这种大规模的自组网能力此时发挥了巨大的作用。

从网络配置上来讲，在 ZigBee 网络中有 3 种类型的设备：ZigBee 协调器、ZigBee 路由器和 ZigBee 终端设备。根据设备功能不同，IEEE802.15.4 把网络中的设备分为全功能设备（full function device，FFD）和简化功能设备（reduced function device，RFD）。FFD 可工作于所有网络结构，可作为网络中的协调器、路由器，可以与网络中的任何节点通信，实现了 IEEE 802.15.4 协议的全集；而 RFD 是一些功能简单的设备，仅能与 FFD 通信，无法作为网络的协调器或路由器。

ZigBee 无线通信网络有三种拓扑形式，即星形网络拓扑、树形网络拓扑和网状网络拓扑，如图 4 - 12 所示。

（1）星形网络拓扑：由一个 ZigBee 协调器和若干个终端设备组成。只存在协调器终端设备的通信，终端设备之间的通信必须经过协调器转发。星形网络拓扑的最大优点是结构简单，无需其他路由信息，一切数据包均通过 ZigBee 协调器；缺点是网络规模小，最多支持两跳网络，仅适用于小形网络。

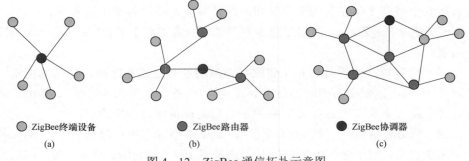

○ ZigBee终端设备	● ZigBee路由器	● ZigBee协调器
(a)	(b)	(c)

图 4－12　ZigBee 通信拓扑示意图

（a）星形；（b）树形；（c）网状

（2）树形网络拓扑：由一个 ZigBee 协调器、若干个路由器及终端设备组成。整个网络以协调器为根组成一个树状网络，终端设备只能作为树状网络的叶子。节点转发消息时通过计算与目标设备的关系，从而决定向自己的父节点转发还是某个子节点转发。树形网络拓扑的优点是利用路由器对星形网络的扩充，保持了星形拓扑的简单性，这样成本必然也较低。然而，树状结构路径往往不是最优，不能很好的适应外部的动态环境。

（3）网形网络拓扑：是一般是由若干个 FFD 连接在一起组成的网络，它们之间是完全对等通信，在整个网络组成网状结构，采用多跳式路由通信，适合距离较远比较分散的结构。

在自组网的过程中，组建一个完整的 ZigBee 网络包括两个步骤：网络初始化，以及节点加入网络。网络的建立是由网络协调器发起的，任何一个 ZigBee 节点要组建一个网络必须要满足：① 节点是 FFD 节点，具备协调器能力；② 节点还没有和其他网络进行连接。进行网络初始化的步骤有三步：① 确定网络协调器；② 进行信道扫描过程，确定一个最好的可用信道；③ 设置网络 ID，这个 ID 在所使用的信道中是唯一的。

当网络初始化完成后，节点开始加入网络。一个节点加入网络有两种方法，一种是通过使用 MAC 层关联进程加入网络，另一种是通过与先前指定父节点连接而加入网络。

4.1.2.5.2　WiFi

WiFi 是"wireless fidelity"的缩写。这是"WiFi 联盟"（前身为 wireless ethernet compatibility alliance）所推行的认证方式，目的在于测试 IEEE 802.11 产品的互用性。原本，WiFi 适用于符合 IEEE 802.11b 标准的设备。如今，它也涵盖 IEEE 802.11g 与 IEEE 802.11a 的互用性及 WPA 的安全认证。WiFi 是无线局域网联

盟的一个商标，用于保证使用这个商标的产品的互用性，实质上 WiFi 包含于 WLAN 中，属于 WLAN 协议。WiFi 技术目前应用广泛，技术成熟，成本低，可靠性好，速率高，组网灵活简单，非常适合站内高压设备在线监测传感器与 IED 之间的无线数据传输。

无线局域网（wireless local area network，WLAN）基于 IEEE 802.11 系列标准，使用的 2.4GHz 频段和 5GHz 频段属于 ISM［即工业（industrial）、科学（scientific）与医疗（medical）］频段。ISM 频段主要开放给工业、科学、医疗三个机构使用，只要设备的功率符合限制，不需要申请许可证（free license）即可使用这些频段，大大方便了 WLAN 的应用和推广。WLAN 使用的 IEEE 802.11 系列协议族简述如下：

（1）IEEE 802.11a 工作在 5GHz 的 ISM 频段上，并且选择了正交频分复用（orthogonal frequency division multiplexing，OFDM）技术，能有效降低多路径衰减的影响和提高频谱的利用率，使 IEEE 802.11a 的物理层速率可达 54Mbit/s。

（2）IEEE 802.11b 工作在 2.4GHz 的 ISM 频段，采用直接序列展频技术（direct sequence spread spectrum，DSSS），物理层速率可达 11Mbit/s。

（3）IEEE 802.11g 兼容了 IEEE 802.11b，继续使用 2.4GHz 频段。在 2.4GHz 频段采用了 OFDM 技术，物理层速率可达 54Mbit/s。

（4）IEEE 802.11n 速率最高可达 600Mbit/s，IEEE 802.11n 采用了双频工作模式，支持 2.4GHz 和 5GHz，且兼容 IEEE 802.11a/b/g。

（5）IEEE 802.11a/c 工作在 5GHz 频段，向前兼容 IEEE 802.11n 和 IEEE 802.11a，IEEE 802.11a/c 沿用了 IEEE 802.11n 的诸多技术并做了技术改进，使速率达到 1.3Gbit/s。

在 WLAN 标准协议里将 2.4GHz 频段划分出 13 个相互交叠的信道，每个信道的频宽是 20MHz（IEEE 802.11g、IEEE 802.11n 每个信道占用 20MHz，IEEE 802.11b 每个信道占用 22MHz），每个信道都有自己的中心频率。这 13 个信道可以找出 3 个独立信道，即没有相互交叠的信道。独立信道由于没有频率的交叠区，相邻无线访问点（access point，AP）使用这 3 个独立信道不会彼此产生干扰。如图 4-13 所示，1、6、11 就是三个互不交叠的独立信道。

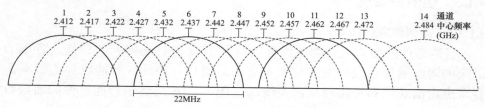

图 4-13　WLAN 的 2.4GHz 频段划分

2.4GHz 频段射频在各个国家已经放开使用，越来越多的无线设备都工作在 2.4GHz 频段（如蓝牙设备、无绳电话），使得 2.4GHz 频段日益拥挤，信道干扰严重，有时会影响 WLAN 用户的正常业务。WLAN 可以使用的另一个频段——5GHz 频段，有更高的频率和频宽，可以提供更高的速率和更小的信道干扰。WLAN 标准协议将 5GHz 频段分为 24 个 20MHz 宽的信道，且每个信道都为独立信道。这为 WLAN 提供了丰富的信道资源，更多的独立信道也使得信道绑定更有价值，信道绑定是将两个信道绑定成一个信道使用，能提供更大的带宽。如两个 20MHz 的独立信道绑定在一起可以获得 20MHz 两倍的吞吐量，这好比将两条道路合并成一条使用，自然就提高了道路的通过能力。IEEE 802.11n 支持通过将相邻的两个 20MHz 信道绑定成 40MHz，使传输速率成倍提高，如图 4－14 所示。

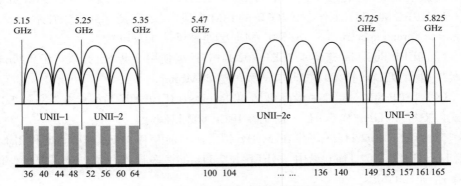

图 4－14　WLAN 的 5GHz 频段划分

WiFi 的网络结构为星形结构，各终端通过 AP 接入网络，WiFi 的网络结构如图 4－15 所示。在 WiFi 通信方式中，单个 AP 可以同时接入高达 256 个终端。在终端接入方面支持 WPA－PSK、WPA4－PSK 等多种验证方式及 WEP、AES、TKIP 等多种加密方式，为数据提供了有力的安全保证。

4.1.3　通信的实现

4.1.3.1　通信需求

智能组件的通信包含构成组件的监测 IED 与传感器间的通信、各 IED 之间的网络通信以及与站控层设备之间的通信。因此，智能组件的组网需要考虑内部通信和外部通信两类情况。图 4－16 描述了智能组件的通信数据流。

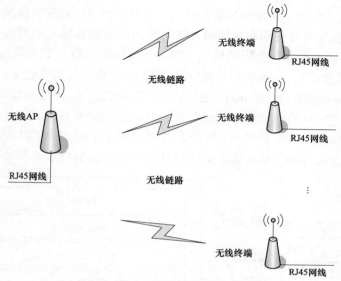

图 4-15 WLAN 的星形网络结构

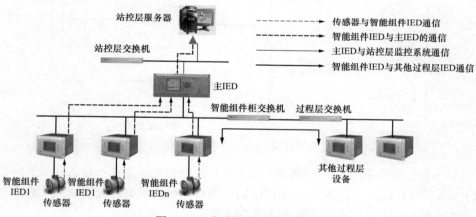

图 4-16 智能组件通信数据流

（1）智能组件与传感器的通信。传感器与 IED 之间的通信如前所述，常见的是模拟方式、总线方式以及无线通信方式等，部分智能传感器采用了 IEC 61850 标准，用以太网进行传输。

1）模拟方式下，传感器将采集到信息以模拟量的形式通过电缆传输，由相关的 IED 完成 AD 采样。模拟通信系统中由于电磁兼容及温度环境复杂，需要关注其有效性和可靠性。

2）总线方式下，传感器采集数据后，直接进行 AD 转换，按照一定的协议标准通过电缆或光纤传输到相应的 IED，常用的总线标准一般参与 RS－485、CAN 总线等，通信协议数据帧格式一般为传感器和 IED 厂家私有定义。

3）网络方式下，传感器模块提供网络接口，一般通过直连电缆、光纤或电磁波将数据点对点传输到目标 IED，通信协议采用 IEC60044－8 或 IEC 61850－9－2。

（2）智能组件的网络通信。智能组件 IED 之间的通信有 3 种，即智能组件 IED 与站控层其他 IED 的通信，智能组件 IED 与主 IED 通信，以及主 IED 与站控层监控系统之间的通信。智能变压器 IED 与传感器通信示意图参见图 4－17。

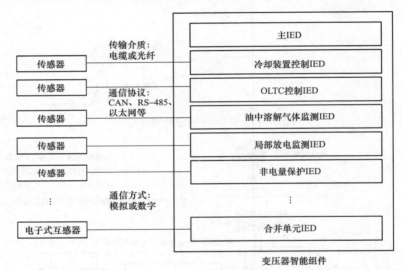

图 4－17　智能变压器 IED 与传感器通信示意图

1）智能组件 IED 之间的通信：通常在智能组件柜内配置一台工业级光纤接口以太网交换机，智能组件内各 IED 通过该交换机实现信息交换，该交换机可留出一个网络接口与变电站通信网络实现互联。

2）智能组件 IED 与主 IED 的通信：所有 IED 均接入智能组件柜内交换机。

3）智能组件对外通信组网方式：需要与站控层通信的主 IED 通过独立的网口连接到站控层网络，需要与过程层进行通信的，通过柜内交换机连接到过程层网络。合并单元、开关设备控制器通过专用网口与继电保护装置互联，以满足继电保护直采直跳的要求。同时由于网络接入设备多，网络负载大，数据类型多，可通过合理划分 VLAN 来优化网络流量。例如，可将各监测功能 IED 与监测功能组主 IED 划为一个 VLAN。合并单元输出的 SV 网络流量较大，可将订阅 SV 数据的 IED 与合并单元划分为一个 VLAN，可避免对其他 IED 的影响。通信组网方式多采用星形结构，如图 4-18 所示。

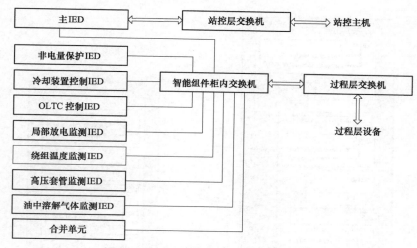

图 4-18　变压器智能组件星形网示意图

智能组件的几种通信方式均采用以太网方式，交换机为核心设备，星形连接。相对于环网方式，星形连接的优点是网络实时性好，网络延时最少，不会产生网络风暴。缺点是网络冗余性较差，星形网交换机之间网络发生单点故障时，网络通信将受到较大影响。

4.1.3.2　智能组件建模方法

智能组件 IED 与过程层其他 IED 的通信，智能组件 IED 与主 IED 通信，以及主 IED 与站控层监控系统之间的通信均采用 IEC 61850 标准。需要对智能组件 IED 和主 IED 进行建模。

（1）智能组件 IED 建模方法。智能组件由多个功能 IED 组成，每个功能 IED 其模型用自身 ICD 文件表示。根据智能组件 IED 的功能划分，一个 IED 可以包含多个 LD。目前智能组件多为单一功能类型，单个 LD 即可，LD 下面包含表示具体功能对象的 LN，使用传感器进行测量的 IED 每个传感器采集的数据对应一个 LN 实例，同一 IED 中不同被测量对象的数据应新建 LN 实例，包括开关不同相的监测。

（2）主 IED 的建模方法。主 IED 作为一个或多个智能组件的网关，作为通信代理同站控层的监控系统通信。主 IED 是一个特殊设备，提供其他组件 IED

的 IEC 61850 逻辑装置镜像。

在 IEC 61850－7－1 规范中给出了代理或网关的建模方法，图 4－19 表达了多个物理设备如何映射到代理或网关。

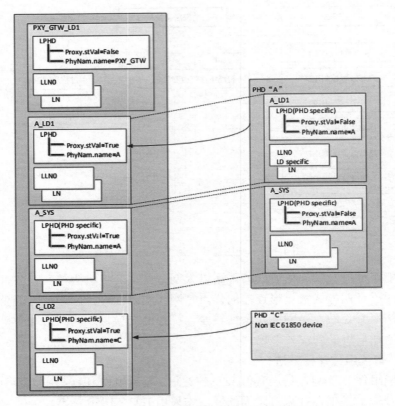

图 4－19　代理或网关的逻辑设备映射

逻辑设备 A_LD1 和 A_SYS 被复制到代理或网关中，在代理或网关中 A_LD1 的 LPHD 代表物理设备 PHD "A"。

能反映其他物理设备的这些逻辑设备将提供 LPHD，它代表远方物理设备，原来的 LD 常驻在这个远方物理设备上（例如 A_LD1），这些逻辑设备将 LPHD 的 LPHD.Proxy.stVal 设置为 TRUE。

不能反映其他物理设备的这些逻辑设备将提供代表它们常驻在物理设备上的 LPHD，逻辑设备的 LPHD 的 LPHD.Proxy.stVal 设置为 FALSE，图 4－19 中，逻辑设备 PXY_GTW_LD1 代表代理或网关自身信息，其该 LD 的逻辑节点 LLN0

和 LPHD 应该代表代理或网关设备自身，应包含域特定逻辑节点。

图 4-19 中还表示了非 IEC 61850 装置如何映射到代理或网关设备。C_LD2 代表非 IEC 61850 物理设备 PHD "C" 的模型映射。

根据 IEC 61850 规范中的代理或网关建模方法，主 IED 作为所接入的智能组件的代理，其建模方法具体表示见图 4-20。

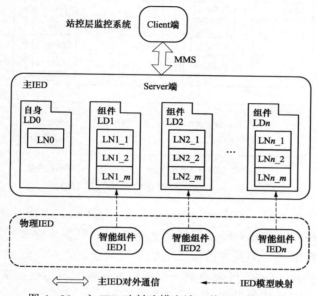

图 4-20　主 IED 映射建模方法（单 IED 多 LD）

图 4-20 中表示的 IEC 61850 标准推荐的采用网关机建模方式，是把主 IED 视为代理 IED，把其他实际智能组件 IED 的逻辑设备（LD）映射到代理 IED 下，这样会导致数据模型发生变化，主 IED 的 IEC 61850 模型由智能组件 ICD 进行处理后生成，抽取其中 LD 部分，组成一个单 IED。

处理这种单 IED 表示多个智能组件 IED 的建模方法外，可以采用另外一种方法，即多 IED 映射方法，把智能组件各个物理 IED 映射为主 IED 的虚拟 IED，虚拟 IED 的数据模型和各智能组件物理 IED 保持一致，所有智能组件 IED 具备同一个 IP 地址实现与主站客户端的数据访问服务，主 IED 仅作为站控层对各智能组件 IED 通信访问的接口提供者。这种建模方法见图 4-21。

（3）智能组件建模示例。在规范 IEC 61850-7-4 中对表示功能的逻辑节点进行了定义，与高压设备智能组件相关的逻辑节点包括变压器（YPTR）、变压器分接头（YLTC）、断路器（XCBR）、隔离刀闸（XSWI）、电缆（ZCBA）、电

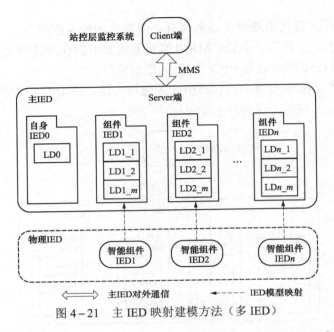

图 4-21　主 IED 映射建模方法（多 IED）

容器（ZCAP）、电抗器（ZREA）电流互感器（TCTR）、电压互感器（TVTR）等。当然，这些逻辑节点并不能覆盖所有智能组件设备，就需要根据实际功能扩展相应的逻辑节点，如局部放电功能的逻辑节点。还有，规范中的逻辑节点所包含的数据对象（DO）可能不全，实际装置建模时可用根据需要进行扩展。下面给出几种常见功能的逻辑节点示例。

1）变压器 YPTR 逻辑节点类（见表 4-6）。

表 4-6　　　　　　　　　　　YPTR 逻 辑 节 点 类

数据名	描述	CDC	M/O	单位	注
数据对象					
Mode	模式（Mode）	ISC	M		
Beh	性能（Behaviour）	INS	M		
Health	健康（Health）	INS	M		
NamePlt	铭牌（NamPlt）	LPL	M		
测量量					
Operh	运行小时数（Operation hours）	ISI	O		
HPTemp	绕组热点温度	MV	O	℃	

数据名	描述	CDC	M/O	单位	注
状态量					
HPTmpAlm	绕组热点温度告警	SPS	O		
HPTmpTr	绕组热点温度跳闸	SPS	O		
OANL	空载	SPS	O		
OpOVA	过电流运行	SPS	O		
OpOvV	过电压运行	SPS	O		
OpUnV	欠电压运行	SPS	O		
GCAlm	铁心接地告警	SPS	O		
定值					
HiVRtg	额定电压（高压侧）	ASG	O		
LoVRtg	额定电压（低压侧）	ASG	O		
PwrRtg	额定功率	ASG	O		

2）变压器监测 SPTR（见表 4-7）。

表 4-7   SPTR 逻辑节点类

数据名	描述	CDC	M/O	单位	注
数据对象					
公用逻辑节点信息					
Mod	模式	INC	M		
Beh	行为	INS	M		
Health	健康状态（故障代码）	INS	M		
Namplt	逻辑节点铭牌	LPL	M		
状态信息					
HPTmpAlm	绕组热点温度告警	SPS	O		
HPTmpOp	绕组热点温度状态（动作）	SPS	O		
HPTmpTr	绕组热点温度跳闸	SPS	O		
MbrAlm	油箱泄漏监测告警	SPS	O		
CGAlm	铁心接地告警	SPS	O		
HeatAlm	加热器告警	SPS	O		
MoDevConf	IED 与监测设备通信异常	SPS	M		
SupDevRun	监测设备运行异常	SPS	M		

数据名	描述	CDC	M/O	单位	注
测量信息					
AgeRte	老化率	MV	O	%	
BotTmp	底层油温	MV	O	℃	
CoreTmp	铁心温度	MV	O	℃	
HPTmpClc	绕组热点计算温度	MV	O	℃	
CGAmp	铁心接地电流	MV	M	mA	
控制					
OpCntRs	可复位动作计数器	INC	O		
定值					
SmpProd	采集间隔	ASG	O	s	
ReStart	参数值由 0 变 1 表示立即重载传感器，由 0 变 2 表示立即重载 IED，由 0 变 3 表示立即重载传感器和 IED，重载结束自动复归	ING	M		

3）断路器 XCBR（见表 4-8）。

表 4-8 　　　　　　　　　　断 路 器 XCBR 类

数据名	描述	CDC	M/O	单位	注
数据对象					
公用逻辑节点信息					
Mode	模式（Mode）	ISC	M		
Beh	性能（Behaviour）	INS	M		
Health	健康（Health）	INS	M		
NamePlt	铭牌（NamPlt）	LPL	M		
控制					
Pos	开关位置	DPC	M		
BlkOpn	调整闭锁	SPC	M		
BlkCls	合闸闭锁	SPC	M		
ChaMotEna	投入充电电机	SPC	O		
计量值					
SumSwARs	开断电流和，可复位	BCR	O		

数据名	描述	CDC	M/O	单位	注
状态量					
CBOpCap	断路器操作能力	INS	M	A	
POWCap	定点分合能力	INS	O	A	
MaxOpCap	满负荷条件下，断路器操作能力	INS	O	A	

4）断路器监测 SCBR（见表 4-9）。

表 4-9 　　　　　　　　　断 路 器 监 测 SCBR 类

数据名	描述	CDC	M/O	单位	注
数据对象					
公用逻辑节点信息					
Mode	模式（Mode）	ISC	M		
Beh	性能（Behaviour）	INS	M		
Health	健康（Health）	INS	M		
NamePlt	铭牌（NamPlt）	LPL	M		
状态量					
AccAbrAlm	累计磨损量告警	SPS	O		扩展 DO
MechHealth	机械行为告警	ENS	O		
OpCntAlm	操作次数超过告警门限	SPS	O		
OpTmWrn	操作时间达到告警门槛时告警	SPS	O		
MoDevComF	主控单元与传感器通信异常	SPS	M		
MoDevDetF	传感器自检异常	SPS	O		
MoDevSigF	传感器信号异常	SPS	O		
MoDevPowF	传感器供电异常	SPS	C		扩展 DO[①]
测量量					
SwA	最后一次分操作切断的电流峰值	MV	O	kA	扩展 DO
RctTmOpn	分反映时间	MV	O	Ms	扩展 DO
RctTmCls	合反映时间	MV	O	Ms	扩展 DO
OpSpdOpn	分闸速度	MV	O	m/s	扩展 DO
OpSpdCls	合闸速度	MV	O	m/s	扩展 DO

数据名	描述	CDC	M/O	单位	注
OpTmOpn	分闸时间	MV	O	ms	扩展 DO
OpTmCls	合闸时间	MV	O	ms	扩展 DO
AccAbr	累计磨损	MV	O	%	扩展 DO
OpnCnt	累计开断次数	MV	O		扩展 DO
Stk	开距	MV	O	mm	扩展 DO[②]
OvStkCls	合闸超行程	MV	O	mm	扩展 DO
定值					
SmpProd	采样间隔	ASG	O	min	扩展 DO

① 有源传感器为必选，无源传感器为可选，报警是设为 TRUE。

② 分闸到位是，动静触头之间形成一定的长度，保证线路能彻底断开。

5）套管监测 SBSH（见表 4-10）。

表 4-10 套 管 监 测 SBSH 类

数据名	描述	CDC	M/O	单位	注
数据对象					
公用逻辑节点信息					
Mod	模式	INC	M		
Beh	行为	INS	M		
Health	健康状态（故障代码）	INS	M		
Namplt	逻辑节点铭牌	LPL	M		
状态量					
EEHealth	外部设备健康状态	ENS	O		
OpTmh	运行时间	INS	O		
MoDevConf	IED 与监测设备通信异常	SPS	M		
SupDevRun	监测设备运行异常	SPS	M		
测量量					
DisplA	置换电流：套管表观电流	MV	O	A	
VolA	A 相套管电压	MV	O	V	
ReactA	A 相套管相对电容	MV	O	pF	

数据名	描述	CDC	M/O	单位	注
RefPhsA	A 相参考相角	MV	O	（°）	
LeakAA	A 相泄漏电流	MV	M	mA	
AbsReactA	A 相在线电容，绝对值	MV	M	pF	
DieLossA	A 相介质损耗系数（tanδ）	MV	M	%	
VolB	B 相套管电压	MV	O	V	
ReactB	B 相套管相对电容	MV	O	pF	
RefPhsB	B 相参考相角	MV	O	（°）	
LeakAB	B 相泄漏电流	MV	M	mA	
AbsReactB	B 相在线电容，绝对值	MV	M	pF	
DieLossB	B 相介质损耗系数（tanδ）	MV	M	%	
VolC	C 相套管电压	MV	O	V	
ReactC	C 相套管相对电容	MV	O	pF	
RefPhsC	C 相参考相角	MV	O	（°）	
LeakAC	C 相泄漏电流	MV	M	mA	
AbsReactC	C 相在线电容，绝对值	MV	M	pF	
DieLossC	C 相介质损耗系数（tanδ）	MV	M	%	
TotRelA	三相泄漏电流之和	MV	M	mA	
TotRelPhs	三相泄漏电流相位	MV	O	（°）	

定值

RefReact	投运时套管参考电容	ASG	O	pF	
RefPF	投运时套管参考功率因数	ASG	O		
RefV	投运时套管参考电压	ASG	O	V	
SmpProd	采集间隔	ASG	O	s	
ReStart	参数值[①]	ING	M		

① 由 0 变 1 表示立即重载传感器，由 0 变 2 表示立即重载 IED，由 0 变 3 表示立即重载传感器和 IED，重载结束自动复归。

6）电压互感器 TVTR（见表 4－11）。

表 4－11　　　　　　　　　　　电 压 互 感 器　TVTR 类

数据名	描述	CDC	M/O	单位	注
数据对象					
公用逻辑节点信息					
Mode	模式（Mode）	ISC	M		
Beh	性能（Behaviour）	INS	M		
Health	健康（Health）	INS	M		
NamePlt	铭牌（NamPlt）	LPL	M		
测量量					
Vol	电压（采样值）	SAV	M		
状态量					
FuFail	电压互感器熔丝故障	SPS	O		
定值					
VRtg	额定电压	ASG	O	V	
HzRtg	额定频率	ASG	O	Hz	
Rat	外部电压互感器（传感器）变比，若使用外部传感器	ASG	O		
Cor	外部电压互感器和电压幅值修正	ASG	O		
AngCor	外部电压互感器相角修正	ASG	O		

7）电压互感器监测 SVTR。按照三相建模，建模内容参照套管 SBSH 建模，见表 4－12。

表 4－12　　　　　　　　　　电压互感器监测 SVTR 类

数据名	描述	CDC	M/O	单位	注
数据对象					
公用逻辑节点信息					
Mode	模式（Mode）	ISC	M		
Beh	性能（Behaviour）	INS	M		
Health	健康（Health）	INS	M		
NamePlt	铭牌（NamPlt）	LPL	M		

数据名	描述	CDC	M/O	单位	注
测量量					
Amp	电流（采样值）	SAV	M		
定值					
ARtg	额定电流	ASG	O	A	
HzRtg	额定频率	ASG	O	Hz	
Rat	外部电压互感器（传感器）变比，若使用外部传感器	ASG	O		
Cor	外部电压互感器和电压幅值修正	ASG	O		
AngCor	外部电压互感器相角修正	ASG	O		

8）电流互感器监测 SCTR。按照三相建模，建模内容参照套管 SBSH 建模，见表 4－13。

表 4－13   **电流互感器监测 SCTR 类**

数据名	描述	CDC	M/O	单位	注
数据对象					
公用逻辑节点信息					
Mod	模式	INC	M		
Beh	行为	INS	M		
Health	健康状态（故障代码）	INS	M		
Namplt	逻辑节点铭牌	LPL	M		
状态量					
EEHealth	外部设备健康状态	ENS	O		
OpTmh	运行时间	INS	O		
MoDevConf	IED 与监测设备通信异常	SPS	M		
SupDevRun	监测设备运行异常	SPS	M		
测量量					
DisplA	置换电流：电流互感器表观电流	MV	O	A	
VolA	A 相电流互感器电压	MV	O	V	
ReactA	A 相电流互感器相对电容	MV	O	pF	

数据名	描述	CDC	M/O	单位	注
RefPhsA	A 相参考相角	MV	O	（°）	
LeakAA	A 相泄漏电流	MV	M	mA	
AbsReactA	A 相在线电容，绝对值	MV	M	pF	
DieLossA	A 相介质损耗系数（tanδ）	MV	M	%	
VolB	B 相电流互感器电压	MV	O	V	
ReactB	B 相电流互感器相对电容	MV	O	pF	
RefPhsB	B 相参考相角	MV	O	（°）	
LeakAB	B 相泄漏电流	MV	M	mA	
AbsReactB	B 相在线电容，绝对值	MV	M	pF	
DieLossB	B 相介质损耗系数（tanδ）	MV	M	%	
VolC	C 相电流互感器电压	MV	O	V	
ReactC	C 相电流互感器相对电容	MV	O	pF	
RefPhsC	C 相参考相角	MV	O	（°）	
LeakAC	C 相泄漏电流	MV	M	mA	
AbsReactC	C 相在线电容，绝对值	MV	M	pF	
DieLossC	C 相介质损耗系数（tanδ）	MV	M	%	
TotRelA	三相泄漏电流之和	MV	M	mA	
TotRelPhs	三相泄漏电流相位	MV	O	（°）	
定值					
RefReact	投运时电流互感器参考电容	ASG	O	pF	
RefPF	投运时电流互感器参考功率因数	ASG	O		
RefV	投运时电流互感器参考电压	ASG	O	V	
SmpProd	采集间隔	ASG	O	s	
ReStart	参数值	ING	M		

136

9）变压器/GIS 局部放电监测逻辑节点 SPDC（见表 4－14）。

表 4－14 变压器/GIS 局部放电监测逻辑节点 SPDC 类

数据名	描述	CDC	M/O	单位	注
数据对象					
公用逻辑节点信息					
Mod	模式	INC	M		
Beh	行为	INS	M		
Health	健康状态（故障代码）	INS	M		
NamPlt	逻辑节点铭牌	LPL	M		
状态信息					
PaDschAlm	局部放电告警	SPS	M		
PaDschType	局部放电类型	INS	O		
MoDevConf	IED 与监测设备通信异常	SPS	M		
SupDevRun	监测设备运行异常	SPS	M		
测量信息					
AcuPaDsch	局部放电声学水平	MV	O		
AppPaDsch	视在局部放电量，峰值	MV	M	dbm	
NQS	平均放电电流	MV	O	mA	
UhfPaDsch	局部放电 UHF 水平	MV	O		
Phase	放电相位	MV	M	（°）	
PlsNum	脉冲个数/放电次数	MV	M		
控制					
OpCntRs	可复位操作计数器	INC	O		
定值					
CtrHz	IEC 60270 标准 3.8 节的测量单元中心频率	ASG	O	MHz	
BndWid	IEC 60270 标准 3.8 节测量单元带宽	ASG	O	MHz	
SmpProd	采集间隔	ASG	O	s	
ReStart	参数值由 0 变 1 表示立即重载传感器，由 0 变 2 表示立即重载 IED，由 0 变 3 表示立即重载传感器和 IED，重载结束自动复归	ING	M		

4.1.3.3 智能组件 IEC 61850 工程实施

（1）智能组件 ICD 文件生成。采用 IEC 61850 通信的智能组件 IED 接入主 IED，或与过程层其他 IED 通信，需要提供自身模型文件 ICD。ICD 文件由制造商生成，按照能够实现的功能划分其中逻辑节点 LN，逻辑节点多数是在 IEC 61850－7－4 中有规定，本书根据需要进行了数据扩充。

（2）智能组件 IED 的 IEC 61850 通信服务。智能组件 IED 和主 IED 采用 IEC 61850 通信，其角色稍有不同，智能组件 IED 和主 IED 之间通信，一个为服务器端，一个是客户端。同时 IED 还需要作为服务器端同上一层的监控系统通信。它们不一定要实现规范中所有的通信服务，主要以满足智能组件 IED 数据交互为目的，一般要求提供以下通信服务：

1）关联服务。实现客户端和服务器的通信连接。

2）数据集服务。不需要支持数据集动态创建和修改。

3）报告服务。报告功能作为 IEC 61850 主要的数据传送方式包括如下几类具体报告：

a. 总召报告。作为客户端获取服务器端装置全部信息的一种途径。客户端通过设定不同数据集的总召唤（general interrorgation，GI）控制位来获取该数据集当前的全部信息。通常情况下，主站在一段较长的周期内使用该报告来整体更新数据信息。

b. 周期报告。作为客户端保持与服务器端通信的重要途径。客户端通过设置不同报告控制块的周期时间来保证服务器端在周期内向客户端主动发送装置信息以保持通信状态。该报告避免了客户端主动轮询服务器端来获取通信状态，毕竟轮询客户端对轮询的资源消耗较大，而且时延较长。

c. 事件报告。作为服务器端向客户端报告事件发生、开关量变位等相关数据信息的主要途径。当有保护事件发生或者开关量变位，服务器端根据事先设置好的数据集向主站发送与事件和变位相关的数据。

d. 模拟量变化报告。作为服务器端向客户端发送模拟量变化数据信息的主要途径。根据模拟量变化，服务器端根据客户端订制情况向客户端发送模拟量变化的实时信息

（3）定值服务。客户端可以通过 IEC 61850 提供的定值服务对服务器端装置进行定值操作。

（4）文件服务。用来传输智能组件 IED 生成的波形文件或其他图谱文件。

4.2 对时与同步

4.2.1 概述

对时是指网络各个节点时钟以及通过网络连接的各个应用界面的时钟的时刻和时间间隔与协调世界时间（coordinated universal time，UTC）同步。智能变电站要求站内所有智能设备需具备对时功能。智能高压设备作为智能变电站的重要设备之一，对时功能自然必不可少。智能高压设备的对时主要是内部 IED 的对时，由全站统一的同步对时系统完成，采用基于卫星时钟与地面时钟互备方式获取精确时间。用于数据采样的同步脉冲源应全站唯一，可采用不同接口方式将同步脉冲传递到相应装置。同步脉冲源应同步于正确的精确时间秒脉冲，不受错误的秒脉冲的影响。同步对时可采用 SNTP、IEC 61588、IRIG-B 等方式。智能电子装置对时系统示意图如图 4-22 所示。

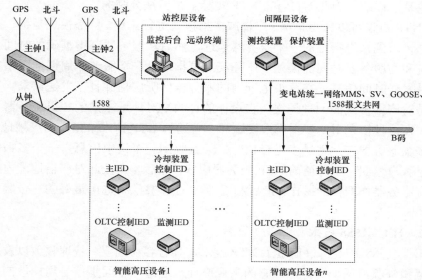

图 4-22　智能电子装置对时系统示意图

4.2.2 对时关键技术

4.2.2.1 SNTP（NTP）技术

网络时间协议（network time protocol，NTP）是提供精确网络时间服务的一种技术。目前它被广泛用于在 Internet 上进行计算机时钟同步，它通过提供完全的机制来访问国际标准时间，在大多数情况下，NTP 根据同步源和网络路径的不同，能够提供 1～50ms 的时间精确度。

NTP 协议为了保证高度的精确性，需要很复杂算法，但是在实际很多应用中，秒级的精确度就足够了，在这种情况下，SNTP 协议出现了，它通过简化原来的访问协议，在保证时间精确度的前提下，使得对网络时间的开发和应用变得容易。SNTP 主要对 NTP 协议涉及有关访问安全、服务器自动迁移部分进行了缩减。

SNTP（simple network time protocol）是简单网络时间协议的简称，它是目前变电站内广泛应用的基于以太网实现时间同步的一种对时方法。

SNTP 协议目前的版本号是 SNTP V4，它能与以前的版本兼容，更重要的是 SNTP 能够与 NTP 协议具有互操作性，即 SNTP 客户可以与 NTP 服务器协同工作，同样 NTP 客户也可以接收 SNTP 服务器发出的授时信息。这是因为 NTP 和 SNTP 的数据包格式是一样的，计算客户时间、时间偏差以及包往返时延的算法也是一样的。因此 NTP 和 SNTP 实际上是无法分割的。

SNTP 协议可以使用单播、广播或多播模式进行工作。单播模式是指一个客户发送请求到预先指定的一个服务器地址，然后从服务器获得准确的时间、来回时延和与服务器时间的偏差。广播模式是指一个广播服务器周期地向指定广播地址发送时间信息，在这组地址内的服务器侦听广播并且不发送请求。多播模式是对广播模式的一种扩展，它设计的目的是对地址未知的一组服务器进行协调。在这种模式下，多播客户发送一个普通的 NTP 请求给指定的广播地址，多个多播服务器在此地址上进行侦听。一旦收到一个请求信息，一个多播服务器就对客户返回一个普通的 NTP 服务器应答，然后客户依此对广播地址内剩下的所有服务器作同样的操作，最后利用 NTP 迁移算法筛选出最好的三台服务器使用。

4.2.2.2 IEC 61588 技术

IEC 61588 PTP 协议借鉴了 NTP 技术，具有容易配置、快速收敛以及对网络带宽和资源消耗少等特点。它的主要原理是通过一个同步信号周期性的对网络中所有节点的时钟进行校正同步，可以使基于以太网的分布式系统达到精确同步，IEC 61588 PTP 时钟同步技术也可以应用于任何组播网络中。

IEC 61588 将整个网络内的时钟分为三种，即普通时钟（OC）、边界时钟（BC）和透明时钟（TC），只有一个 PTP 通信端口的时钟是普通时钟，有一个以上 PTP 通信端口的时钟是边界时钟，每个 PTP 端口提供独立的 PTP 通信。其中，边界时钟通常用在确定性较差的网络设备（如交换机和路由器）上。从通信关系上又可把时钟分为主时钟和从时钟，理论上任何时钟都能实现主时钟和从时钟的功能，但一个 PTP 通信子网内只能有一个主时钟。整个系统中的最优时钟为最高级时钟（grandmaster clock，GMC），有着最好的稳定性、精确性、确定性等。根据各节点上时钟的精度和级别以及 UTC（通用协调时间）的可追溯性等特性，由最佳主时钟算法（best master clock）来自动选择各子网内的主时钟；在只有一个子网的系统中，主时钟就是最高级时钟 GMC。每个系统只有一个 GMC，且每个子网内只有一个主时钟，从时钟与主时钟保持同步。图 4－23 所示的是一个典型的主时钟、从时钟关系示意。

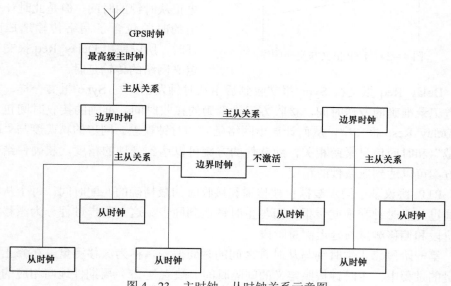

图 4－23　主时钟、从时钟关系示意图

时间同步的基本原理如下：从时钟记录发出时间和接收时间信息，并且对每一条信息增加一个"时间戳"。有了时间记录，接收端就可以计算出自己在网络中的时钟误差和延时。为了管理这些信息，PTP 协议定义了 4 种多点传送的报文类型和管理报文，包括同步报文（Sync），跟随报文（Follow_up），延迟请求报文（Delay_Req），延迟应答报文（Delay_Resp）。这些报文的交互顺序如图 4－24 所示。收到的信息回应是与时钟当前的状态有关的。同步报文是从主时钟周期性发出的（一般为每两秒一次），它包含了主时钟算法所需的时钟属性。总的来说同步报文包含了一个"时间戳"，精确地描述了数据包发出的预计时间。

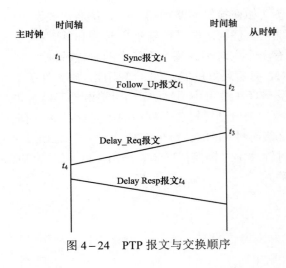

图 4-24 PTP 报文与交换顺序

由于同步报文包含的是预计的发出时间而不是真实的发出时间，所以 Sync 报文的真实发出时间被测量后在随后的 Follow_Up 报文中发出。Sync 报文的接收方记录下真实的接收时间。使用 Follow_Up 报文中的真实发出时间和接收方的真实接收时间，可以计算出从时钟与主时钟之间的时差，并据此更正从时钟的时间。但是此时计算出的时差包含了网络传输造成的延时，所以使用 Delay_Req 报文来定义网络的传输延时。

Delay_Req 报文在 Sync 报文收到后由从时钟发出。与 Sync 报文一样，发送方记录准确的发送时间，接收方记录准确的接收时间。准确的接收时间包含在 Delay_Resp 报文中，从而计算出网络延时和时钟误差。同步的精确度与"时间戳"和时间信息紧密相关。纯软件的方案可以达到毫秒的精度，软硬件结合的方案可以达到亚微秒的精度。

PTP 协议基于同步数据包被传播和接收时的最精确的匹配时间，每个从时钟通过与主时钟交换同步报文而与主时钟达到同步。这个同步过程分为漂移测量阶段和偏移测量与延迟测量阶段。

第一阶段修正主时钟与从时钟之间的时间偏差，称为漂移测量。在修正漂移量的过程中，主时钟按照定义的间隔时间（缺省是 2s）周期性地向相应的从时钟发出唯一的同步报文。这个同步报文包括该报文离开主时钟的时间估计值。主时钟测量传递的准确时间 T_0，从时钟测量接收的准确时间 T_1。之后主时钟发出第二条报文——跟随报文（follow_up message），此报文与同步报文相关联，且包含同步报文放到 PTP 通信路径上的更为精确的估计值。从时钟根据同步报文和跟随报文中的信息来计算偏移量，然后按照这个偏移量来修正从时钟的时间，如果在传输路径中没有延迟，那么两个时钟就会同步。

为了提高修正精度，可以把主时钟到从时钟的报文传输延迟等待时间考虑进来，即延迟测量，这是同步过程的第二个阶段。

从时钟向主时钟发出一个"延迟请求"数据报文，在这个过程中决定该报文传递准确时间 T_2。主时钟对接收数据包打上一个"时间戳"，然后在"延迟响应"数据包中把接收"时间戳"B 送回到从时钟。根据传递"时间戳"B 和主时钟提供的接收"时间戳"D，从时钟计算与主时钟之间的延迟时间。与偏移测量不同，延迟测量是不规则进行的，其测量间隔时间（缺省值是 4~60s 之间的随机值）比偏移值测量间隔时间要大。这样使得网络尤其是设备终端的负荷不会太大。采用这种同步过程，可以消减 PTP 协议栈中的时间波动和主、从时钟间的等待时间。

4.2.2.3　IRIG－B 技术

IRIG（interrange instrumentation group）是美国靶场仪器组的简称，美国靶场仪器组是美国靶场司令部委员会的下属机构。IRIG 时间标准有两大类：一类是并行时间码格式，这类码由于是并行格式，传输距离较近，且是二进制，因此远不如串行格式广泛；另一类是串行时间码，共有六种格式，即 A、B、D、E、G、H。它们的主要差别是时间码的帧速率不同，IRIG－B 即为其中的 B 型码，B 码的时帧速率为 1 帧/s，可传递 100 位的信息。作为应用广泛的时间码，B 码具有以下主要特点：携带信息量大、分辨率高、调制后的 B 码带宽适用于远距离传输、接口标准化等。

为了便于传递，可用标准正弦波载频进行幅度调制。标准正弦波载频的频率与码元速率严格相关。B 码的标准正弦波载频频率为 1kHz。同时，其正交过零点与所调制格式码元的前沿相符合，标准的调制比为 10:3。调制后的 B 码通常称 IRIG－B（AC）码，未经幅度调制的通常称 IRIG－B（DC）码。

IRIG－B（DC）码的接口通常采用 TTL 接口和 RS422（V.11）接口。IRIG－B（AC）码的接口采用平衡接口。IRIG－B（DC）码的同步精度可达亚微秒量级，IRIG－B（AC）码的同步精度一般为 10~20μs。

随着当今电子技术日新月异的发展，时间同步得到了越来越重要的应用。时间码 IRIG－B 作为一种重要的时间同步传输方式，以其实际突出的优越性能，成为时间同步设备首选的标准码型，广泛的应用到电信、电力、军事等重要行业或部门。

早期的 B 码解码设备多采用 TTL 集成电路与单片机相结合的方法来实现，利用门电路和触发器从编码信号中提取出秒同步信号，而用单片机实现时间信息的解码。目前该方法仍在使用，但该方法存在器件较多，结构复杂，可靠性差、同步精度不高、通用性差、不利于功能扩展等问题。

IRIG－B（DC）每秒 1 帧，包含 100 个码元，每个码元 10ms。脉冲宽度编码，2ms 宽度表示二进制 0、分隔标志或未编码位，5ms 宽度表示二进制 1，8ms 宽度表示整 100ms 基准标志。

秒准时沿：连续两个8ms宽度基准标志脉冲的第二个脉冲的前沿，上升沿。

帧结构：起始标志、秒（个位）、分隔标志、秒（十位）、基准标志、分（个位）、分隔标、分（十位）、基准标志、时（个位）、分隔标志、时（十位）、基准标志、自当年元旦开始的天（个位）、分隔标志、天（十位）、基准标志、天（百位）（前面各数均为BCD码）、7个控制码（在特殊使用场合定义）、自当天零时整开始的秒数（为纯二进制整数）、结束标志。

根据IEEE Std 1344—1995规定，在IRIG-B P50—P58位增加了年份。准时上升沿的时间准确度≤1μs。

4.2.3　对时的实现

4.2.3.1　SNTP的实现

SNTP协议采用客户/服务器工作方式，服务器通过接收GPS信号或自带的原子钟作为系统的时间基准，客户机通过定期访问服务器提供的时间服务获得准确的时间信息，并调整自己的系统时钟，达到网络时间同步的目的。客户和服务器通信采用UDP协议。授时的基本原理如图4-25所示。

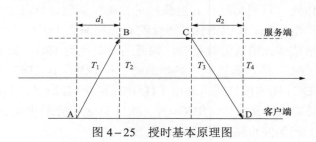

图4-25　授时基本原理图

图4-25中：

A点为客户端发送一个SNTP包给时间服务器，该包带有它离开客户端的"时间戳"，该"时间戳"为T_1；

B点为此SNTP包到达时间服务器时，时间服务器加上自己的"时间戳"，该"时间戳"为T_2；

C点为此SNTP包离开时间服务器时，时间服务器再次加上自己的"时间戳"，该"时间戳"为T_3；

D点为当客户端接收到该响应包时，加上一个新的"时间戳"，该"时间戳"为T_4；

d_1为请求信息在网上传播所消耗的时间；

d_2 为回复信息在网上传播所消耗的时间。

假设请求和回复在网上传播的时间相同，则可以看到，d 只与 T_1T_2 差值、T_3T_4 差值相关，而与 T_2T_3 差值无关，即最终的结果与服务器处理请求所需的时间无关。据此，客户方即可计算出时差 $\theta=[(T_1-T_1)-(T_3-T_4)]/2$ 来调整本地时钟。SNTP 协议的帧结构如图 4-26 所示。

2	5	8	16	24	32bit
LI	VN	Mode	Stratum	Poll	Precision
Root Delay					
Root Dispersion					
Reference Identifier					
Reference timestamp(64)					
Originate Timestamp(64)					
Receive Timestamp(64)					
Transmit Timestamp(64)					
Key Identifier(optional)(32)					
Message digest(optional)(128)					

图 4-26　SNTP 协议帧格式

图 4-26 中：

LI：跳跃指示器，这是一个二位码，预报当天最近的分钟里要被插入或删除的闰秒秒数。

VN：版本号。

Mode：模式。该字段包括以下值：0—预留；1—对称行为；3—客户机；4—服务器；5—广播；6—NTP 控制信息。

Stratum：对本地时钟级别的整体识别。

Poll：有符号整数表示连续信息间的最大间隔。

Precision：有符号整数表示本地时钟精确度。

Root Delay：32 位带符号定点小数，表示在主参考源之间往返的总共时延，以小数位后 15～16bits。数值根据相关的时间与频率可正可负，从负的几毫秒到正的几百毫秒。

Root Dispersion：32 位带符号定点小数，表示在主参考源有关的名义错误，以小数位后 15～16bits，范围：零至几百毫秒。

Reference Identifier：识别特殊参考源。

Originate Timestamp：这是向服务器请求分离客户机的时间，采用 64 位时标（Timestamp）格式。

Receive Timestamp：这是向服务器请求到达客户机的时间，采用 64 位时标（Timestamp）格式。

Transmit Timestamp：这是向客户机答复分离服务器的时间，采用 64 位时标（Timestamp）格式。

4.2.3.2　IEC 61588 的实现

IEC 61588 协议通过打"时间戳"的方式记录报文发送和到达的时间。IEC 61588 报文传输示意图如图 4-27 所示。报文从发送端的应用层发出，经过数据报协议（user datagram protocol，UDP）协议层封装进入 UDP 的报文发送队列，然后进入 MAC 层进行封装成帧处理，处理后的数据帧通过 MII 接口进入

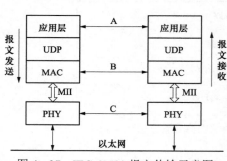

图 4-27　IEC 61588 报文传输示意图

物理层（physical layer，PHY），转换成对应的物理信号发送到以太网网络上。当报文到达接收端以后同样经过 PHY 层、MAC 层、UDP 报文接收队列到达接收端的应用层。报文在传递过程中，需要经过发送队列排队延迟、发送端 MAC、PHY 层处理延迟、线路传输延迟、接收端 PHY、MAC 层处理延迟、接收队列排队延迟才能到达接收端的应用层。

由 IEC 61588 的原理可知，IEC 61588 算法的前提是主、从钟之间报文双向传递延迟相等。但是由于在传递过程中存在各种处理环节，每一次报文传输的延迟都不相同。如何准确地选取和记录报文发送、接收时刻点，保证对应的传递延迟的环节最少、抖动最小，是保证主、从钟之间报文双向传递延迟尽可能相等的关键，也是决定 IEC 61588 对时精度的关键。在对时报文的传递过程中，有 A、B、C 三点可以用打"时间戳"来记录报文的发送到达时刻，如图 4-27 所示。A 点是在应用层打"时间戳"，当应用层将对时报文送到操作系统的发送队列或者从操作系统的接收队列中获取对时报文时，应用层软件打"时间戳"记录下对应的时刻。例如应用软件识别到接收到了一个 1588 sync 包，再去取当

前的系统时间。这是最差的实现，因为包括了报文在队列中排队的时间，且是用软件实现，精度一般只能达到毫秒级。B 点是在 MAC 层打"时间戳"，当 MAC 层发送对时报文到 PHY 层或从 PHY 层接收到对时报文时，MAC 层辅助硬件单元打"时间戳"记录下对应的时刻。由于除去了排队时间，且一般用硬件实现，精度得到了提高，但仍然包括协议解析的过程，所以只能达到微秒级的精度。C 点是在 PHY 层打"时间戳"，当 PHY 发送对时报文到以太网线路上或从以太网线路上接收到对时报文时，PHY 层硬件辅助单元打"时间戳"记录下相应的时刻，此方法时延仅包括线路传输时延，精度最高最终都能做到纳秒级。

4.2.3.3 IRIG－B 的实现

在变电站内采用唯一的 GPS 同步时钟，通过光纤将 IRIG－B 码时间信号发送给各个智能电子装置。智能电子装置内嵌 IRIG－B 码对时接收模块，提取时间信息完成数据的同步。智能电子装置对时示意图如图 4－28 所示。

对时的实现主要分为两个部分，即编码和解码。

IRIG－B 码编码器由时钟脉冲发生器模块、标准时间形成模块、BCD 码转换模块、并串转换、直流码形成模块和交流码模块组成，其编码器硬件设计总体框图如图 4－29 所示。

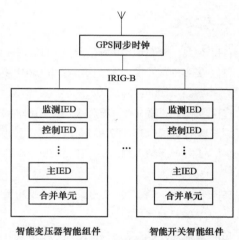

图 4－28　智能电子装置对时示意图

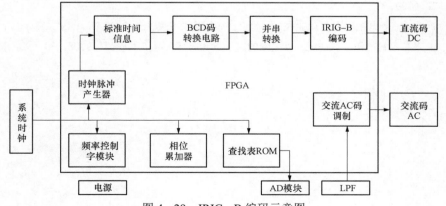

图 4－29　IRIG－B 编码示意图

IRIG－B 解码器则由锁相环 PLL 模块、IRIG－B 解码模块、双端口 RAM、
RAM 控制模块等组成。其解码硬件的设计框图如图 4－30 所示。

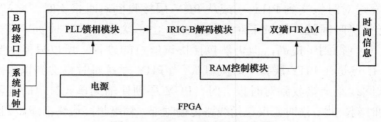

图 4－30　IRIG－B 解码示意图

参考文献

[1]　何磊. IEC 61850 应用入门. 北京：中国电力出版社，2012.

[2]　姜彩玉，叶锋，许文庆，等. IEC 61850 的变电站模型与 IEC 61970 主站模型转换. 电网
　　转换，2006，30（10）.

[3]　李永亮，葛维春，王芝茗. IEC 61850 通信标准中的编码规范 ASN.1. 电力系统保护与控
　　制，2008，36（22）：66～71.

[4]　王林，王倩，刘从洪，丁力. IEC 61850 MMS 编解码库的设计与实现. 继电器，2008，
　　36（5）.

[5]　吴在军，胡敏强. 变电站通信网络和系统协议 IEC 61850 标准分析. 电力自动化设备，
　　2002，22（11）.

[6]　谭文恕. 变电站通信网络和系统协议 IEC 61850 介绍. 电网技术，2001，25（9）.

[7]　胡靓，王倩. 基于 IEC 61850 与 IEC 61970 的无缝通信体系研究. 电力系统通信，2007，
　　28（12）.

[8]　黄益庄. 变电站综合自动化技术. 北京：中国电力出版社，2000.

[9]　王晓东，阚德涛，张志武. 以太网的时钟同步技术. 电子工程师，2008，34（9）.

第5章 智能电力变压器

5.1 基本结构及功能

5.1.1 物理结构

智能电力变压器是智能变电站的关键设备之一，为了适应智能变电站二次系统数字化、网络化的新环境，应用通信技术、计算机技术和控制技术（简称3C技术）对常规电力变压器进行融合创新，使其具有全数字接口、支持网络通信，实现智能告警和智能控制等。具体方案是装备必要的传感器，增设一个新的组件——智能组件，形成电力变压器本体、传感器、智能组件有机融合的新设备。其中，传感器用来采集设备运行状态、控制状态和负载能力状态，智能组件对外提供全数字接口，对内负责传感器信息的共享和处理，并完成保护、控制等功能。智能组件由多个功能不同的智能电子装置（IED）组成，通过通信网络，各IED组成一个逻辑设备，如图5-1所示，其中，智能组件包括保护、控制、监测等IED。

为了突出智能电力变压器的整体性，保障智能化水平，电力变压器本体、传感器、智能组件应一体化设计、一体化制造、一体化调试。首先，传感器的位置、安装方式应综合考虑电力变压器的安全、传感器的效率和寿命及可维修性。IED的设置应综合考虑智能控制、状态感知的需要，并根据需求进行设计和调试。

5.1.2 网络结构及信息流

智能组件各IED全部接入过程层网络，以便各IED共享传感器信息，也包括跨智能组件的信息交互需求，支持实现智能化功能，包括智能控制及智能告警等。其中，主IED同时接入站控层网络，通过站控层网络，主IED向相关站控层设备报送状态感知信息；有载分接开关控制IED接收控制指令、反馈控制状态。智能组件配置及信息流图如图5-2所示，表5-1给出了信息交互的具体需求。

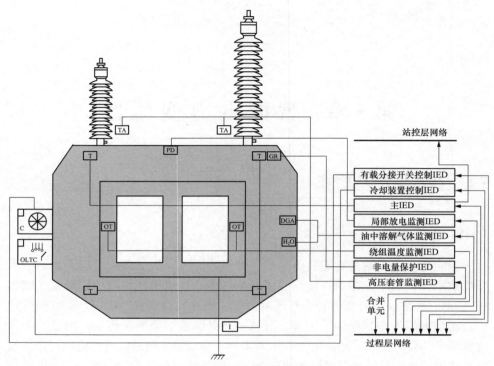

图 5-1   智能电力变压器结构示意图

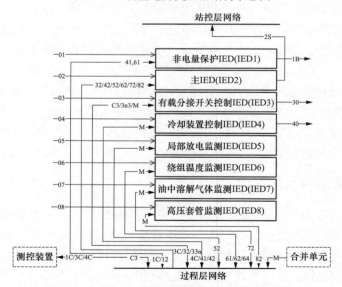

图 5-2   智能电力变压器智能组件配置及信息流图

表 5-1 智能变压器信息流架构

编码	信息流	网络	服务	信息描述
M	合并单元→IED3~IED8	过程层	SV	电压、电流采样值
01	变压器→IED1	直连	—	非电量保护及告警信号
41	IED4→IED1	过程层	GOOSE	冷却装置全停
61	IED6→IED1	过程层	GOOSE	绕组热点温度
1B	IED1→跳闸	直连/过程层	直跳/GOOSE	保护跳闸信号
1C	IED1→测控装置	过程层	GOOSE	保护动作信息及告警信号
02	变压器→IED2	直连	—	主油箱油位、油温、铁心接地电流等
03	变压器→IED3	直连	—	档位、油温、油位、驱动电机电流等
30	IED3→变压器	直连	—	有载分接开关控制指令
3C	IED3→测控装置	过程层	GOOSE	档位信号、闭锁信号、滤油机告警信号
32	IED3→IED2	过程层	MMS	驱动电机电流指纹；滤油机告警信号
C3	测控装置→IED3	过程层	GOOSE	控制指令
33n	主IED3→从IED3	过程层	GOOSE	并列控制指令
3n3	从IED3→主IED3	过程层	GOOSE	并列控制反馈及错误告警信息
04	变压器→IED4	直连	—	风机、油泵运行状态
64	IED6→IED4	过程层	GOOSE	绕组温度
40	IED4→变压器	直连	—	控制指令
4C	IED4→测控装置	过程层	GOOSE	油流继电器及风机开停或分级运行状态
42	IED4→IED2	过程层	MMS	风机电流、油泵电流、电源电压等
05	变压器→IED5	直连	—	局部放电信号
06	变压器→IED6	直连	—	绕组温度信号
07	变压器→IED7	直连	—	油中溶解气体浓度信号
08	变压器→IED8	直连	—	末屏电流信号
52	IED5→IED2	过程层	MMS	基于局部放电的格式化信息和结果信息
62	IED6→IED2	过程层	MMS	基于绕组温度的格式化信息和结果信息
72	IED7→IED2	过程层	MMS	基于油中气体的格式化信息和结果信息
82	IED8→IED2	过程层	MMS	基于套管的格式化信息和结果信息
2S	IED2→站控层设备	站控层	MMS	主要监测量的格式化信息及结果信息

5.2 监测

5.2.1 基本状态量

基本状态量是反映变压器运行状态的基础信息，用以感知最常见的缺陷或故障，并进行告警。这部分状态量常规电力变压器也需采集。基本状态量包括变压器各侧运行电压和电流，主油箱油温、油位和气体继电器信号等。

（1）系统电压和电流。电力变压器高、中、低各侧电压和电流是基本状态量之一。除用于系统监控之外，主要用于负载能力评估，冷却器控制与效率评估，过励磁保护，有载分接开关过压、欠压及过流保护闭锁等。在智能变电站，各侧电压和电流由智能组件通过过程层网络共享电子式互感器合并单元采样值。

（2）油温监测。油温包括主油箱的油面温度和底层油温。油温是反映电力变压器热状态的基本状态量之一。对于大型电力变压器，要在不同位置安装 2 个或多个油面温度传感器和底层油温传感器。为了分析热场分布，各温度传感器应同步采集。此外，如有环境温度、风速、日照等监测，宜与主油箱油温、各侧电流一并同步监测。

油面温度及底层油温的测点位置均为地电位，因此，在布置传感器时不必考虑绝缘问题，但应避免引起电场畸变。铂电阻温度传感器工作可靠、物理及化学性能稳定、测量精度高，复现性好，因此，油温监测一般选用铂电阻温度传感器。实际工程中，一般应用 Pt100 温度传感器，其输出已标准化，一般为 4～20mA 模拟量。

温度传感器信号通常由主 IED 采集和处理。

（3）油位监测。油位事关绝缘安全，由于油温变化等原因，油位有一个正常的波动范围，但这种波动应限制在设计允许的范围，超越这个范围，油位变得过高或者过低都可能是缺陷的表现，如过热或渗漏，并可引发严重的运行事故。油位可分为主油箱油位和有载分接开关油箱油位。油位传感器分别安装在变压器储油柜和油浸式有载分接开关的油箱上。

油位传感器的信号输出有两种：高、低油位的开关量信号和 4～20mA 的模拟量信号。其中，开关量信号用于越限告警，模拟量信号为油位的连续监测。

油位传感器信号通常由主 IED 采集和处理。

（4）气体聚集量监测。气体聚集量是指由气体继电器收集的可燃气体总量，主油箱内的可燃气体是绝缘过热或局部放电引起油纸绝缘分解的产物，因此，可燃气体表征着过热性或放电性缺陷的存在，是变压器重要的状态量之一。常规变压器一般不连续监测气体聚集量，而是通过气体继电器接点告警，反映当前气体聚集量已达到一定水平，应予关注。对于智能电力变压器，推荐对气体聚集量进行连续监测，这样不仅可以知道可燃气体的存在，而且还可以掌握可燃气体的发展态势，这对于判断故障的严重性具有重要价值。

气体聚集量的连续监测由新型气体继电器完成，由非电量保护 IED 采集、处理。

（5）铁心接地电流。电力变压器正常运行时，铁心接地电流很小，只有铁心绝缘不良或出现多点接地时才会显著增大。此时，因电磁感应而产生的环流会引起局部过热，加速绝缘老化，甚至发生绝缘烧毁事故。因此，监测铁心接地电流可及早发现铁心绝缘缺陷，避免缺陷扩大而导致运行事故。

铁心接地电流通常采用穿心式小电流传感器进行监测，这样不会破坏铁心接地引线的连续性。基于霍尔原理或零磁通原理的穿心式小电流传感器都可以用于铁心接地电流监测，但铁心接地电流在正常时可小至几毫安，故障时可高达几十安，甚至更大，为了适应这样大的动态范围，可以配置两个测量范围互补的传感器。

铁心接地电流传感器信号通常由主 IED 采集和处理。

（6）油压力监测。主油箱油压可以反映电力变压器内部多种缺陷状态，与油流速动继电器相比，油压力传感器可监测油箱内部油压，特别是动态油压，灵敏度高，且连续监测，因而可以更早地预警。这一技术越来越受到重视。为了实现对油压的监测，需要将传感器安装在主油箱的箱壁上，与主油箱内部连通。传感器的具体安装位置应根据经验确定，适宜安装在接近易发生可导致油压变化的缺陷部位。一般安装在位于变压器主油箱高度方向距箱盖的 1/3 处，多采用法兰安装。

可用于监测油压的传感器有多种，常用的有压电式和压阻式两种。监测变压器油压时，压力传感器的量程范围宜不小于 0～400kPa 范围，信号输出一般为 4～20mA 模拟量。由于压力传感器需要在变压器真空注油前安装就位，因此应能够承受一个标准大气压的负压。

压力传感器信号通常由主 IED 采集和处理。

主 IED 是智能电力变压器核心 IED 之一，其配置示意图如图 5-3 所示，主要功能包括：

1）采集电力变压器基本状态量，主要是来自传感器的模拟量，如油温、油位、油压、铁心接地电流等；用于告警的开关量仍由测控装置采集。今后，随着二次功能的进一步融合，测控装置和主 IED 可合二为一，主 IED 成为智能电力变压器对外的唯一数字接口。

2）汇总合并单元的采样值及其他 IED 的状态量，包括油中溶解气体监测 IED、局部放电监测 IED、绕组温度监测 IED 以及冷却装置控制 IED、有载分接开关控制 IED 的监测信息及分析结果信息，进行运行可靠性、控制可靠性和负载能力的综合分析，以支持电网控制决策。

3）作为智能组件的网关设备。

基于上述功能要求，主 IED 应配置足够的模拟量采集通道（如 8 通道），每个通道的采样位数和采样速率应满足传感被测状态量的基本要求。对于基本状态量，推荐采用 12 位或以上 A/D、1kSa/s 或以上采样速率。此外，在智能变电站，主 IED 属于间隔层设备，应配置两个网络端口，一个接入过程层交换机，用于共享智能组件其他 IED 的状态信息，实施综合判断；另一个接入站控层交换机，用于报送支持电网控制决策信息、智能告警及监测数据等。为了便于运维，主 IED 应设置若干指示灯，显示其主要工作状态，如电源、信号采集、网络通信等。若有要求，主 IED 应支持将电源电压、通信光强、板卡温度等信息一并报送。

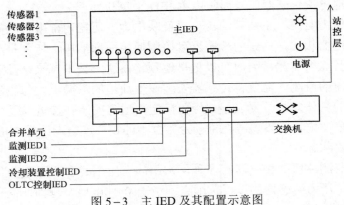

图 5-3　主 IED 及其配置示意图

5.2.2　局部放电

5.2.2.1　局部放电概述

局部放电是反映电力变压器绝缘局部缺陷最直接、最灵敏的方法之一，是智能化推荐的监测项目之一。110kV 及以上电压等级的电力变压器大都采用油纸绝缘，在运行中，由于电场、温度、机械应力以及水分等长期作用和影响，绝缘会逐渐劣化。此时，在局部场强集中的部位，如高压绕组导线和垫块的缝隙、导线和撑条的缝隙或靠近绝缘导线的表面等，极易发生局部放电。试验研究表明，当局部放电量小于 1000pC 时，短时间不会在纸板、垫块等固体绝缘上留下可见的损伤痕迹；而在放电量大于 2500pC 时，几分钟就会对固体绝缘造成明显损伤，产生树枝状放电通道的碳化痕迹。随着放电的持续发展，不仅可能引起变压器匝间绝缘击穿，严重时还会导致变压器相间或相对地短路。局部放电现象既是造成绝缘局部劣化的主要起因，同时也是绝缘劣化的征兆和表现形式。因此，在运行状态下对局部放电进行实时监测，能够有效地感知内部绝缘的潜伏性缺陷，实现对突发性故障的早期预警。

当电力变压器内部发生局部放电时，会伴随产生多种物理、化学现象，如电荷迁移、高频电磁辐射、超声振动及介质分解等。对局部放电的监测也正是基于这些现象。目前，变压器局部放电监测主要包括四种方式：脉冲电流法、特高频法、超声波法和油中溶解气体法。这四种方法各有特点。其中，油中溶解气体法属于间接法，对于慢速发展的放电故障非常有效，但对于快速发展的放电故障，反映不够及时，此种情况下，前三种方法更为直接、有效。

5.2.2.2 局部放电监测技术

脉冲电流法是监测局部放电的主要手段之一，其原理是，当变压器内部发生局部放电时，放电产生的脉冲电流会通过直接或耦合的方式，流经绕组、各种屏蔽及铁心的接地回路。应用传感器监测接地回路的脉冲电流，可实现对局部放电发生及发展情况的监测与评估。脉冲电流法灵敏度高，实施简单，但易受现场电晕放电等干扰。实际应用时，应根据现场干扰的特点选择合适的测量频带（一般小于 500kHz），定量监测时还需按相关标准进行放电量标定。基于脉冲电流法的局部放电传感器一般为穿心式高频电流传感器，为了保证带宽，其铁心一般选用锰锌材质的铁淦氧磁体。传感器通常安装在高、中压套管末屏接地引线，或中性点、铁心及夹件等的接地线，如图 5-4 所示。根据需要可增加辅助传感器，进行差动或极性鉴别，以提高抗干扰能力。对新变压器，脉冲电流传感器应由设备制造商进行一体化设计与制造。

特高频法（UHF）是目前应用比较普遍的局部放电监测方法之一，其原理是通过接收局部放电产生的射频信号实现对局部放电的监测，传感器为 UHF 天线。为了提升信噪比，一般安装于变压器油箱箱壁，安装处通过开孔将 UHF 天线直接暴露于变压器内部。与空气中的电晕放电相比，油纸绝缘中局部放电所产生的脉冲电流具有比较陡的上升沿，可以产生高达 1GHz 以上的射频信号。

UHF 天线对 0.3～3GHz 频段的 UHF 射频信号具有较高的灵敏度，同时可有效避开频段主要在 0.3GHz 以下的电晕放电干扰，外观小巧，便于安装，是变压器局部放电较为理想的传感器。UHF 天线种类很多，主要有阿基米德螺旋天线、等距双螺旋天线、对数天线等，封装在法兰盘中，通过开孔安装在主油箱上，如图 5-5 所示。实际应用中，通过参数设计，优选测量频段，其输出阻抗约为 200Ω，采用双孔磁芯阻抗变换器，可使天线和 50Ω 同轴电缆有良好匹配。UHF 天线通常由变压器生产厂商与变压器一体化设计、一体化制造，通过机械接口的设计，参见图 5-5（b），确保不影响变压器的绝缘和密封性能，在出厂时同变压器一起完成出厂试验。

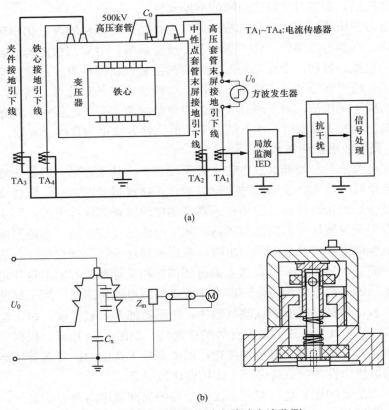

(a)

(b)

图 5-4　变压器局部放电脉冲电流监测

（a）脉冲电流法监测方案；（b）变压器套管末屏传感器示意图

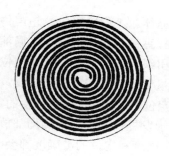

(a)　　　　　　　　　　　　　　(b)

图 5-5　UHF 天线及在变压器局部放电监测中的应用

（a）阿基米德螺旋天线；（b）变压器传感器安装图

超声波法是通过接收局部放电产生的超声振动信号实现对局部放电的监测，传感器为超声振动传感器（简称超声传感器，参见图 5-6）。变压器局部放电产生的超声信号主要为纵波，主频带大致集中在 20～230kHz 范围内。与脉冲电流法和 UHF 法相比，超声波法属于非电量测量，对现场各种电干扰信号有天然的阻断作用，而且可以用于确定放电源位置（需要多个传感器配合）。但是，局部放电产生的超声信号仅占放电总能量的 1%左右，若放电源发生在绝缘内部，振动信号要经过多层介质，衰减严重，实际监测灵敏度并不高。基于现有的超声传感技术，在单一介质中，能监测到 100pC 以内的放电。但是，如果放电源受到绝缘层或铁心等遮挡，往往 1000pC 以上的放电也无法感知。同时，超声波法也会受到风机、油泵、铁心等噪声源的影响，在选择传感器频带时必须予以考虑。通常，风机、油泵工作时的噪声在 10kHz 以下，磁致伸缩现象引起铁心磁声发射的频率分布在 20～65kHz。因此，监测变压器局部放电用超声传感器的频带一般选为 70～230kHz 之间。

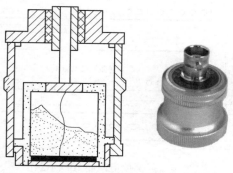

图 5-6　用于局部放电监测的超声传感器

超声传感器通常采用是锆钛酸铅压电晶体。工程应用中，超声传感器刚性固定于变压器油箱外表面，根据经验，选择直接面向最可能发生局部放电的位置，通常安装在变压器绕组高压侧、高压引线、套管升高座的对应位置。超声传感器所接收的声压大小取决于局部放电量和传播路程引起的衰减，因此，超声波法主要用于感知是否存在局部放电和定位，不宜进行放电强度的定量分析。特别指出，由于变压器内部结构复杂，对于发生在绝缘内部的局部放电，超声波传播过程会受到固定绝缘屏障的影响，灵敏度和定位的准确度都会因此下降。近年来，一种光纤传感器直接安装于变压器内部，当变压器绝缘发生局部放电时，产生的超声压力波挤压光纤，引起光纤变形导致光折射和光纤长度的变化，形成对光波的调制，进一步通过解调器即可测量出超声波。

5.2.2.3 局部放电监测 IED

不同于基本状态量，局部放电信号的采集、处理有诸多特殊要求，因此，推荐采用独立的局部放电监测 IED。局部放电监测 IED 的配置取决于采集的信号类型。以 UHF 信号为例，通常，一台变压器推荐配置一个 UHF 天线，对于大型电力变压器，为了提升监测灵敏度、强化干扰信号的辨识，也可配置多个，或与超声传感器合并使用。为了硬件的通用性，局部放电监测 IED 的输入通道宜具有可扩展性，支持三个 UHF 天线和三个超声传感器的接入。对于 UHF 通道，采样分辨率至少 12 位，采样速率应达到 10MSa/s 以上（检波）；对于超声通道，采样分辨率至少 12 位，采样速率应达到 2MSa/s。此外，局部放电监测IED 应配置一个网口（参见图 5-7 所示），接入过程层交换机，通过该网口接收合并单元采样值，并将监测数据及分析评估结果报送至主 IED。其中，合并单元采样值主要用于提供相位信息。

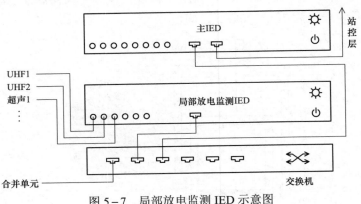

图 5-7 局部放电监测 IED 示意图

单一的局部放电脉冲有较大随机性，但固定时间段内呈现的最大放电量（及相位）和放电次数相对稳定，如图 5-8 所示，称其为局部放电的统计特征。为了获得较为稳定的统计特征，一般将至少数十个工频周期（如 50 个工频周期）的监测数据作为一个基本的统计分析单元。局部放电监测 IED 在完成统计分析的同时，应根据统计特征及其变化，对当前绝缘的安全性，进而对运行可靠性做出定量评估，评估结果及统计特征数据通过过程层网络报送至主 IED。若局部放电监测 IED 支持放电类型辨识，宜结合放电类型进行综合分析，以提升对运行可靠性的评估质量。放电类型辨识通常是基于典型放电类型统计特征的样板库，通过与其对比，实现对当前局部放电的类型辨识。常见的放电类型包括油纸绝缘沿面放电、油中气泡放电、油纸绝缘中气隙放电、金属尖端放电及油隙放电等。

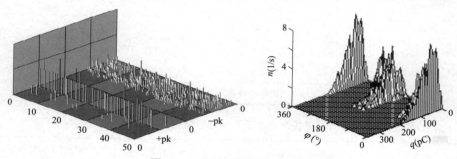

图 5-8　变压器典型放电谱图

5.2.3　油中溶解气体

5.2.3.1　油中溶解气体概述

油中溶解气体是一项具有广谱诊断价值的状态量，对于常见过热性、放电性和受潮等缺陷都比较有效，大约 70% 的变压器故障是通过油中溶解气体分析发现的。正常运行条件下，由于热和电的作用，绝缘油会逐渐老化分解，但老化速率非常低，油中溶解气体产生速率也很低。然而，一旦内部出现了过热或放电缺陷，就会引起绝缘油及固体绝缘的裂解，从而产生气体。目前最常检测的气体包括 H_2、CH_4、C_2H_6、C_2H_4、C_2H_2、CO、CO_2 等气体的。油中溶解气体分析法就是通过监测这些气体成分含量，应用一定的判断方法来对油浸式设备的缺陷进行诊断。

油中溶解气体分析基于特征气体含量、产气速率以及气体成分比值分布。关于特征气体含量，规程对 H_2、C_2H_2 和总烃做了规定（见表 5-2），根据对运行中油浸式电力变压器的调查（见表 5-3），这一规定是符合实际的。需要指出的是，由于特征气体溶解于油中存在随时间扩散和累积的过程，其含量不能完全表征实际情况，特别是对油进行了过滤等处理之后。此外，气体含量是一种静态分析，不能反映缺陷的发展态势。为此，提出了产气速率的概念，产气速率定义为单位时间内油中溶解烃类气体总和的增量，在故障风险评估中，产气速率有重要意义。研究表明，不同的故障模式，气体组分的增长速率也不同，IEC 60599《使用中的浸渍矿物油的电气设备 溶解和游离气体分析结果解释的指南》给出了 C_2H_2/C_2H_4、CH_4/H_2、C_2H_4/C_2H_6 之比值与故障模式的关系（见表 5-4），其中，故障模式与常见故障实例的对应情况见表 5-5。

表 5-2　　　　　　　　　　油浸式电力变压器特征气体阈值

评估法	状态量	阈值（$\mu L/L$）
阈值法	H_2 含量	150
	C_2H_2 含量	5（220kV 及以下），1（500kV 及以上）
	总烃含量	150
趋势法	总烃产气速率（mL/h）	0.5

表 5-3　　　　　　　　　　油浸式电力变压器特征气体实际分布

状态量	电压等级（kV）	样本量（个）	95%分位数（$\mu L/L$）
H_2 含量	220	167	97
	500（单相）	305	19
	500（三相）	139	41.7
C_2H_2 含量	220	176	0.9
	500（单相）	305	0
	500（三相）	136	0
总烃含量	220	149	51.8
	500（单相）	304	54.7
	500（三相）	138	13.8

表 5-4　　　　　　　　油浸式电力变压器典型故障模式与气体组分比值

代码	故障模式	C_2H_2/C_2H_4	CH_4/H_2	C_2H_4/C_2H_6
PD	局部放电	痕量	<0.1	<0.2
D1	低能量放电	>1.0	0.1~0.5	>1.0
D2	高能量放电	0.6~2.5	0.1~1.0	>2.0

代码	故障模式	C₂H₂/C₂H₄	CH₄/H₂	C₂H₄/C₂H₆
T1	低温过热（<300℃）	痕量	>1.0	<1.0
T2	中温过热（300～700℃）	<0.1	>1.0	1.0～4.0
T3	高温过热（>700℃）	<0.2	>1.0	>4.0

表 5-5 故障模式与常见故障

代码	故障模式	常见故障实例
PD	局部放电	绝缘纸浸渍不良、受潮、油中气泡引起的放电
D1	低能量放电	屏蔽环、线圈饼间或导线连接不良；夹件之间、套管与油箱、绕组高压端对地的放电；撑条、绝缘胶、垫块等爬电等
D2	高能量放电	高能量或电流通道的闪络、爬电或电弧，如低压与地、导线间、绕组间、套管与油箱间、绕组与铁心间的短路等
T1	低温过热（<300℃）	过载；油道堵塞或铁轭漏磁等，引起纸呈棕色
T2	中温过热（300～700℃）	选择开关触头松动、套管导杆与引线连接不良等引起的过热；铁轭夹件与穿心螺栓、夹件与铁心叠片间的环流，接地线与磁屏蔽线焊接不良；绕组多股导线间绝缘破损
T3	高温过热（>700℃）	油箱与铁心之间大的环流；漏磁在油箱壁产生的环流；铁心叠片间短路

5.2.3.2 油中溶解气体监测技术

早期，油纸分解产生的气体由气体继电器监视、告警，但气体继电器不能连续监测，只是收集的气体积累到一定程度之后导致告警接点闭合，引起关注。近二十年来，在线直接测量油中溶解气体的技术得到成熟应用，可靠性、稳定性均达到了较为满意的水平。目前，可以用于在线测量油中溶解气体的技术有多种，应用较为普遍的有色谱柱法和光声光谱法。

色谱柱法在我国有广泛应用。基于色谱柱法的基本过程如图 5-9 所示，首先，通过自动控制，将与主油箱连通的油管电磁阀门打开，提取溶解有气体的绝缘油样。接着，对油样进行脱气处理，使溶解于油样中的气体从油中分离出来。脱气有多种方法，如真空脱气法、超声波震荡脱气法等。此时，从油中脱出的气体是多组分混合气体，要实现对各组分的定量测量，需要应用色谱柱进行分离和检测。关于色谱柱的工作原理参见第 2 章。色谱柱法的优点是技术成熟、稳定，但需要载气，体积大，运维工作量大。

光声光谱法是近年发展起来的新技术，应用呈现上升的势头。基于光声光谱法的基本过程与基于色谱柱法类似，也有提取油样、油样脱气等环节，但检测环节是完全不同的。光声光谱法不需要对油中脱出的气体进行分离，因而不需要色谱柱和载气，取而代之是光声池，其技术核心基于不同气体组分对光的吸收谱系不同，而吸收率与气体组分的密度相关。详见第 2 章。与色谱柱法相比，光声光谱法的运行经验偏少。

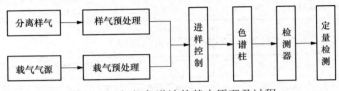

图 5-9　气相色谱法的基本原理及过程

5.2.3.3　油中溶解气体监测 IED

由于监测过程需要复杂的控制和流程，通常，需要配置独立的油中溶解气体监测 IED，承担取油样、脱气及气体组分检测及数据处理。部分油中溶解气体监测 IED 还集成了油中含水量的监测功能。一般用于油中溶解气体监测的 A/D 为 14 位或更高，采样速率 10kSa/s（色谱柱）或 1MSa/s（光声光谱），以满足色谱峰或光声信号的采样要求。此外，配置一个网口，接入过程层交换机，共享监测数据，并向主 IED 报送分析结果及监测数据，如图 5-10 所示。

油中溶解气体监测 IED 负责监测数据的分析和故障模式的判别。如前所述，产生气体的原因可能是放电，也可能是过热，前者事关运行可靠性，后者还与负载能力有关。因此，分析结果应包含运行可靠性和负载能力两个方面。为了提升油中溶解气体监测 IED 分析判别的可信度，一般宜结合合并单元采样值（负载电流）进行分析，若铁心接地电流可用，推荐一并通过网络共享（主 IED 采集），作为分析参考。

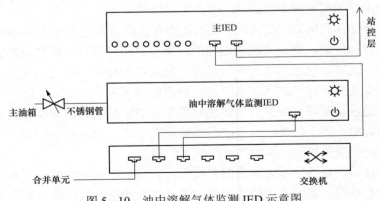

图 5-10　油中溶解气体监测 IED 示意图

5.2.4　绕组温度

5.2.4.1　绕组温度概述

绕组温度是电力变压器关键状态量之一，也是变压器负载能力的主要限制因素。油浸式电力变压器的主绝缘为油纸绝缘，其老化速率与绕组温度息息相关，如图 5−11 所示。通常，绝缘材料的温度每升高 6℃，其老化进程就会加速一倍。这就是所谓的"6 度法则"（来源：GB/T 1094.7《电力变压器　第 7 部分：油浸式电力变压器负载导则》）。但这一规律仅在一定温度限值下（大约为 140℃左右）成立，超过这一限值，绝缘材料会急剧变性。对于大型电力变压器，在正常周期性负载电流下，顶层油温的限值为 105℃，实际运行中，油温控制的更低一些。油温与绕组温度高度相关，但根据油温推算绕组温度存在较大不确定性。

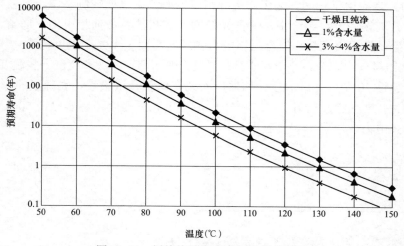

图 5−11　纸绝缘预期寿命与温度的关系

绕组温度受多种因素影响，如负载电流的大小、持续时间；环境温度、风速及冷却系统的工作状态等。冷却系统故障，如油泵故障、散热器内部油泥阻塞、散热器外部异物附着、风扇故障等，会导致油温异常升高。变压器内部故障也会导致局部或全局温度升高。如磁屏蔽缺陷或失效导致的夹件与铁心叠片间的环流、漏磁在油箱壁产生的环流等。这类过热性缺陷的严重程度与负载电流相关，负载电流越大，过热越严重，是制约负载水平的重要因素。

综上所述，监测与控制绕组温度，不仅有利于变压器安全运行，对于电网调度，特别是急救负载的应用决策有重要意义。

5.2.4.2　绕组温度监测技术

　　绕组处于高电位，长期以来，由于绝缘问题，绕组温度难以实时监测，一般是通过基于主油箱的油面温度，结合负载电流等，间接估算绕组绝缘温度。事实上，由于太阳辐射、散热条件、临近空间风速、冷却系统运行状态、内部油道畅通情况、磁屏蔽良好与否以及铁心绝缘等众多影响因素，使绕组温度估算值存在很大的不确定性，不能很好地把握变压器的热状态。特别是在急救负载状态下，若估计偏保守便不能有效发挥变压器急救潜力，可能造成供电中断；若估计偏宽松则可能超过变压器的急救能力，烧毁绝缘，造成更大面积的停电。近年来，光纤温度传感技术快速发展，其良好的绝缘特性使绕组温度的实时监测成为可能。另外，随着智能变电站建设工作的推进，对电力变压器的智能化提出了更高的要求，绕组温度监测越来越受到重视，应用的案例也越来越多。图5-12为应用示意图。为了实现绕组温度监测，需要在制造绕组时就把温度探头一并埋设在绕组绝缘中，并把光纤通过密封法兰从油箱引出。通常，一根光纤对应一个温度探头，一台三相电力变压器需要至少4个温度探头，其中A、B、C绕组各一个，铁心一个。对于大型电力变压器，可以多装设一些温度探头，但不宜超过20个。光纤温度传感器应安装在由温升试验或计算确定的热点处。通常，绕组热点位置在第1~4饼之间。目前，光纤温度传感器已在500kV及以下油浸式电力变压器中大量应用。

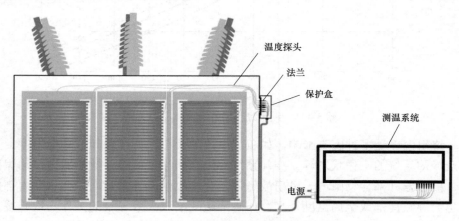

图5-12　光纤绕组测温系统示意图

5.2.4.3　绕组温度监测IED

　　根据实际情况，绕组温度监测可以由主IED完成，但对于监测项目多、温度监测点多的情形，推荐配置独立的绕组温度监测 IED。绕组温度监测 IED 应可支持 20 路温度模拟信号的采集，每一路 A/D 推荐采用 12 位或更高配置，采样速率 10Sa/s 甚至更低即可满足要求。此外，要配置 1 个网口，接入过程层交换机，在智能组件内共享信息，并向主 IED 报送分析结果及监测数据，如图 5－13 所示。

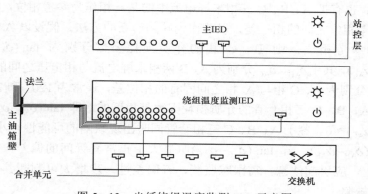

图 5－13　光纤绕组温度监测 IED 示意图

　　绕组温度监测 IED 负责分析监测数据并预测热点温度，实时报告热极限率及当前负载水平下的可持续时间。这里，热极限率定义为当前热点温度最高值与最高允许温度的比值。为了提升绕组温度监测 IED 分析与预测的可信度，一般宜结合合并单元采样值（负载电流）进行分析，若油面温度、底层油温、环境温度、日照强度及铁心接地电流等可用，推荐一并通过网络共享（主 IED 采集），作为分析参考。

5.2.5　高压套管介质损耗及电容量

　　高压套管多数是电容型套管。这类套管有两个重要参数，即介质损耗因数和电容量。实时监测介质损耗因数和电容量可以有效把握高压套管的运行状态。

5.2.5.1　介质损耗因数监测

　　电容型套管的近似等值电路如图 5－14（a），若绝缘介质为理想介质，既无电导损耗，也无介质极化损耗，则电压 u 与电流 i 之间的相位差为 90°，此时 $\delta = 0$，$\tan\delta = 0$。工程实际中，绝缘介质总是有损耗的，此时，电压 u 与电流 i 之间的相位差就会小于 90°，$\tan\delta \neq 0$。

　　通常，电压 u 通过电压互感器二次侧电压 u_2 间接采集，i 是通过小电流传感器（输出为 i_2）采集，参见图 5－14（b）。u_2 与电压 u 之间的相位差记为 β（通常在±10′之间），末屏电流 i 与小电流传感器输出 i_2 之间的相位差记为 γ（通常在 3′～6′之间），此时，根据电压 u_2 与电流 i_2 计算的介质损耗因数为 $\tan(\delta+\gamma-\beta)\approx\tan(\delta)$。

在智能变电站中，u_2 的采样值来自合并单元，此时，应通过必要的方法（如插值等）剔除 u_2、i_2 不同步采样带来的误差。

此外，也有把 A、B、C 三相末屏电流中的某一相作为参考相位，检验另外两相与参考相位之间的相位差，以此作为缺陷诊断的方法。假设以 A 相的末屏电流作为参考相位，则 B、C 相的介质损耗因数分别为 $\tan(\delta_{AB}-\alpha_{AB})$ 和 $\tan(\delta_{AC}-\alpha_{AC})$，其中 δ_{AB}、δ_{AC} 分别为 A、B 两相末屏电流与相电压之间的相位差，α_{AB}、α_{AC} 分别为 B、C 相与 A 相之间固有的相位差，通常为 120° 和 240°。一般而言，A、B、C 三相套管的介质损耗因数是相近的，即 $\tan(\delta_{AB}-\alpha_{AB})\approx0$ 和 $\tan(\delta_{AC}-\alpha_{AC})\approx0$。鉴于 A、B、C 三相套管同时出现缺陷的可能性很小，因此，如果 $\tan(\delta_{AB}-\alpha_{AB})$，若 $\tan(\delta_{AC}-\alpha_{AC})$ 明显大于正常套管间的偏差值，如达到 0.002 以上，应引起注意，需跟踪监测，若偏差进一步增大可判断其中某一相套管出现缺陷。

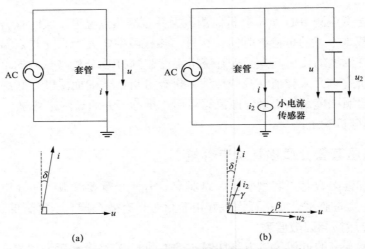

图 5－14　电容型设备介质损耗因数测量方法
（a）被测套管；（b）被测套管及参考相位

5.2.5.2　电容量监测

高压套管电容量具有指纹属性，在相同的测试条件下，从投运到退役，电容量应基本保持不变。但是，在运行过程中，如果发生了屏间击穿，套管电容量会增加。屏间击穿属于严重缺陷，一旦发生屏间击穿缺陷，其他屏间将分担更高电压，由此可能导致恶性循环，最终导致套管绝缘事故。与介质损耗因数类似，运行中电容量也无法直接采集，而是通过电压 u_2 与电流 i_2 按式（5-1）计算获取，即

$$C \approx \frac{k \cdot U_2}{\omega \cdot k_2 \cdot I_2 \cdot \cos\delta}$$

$$k = \frac{U}{U_2}$$

（5-1）

$$k_2 = \frac{I}{I_2}$$

式中　　k ——电压互感器变比；

U、U_2 ——u、u_2 的有效值；

ω ——电压角频率，$\omega = 2\pi f$；

k_2 ——穿心电流互感器变比；

δ ——套管介质损耗角；

I、I_2 ——i、i_2 的有效值。

5.2.5.3　高压套管监测 IED

高压套管介质损耗因数及电容量一般由独立 IED 完成，其中，电容量应为监测重点，在确认电容量有增加时（应超过一个屏击穿的电容增量，与电压等级有关），应及时报警。特别注意电容量监测中各种不确定因素导致的波动，避免误告警。

影响介质损耗因数监测值稳定的因素很多，包括电压 u_2 与电流 i_2 的相位误差等。如条件许可，宜同时采用电压 u_2 为参考相位和 A、B、C 三相中的某一相作为参考相位的两种方式，以提升状态分析的准确性水平。若以电压 u_2 为参考相位，其相位不确定度宜小于 6′。纯光学电压互感器可以满足要求。

5.3　保护

保护是智能化的重要功能之一。目前，变压器智能组件只集成了非电量保护，随着保护就地化技术的成熟，也可以集成主保护。

非电量保护是基于绝缘油的温度、压力和流速等非电气物理量对变压器本体实施保护和报警。变压器常见的非电量保护信号包括：轻瓦斯告警、重瓦斯跳闸、压力释放阀跳闸、突发压力继电器跳闸、油面温度跳闸、油位告警、绕

组温度跳闸等。对应的保护元件包括气体继电器、压力释放阀、突发压力继电器、油温度控制器、油位指示器、绕组温度控制器等。

非电量保护信号的采集和非电量保护指令的输出由非电量保护 IED 实现,非电量保护信号见表 5-6。

表 5-6 变压器非电量保护信号

信息类别	信息名称	备 注
基本状态量	主油箱高油位接点信号	开关量采集并发送报文
	主油箱低油位接点信号	开关量采集并发送报文
	有载分接开关油箱高油位接点信号	开关量采集并发送报文,条件①
	有载分接开关油箱低油位接点信号	开关量采集并发送报文,条件①
	主油箱油面温度异常接点信号	开关量采集并发送报文
	气体继电器气体聚集量告警接点信号(轻瓦斯)	开关量采集并发送报文
	冷却装置全停	由冷却装置控制 IED 报送
非电量保护信息	本体气体继电器油流速保护接点信号	开关量采集
	本体压力释放阀保护接点信号(重瓦斯)	开关量采集
	本体突发压力继电器保护接点信号	开关量采集
	有载分接开关油流速保护接点信号	开关量采集
	信号复归	
保护跳闸输出	保护跳闸指令	开出量,至各侧开关设备控制器
	动作信息	报文,至测控装置

① 未配置独立的有载分接开关控制 IED 时为宜选。

5.4 控制

5.4.1 冷却系统智能控制

冷却系统是大型电力变压器重要部件之一,智能电力变压器对冷却系统的控制提出了可靠、节能、高效的新要求,控制策略不仅由变压器的油面温度或绕组温度决定,还应考虑变压器绝缘寿命损失、急救负载能力和冷却装置运行效率等因素,有更强的适应性。同时,控制器应支持 IEC 61850 通信协议,与主 IED 交互信息,反馈冷却装置的运行状态,接收控制指令等,与智能组件其他 IED 组成一个相互融合、集成化的智能系统。

5.4.1.1　冷却方式

油浸式电力变压器常用的冷却方式一般分为四种：油浸自冷（ONAN）、油浸风冷（ONAF）、强迫油循环（OFXX）和强迫导向油循环（ODXX）。

油浸自冷就是以油的自然对流作用将热量带到油箱壁和散热管，然后依靠空气的对流传导将热量散发。油浸风冷是在油浸自冷的基础上，在油箱壁或散热管上加装风机，加速油箱壁或散热管近区的风速，提高散热效率。加装风机后可使变压器的容量增加 30%～35%。强迫油循环冷却方式，又分强迫油循环风冷（OFAF）和强迫油循环水冷（OFWF）两种。所谓强迫油循环就是应用油泵，使变压器油形成从油箱到冷却器再回到油箱的循环流动状态，冷却器设计为容易散热的形状，通过风机加速冷却器临近区的空气流动，或以循环水作冷却介质，进一步提升散热器效率。强迫油循环的效果决定于油的循环速度，若与单纯依靠自然对流相比，油的循环速度提高 3 倍，则变压器可增加容量 30%。强迫导向油循环冷却方式，又分为强迫导向油循环风冷（ODAF）和强迫导向油循环水冷（ODWF）两种，它是以强迫油循环的方式，使变压器油沿指定路径通过绕组内部以提高散热效率的冷却方式。

5.4.1.2　冷却装置类型

针对不同的变压器冷却方式主要有两类冷却装置：冷却器和片式散热器。根据冷却介质的不同冷却器又分为风冷却器和水冷却器两种。片式散热器则分为三种：片式散热器、带风机的片式散热器和带风机油泵的片式散热器。

冷却器运行时噪声比较高，但是体积小，适合于大容量且对运行噪声要求较低场合，但是没有自冷容量。片式散热器运行噪声比较低，但是体积大，适合于容量不太大或者对运行噪声有严格要求场合。随着技术的发展，变压器的总损耗在降低，配置片式散热器的变压器容量在增加，目前片式散热器也应用在中等容量的变压器上，如 240MVA/220kV 变压器。这样不但噪声低，而且维护工作量小。不同的冷却方式需要配置不同的冷却装置，配置对照参见表 5－7。

表 5－7　　　　　　　　冷却方式与冷却装置类型对应关系

序号	冷却方式	冷却装置
1	油浸自冷（ONAN）	片式散热器
2	油浸风冷（ONAF）	片式散热器+风机
3	强迫油循环风冷（OFAF）	片式散热器+风机+油泵
		风冷却器

序号	冷却方式	冷却装置
4	强迫油循环水冷（OFWF）	水冷却器
5	强迫导向油循环风冷（ODAF）	片式散热器+风机+油泵
		风冷却器
6	强迫导向油循环水冷（ODAF）	水冷却器

对于不同容量的变压器，冷却装置类型和数量均有所不同。冷却器一般为3～8台，片式散热器上配置的风机一般为3～32台，片式散热器上配置的油泵一般为3～8台。为了控制的灵活性，通常要对冷却装置进行分组，同一组的冷却装置同步启动/停止，但应考虑多台设备之间的延时。对于采用强迫油循环和强迫油导向循环的变压器，在按规定程序开启所有油泵（包括备用）后整个冷却装置上不应出现负压，同时其冷却系统必须配置两个相互独立的电源，并有自动切换装置。另外，对于采用强迫油循环和强迫油导向循环的变压器，其油泵的控制应逐台顺序启动/停止，延时间隔应在 30s 以上，以防止变压器内部油流涌动过大，使气体继电器误动作。

5.4.1.3　冷却装置的智能控制

除了油浸自冷方式以外，其余几种冷却方式的油浸式电力变压器都需要对冷却装置进行控制，以保证变压器内部温度始终处于限值之下。

传统的冷却装置其控制信号来源主要有三种：油面温度计、模拟式绕组温度计和电流继电器。冷却控制依靠继电器实现逻辑控制，通过继电器触点控制风机和油泵的接触器进而实现冷却装置的启动/停止。把冷却装置分成两组（一般是风机为一组，油泵为一组），根据油面温度计、绕组温度计和电流继电器的信号接点按照不同的温度和负载电流来控制冷却装置的启动/停止。举例来说，假如通过油面温度信号来控制片式散热器+风机+油泵的冷却装置，则可以在55℃时启动全部风机，在 70℃时启动全部油泵，当温度下降后在 60℃时停止全部油泵，在 45℃时停止全部风机。

随着数字化和自动化技术发展和应用，出现了基于 PLC（可编程逻辑控制器）对冷却装置进行自动控制的新技术，使冷却装置的控制线路更简单、通用性更强、标准化程度更高、控制逻辑也可以更复杂。此外，驱动风机、油泵的电机也开始支持变频控制，使控制更加精细化。但是，不论是采用继电器控制，或是 PLC 控制，依然存在以下一些不足：

（1）控制策略简单，只是实现了冷却装置分组控制和故障报警。

（2）控制精度低，无法避免变压器油温度的大幅波动，容易造成过冷却。

（3）没有实现控制网络化，无法与其他系统实现数据共享。

随着智能变电站研究与建设工作的快速推进，作为变电站内的主要高压设备，变压器的智能化成为整个变电站智能化的重要组成部分，冷却装置的智能控制是变压器智能化的基本要求。冷却装置的智能监控由冷却装置控制 IED 实现，其主要的监控信号如表 5-8 所示。

表 5-8   监 控 信 号

信号类别	信号名称	用途	信号来源
状态信号	主油箱油面温度	用于风机油泵启停控制的依据	主 IED
	绕组热点温度	用于风机油泵启停控制的依据	绕组温度监测 IED
	负载电流	用于风机油泵启停控制的依据	合并单元
	风机过流跳闸	用于设备保护	冷却装置
	油泵过流跳闸	用于设备保护	冷却装置
	油流继电器动作信号	用于设备保护	冷却装置
	电源（正常、异常）	用于设备保护	冷却装置
	冷却装置全停	用于变压器保护	冷却装置
	冷却装置进口油温	用于监测冷却装置散热效率	冷却装置
	冷却装置出口油温	用于监测冷却装置散热效率	冷却装置
	分组运行状态	用于监测冷却装置状态	冷却装置
	油泵电流	用于监测冷却装置状态	冷却装置
	风机电流	用于监测冷却装置状态	冷却装置
控制指令	分组控制	用于控制各个冷却装置	冷却装置

冷却装置智能控制使油温更加平稳，避免大幅波动和过冷却现象，其主要特点有：

（1）具备更高可靠性和灵活性，考虑变压器整体运行的经济性和寿命。

（2）通过多种状态量的综合采集和监测，具备了科学、高效、智能的控制策略，同时避免极端条件下变压器的异常运行。比如，在寒冷地区，当环境温度较低时，对于风冷却器或者采用油泵和风机的冷却装置，控制策略需要考虑仅启动几台油泵而不启动风机，因为这种情况下只需要开启油泵增加循环来降低绕组温度，均匀变压器内部温度场。

（3）能够与变压器智能组件或站控层设备保持实时交互，满足"控制网络化、信息互动化"的智能化要求。

（4）实时评估冷却装置的效率，对于效率明显降低的冷却装置发出告警提示。

（5）可灵活对冷却装置进行分组，风机和油泵可自由组合。

（6）冷却装置档案管理。给每一组冷却装置建立运行档案，包括累计运行时间、当前运行状态、控制指令等信息。

（7）冷却装置智能控制和自动轮换。冷却装置控制 IED 统计所有分组的累计运行时间，根据累计运行时间的长短自动定时排序，筛选累计运行时间最短的几组启动，替换当前正在运行的几组冷却装置，实现冷却装置自动轮换，均衡冷却装置运行时间。

（8）拥有智能报警系统。报警覆盖传感器、风机、油泵、电源、IED 自身等。

（9）控制信号来源多样化，不仅仅局限于常规的油面温度计、模拟式绕组温度计、电流继电器的接点信号和模拟信号，还可灵活接入包括光纤绕组测温装置等数字信号，保证了信号采集的准确性和可靠性。

智能化冷却装置控制策略模型如图 5-15 所示。

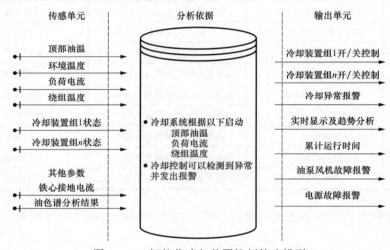

图 5-15　智能化冷却装置控制策略模型

对于冷却装置的分组和控制条件参数可参照下列条件设定：

（1）当冷却风机组数≤6 时，宜采用 2 级控制；当>6 时，宜采用 3 级控制。

（2）当冷却风机与油泵的组数≤6 时，宜采用 3 级控制；当>6 时，宜采用 4 级控制。

（3）当变压器装有光纤绕组温度监测 IED，其监测参数宜作为冷却装置的控制依据之一。

（4）表 5-9～表 5-11 给出冷却装置控制条件，其中的启动/停止值为推荐值。

表 5-9　　　　　油面温度控制冷却装置的条件

冷却装置类型	风机+片散		风机+油泵+片散		风冷却器、水冷却器	
分级启动	1～2级	1～3级	1～3级	1～4级	1～3级	1～4级
启动值（℃）	55-70	55-65-70	55-60-65	55-60-65-70	[1]-[2]-55	[1]-[2]-55-65
停止值（℃）	45-60	45-55-60	45-50-55	45-50-55-65	[1]-[2]-45	[1]-[2]-45-55

注　[1]表示当变压器空载投运时，应立即启动第一组冷却装置。

　　[2]表示当变压器负载投运时，应立即启动第二组冷却装置。

表 5-10　　　　绕组温度计和光纤测温控制冷却装置的条件

冷却装置类型	风机+片散		风机+油泵+片散		风冷却器、水冷却器	
分级启动	1～2级	1～3级	1～3级	1～4级	1～3级	1～4级
启动值（℃）	75-90	75-85-90	70-75-80	70-75-80-85	[1]-[2]-75	[1]-[2]-75-85
停止值（℃）	65-80	65-75-80	60-65-70	60-65-70-75	[1]-[2]-65	[1]-[2]-65-75

注　[1]表示当变压器空载投运时，应立即启动第一组冷却装置。

　　[2]表示当变压器负载投运时，应立即启动第二组冷却装置。

表 5-11　　　　　负荷控制冷却装置的条件[2]

冷却装置类型	风机+片散		风机+油泵+片散		风冷却器、水冷却器	
分级启动	1～2级	1～3级	1～2级	1～3级	1～2级	1～3级
启动值（I_N）	0.8-0.9	0.8-0.85-0.9	0.7-0.8	0.7-0.8-0.9	[1]-0.7	[1]-0.7-0.8
停止值（I_N）	0.7-0.8	0.7-0.75-0.8	0.6-0.7	0.6-0.7-0.8	[1]-0.6	[1]-0.6-0.7

注　[1]表示当变压器空载投运时，应立即启动第一组冷却装置。

　　[2]表示由负荷电流控制冷却装置条件可根据变压器自冷能力进行调整。

在变频运行状态下，冷却装置通过检测油面温度、绕组温度和负荷电流信号来控制风机油泵的运行频率，使冷却风机速度可调，循环油泵速度可调，从而实现节能、降低噪声运行。

冷却装置智能控制的典型流程图如图 5-16 所示。

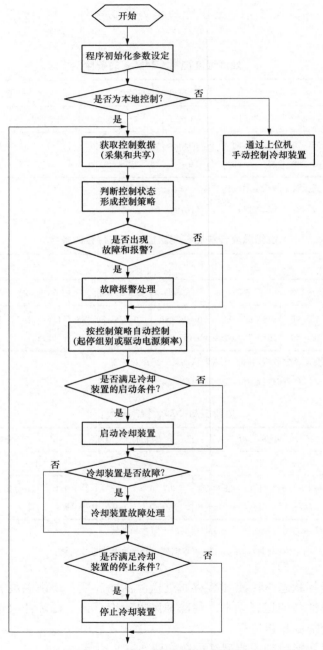

图 5−16 冷却装置智能控制流程图

5.4.2　有载分接开关智能控制

5.4.2.1　调压方式及工作原理

为了稳定输出电压和调节无功潮流，需要对变压器进行电压调整。在无功功率充足的情况下，通过分接开关来调整电压就比较方便。

变压器调压方式分有载调压和无载调压两种。有载分接开关的基本原理是在变压器绕组中引出若干分接头后，在不中断负载电流的情况下，由一个分接头切换到另一个分接头，来改变有效匝数，即改变变压器的电压比，从而实现调压的目的。有载调压方式主要有三种：线性调压、正反调压和粗细调压。根据分接头位置的不同又可分为线端调压和中性点调压两种方式。无载调压又称为无励磁调压，调压时需要把变压器各侧都与电网断开，在变压器无励磁情况下变换绕组的分接头。

5.4.2.2　有载分接开关智能控制

有载分接开关的控制包括手动控制和自动控制两种方式。早期，有载分接开关的控制多采用手动方式，由调度人员根据无功功率偏差和电压偏差决定需要升压还是降压，然后由电网调度自动化系统操作测控装置发出指令给有载分接开关的电动操作机构来调整电压。当前，有载分接开关的控制大多数采用自动方式，由自动电压控制装置（automatic voltage control，AVC）统一控制有载分接开关和电容器组，AVC 根据自身的控制策略自动调整有载分接开关和电容器组的投切来保证电压质量和无功功率偏差。

通常有载分接开关自身不配置控制器或控制器功能过于简单，不能对有载分接开关进行全方位监控和保护。为实现有载分接开关的智能控制，需配置专门的有载分接开关控制 IED。该控制 IED 具备高速以太网口，可以接受站控层或主站设备的控制指令，包括直接控制和策略控制。直接控制指令包括升、降、停、调到指定档位等操作；策略控制指令为恒定在指定电压，此时，有载分接开关控制 IED 根据目标电压进入自动调压模式。

当两台（或多台）调压变压器并联运行时，可能由于各变压器的阻抗电压、额定容量的不同，导致各变压器负载系数的不平衡；或者由于各变压器的级电压不同，导致变压器之间产生环流。按照工作原理来划分，有载分接开关并联运行的控制方法有三种：同步联锁法、最小环流法和逆电抗法。

（1）同步联锁法。同步联锁法就是利用控制装置将各并联运行的变压器中的有载分接开关联锁动作，使各开关的分接头位置处于同步状态，因此各变压器有关参数也在同步变化。各变压器在并联状态的运行情况与普通变压器并联运行一样。用同步联锁法实施并联运行时各参与并联运行的变压器必须满足：联结组别一样、级电压一样、调压器范围一样、阻抗电压相差不多以及容量相差不太大这几个条件。其中，阻抗电压和容量的差异会影响负载电流的分配，造成负载系数的不平衡。因此当两个参数有一定差别时就应该对并联运行时的负载系数进行估算，并在试运行中作现场测试，验证估算的正确程度，进而规定该系统的最大负载，以免发生其中一台变压器提前进入过载状态。

主从调压方式，也是同步联锁法的一种。它设定一台电力变压器的有载分接开关控制 IED 为主机，其他并联变压器的有载分接开关控制 IED 为从机，从机将跟随主机保持同档位。

（2）最小环流法。级电压不相同的变压器在并联运行中很难做到各台变压器的电压比是一致的，这时就会产生无功环流。无功环流不是负载电流，但它却占用了变压器的容量，增加了变压器的损耗。因此不希望它存在，至少应将它限制在一定的范围之内。最小环流法就是通过检测变压器之间的环流大小与方向，指令有载分接开关做适当的切换操作，使无功环流尽可能地达到最小值。这时电网的负载电流在各变压器之间基本上仍按短路阻抗的大小来进行分配。一般来说，负载电流是电感性的，与无功环流叠加后使得电压比较小的变压器（即二次侧开路电压高的）负载加重，同时也使得电压比较大的变压器负载减轻。

（3）逆电抗法。这是德国 MR 公司利用该公司生产的 MK20 自动电压调整器内部一个专利电路——线路阻抗模拟器而实现的一种并联运行自动控制方法。线路阻抗模拟器本来是用于对输电线路电压降落，实现自动补偿的控制电路的一个组成部分。它能将输入的取样电流转换成一定比例的电阻性及电抗性两个信号电压。逆电抗法就是利用其中的电抗性电压来判断无功环流的大小。把原来二次侧开路电压较高的那台变压器所带有的电感性无功环流移相 90°，使之与取样电压的相位一致，两者相加之后自动电压调整器就会检出一个"偏高"的实际信号电压，指令有载分接开关"降压"操作。反之，对于电容性电流则移相 90°之后与取样电压反相，二者相减后实际信号电压"偏低"，让有载分接开关作"升压"操作。适当调节其比例大小及 MK20 的动作灵敏度就可以将无功环流自动控制在一个较小的范围之内，同时也能保持二次侧电压的稳定。

由上述分析可知，采用逆电抗法时要求系统原来的负载电流中的无功分量应该尽量小，也即系统原有的功率因数尽量大，这样控制效果就比较理想。这对于电阻性负载的电炉、电解槽等用户来讲是比较合适的。

有载分接开关控制 IED 应具备以下功能：

（1）通过分析开关内设置的各种传感器信息，评估开关的工作状态。接受主控系统的命令，并将当前工作状态反馈给主控系统。

（2）具备可靠的容错机制，在自动调压模式下，有载分接开关控制 IED 自身的自动调压命令和上层网络传送命令冲突时，以上层网络控制命令优先。

（3）完全符合智能变电站 IEC 61850 的通信标准，满足"控制网络化、信息互动化"的智能化要求。

（4）有载分接开关控制 IED 应具有线路补偿功能。

（5）当自动调压功能被启动后，有载分接开关控制 IED 自动获得变压器的测量电压、电流值，以及当前档位等信息进行综合判断，自动调整档位，使目标调整电压恒定在设定电压。

（6）有载分接开关控制 IED 应具备多台变压器之间的并联运行功能。从过程层网络获得其他并联变压器有载分接开关控制 IED 信息，进行自动并联控制。

（7）具备较强的抗扰动功能，当电压波动小于电压允许偏差时应不会误动，当电压波动超过电压允许偏差后触发延时功能，直到延时结束后若电压波动仍未恢复正常则发出档位调整指令。

（8）应具有完整状态测量功能，包括：

1）就地、远方操作方式；

2）当前档位；

3）最高档位和最低档位；

4）运行周期不完整，开关切换不到位；

5）操动机构拒动（当 IED 调压脉冲发出后，超出预设时间，档位未改变）；

6）总操作次数；

7）滤油机（如果有）运行状态。

（9）应具备可靠的保护功能，包括：

1）紧急停止。接收到急停指令时，有载分接开关操作中止。

2）操动机构电源故障。是指有载分接开关电动操作机构内电源回路保护元器件动作，跳开电机保护开关，发出信号至有载分接开关控制 IED。

3）驱动电机过流闭锁。当有载分接开关机构内电机回路过流时，电机保护开关跳开，发出接点信号至有载分接开关控制 IED。

4）过流、欠压控制闭锁。根据监测的电流、电压值，在过流或欠压越限时闭锁调压功能，直至电流电压恢复正常。

5）过压控制闭锁。闭锁调档延时，快速降档，直至电压恢复控制值或至最低档位。

6）油黏稠度闭锁。根据有载分接开关油室温度、油型号、切换次数和在线滤油机运行情况等，综合判断闭锁操作。

7）如配置了滤油机，应具备其滤油机跳闸报警功能。

有载分接开关控制 IED 应具备以下状态评估功能：

（1）触头磨损状态。通过 OLTC 操作过程中的负荷电流，操作次数等，计算触头磨损状态，并给出检修建议。

（2）控制可靠性状态。根据声学指纹、驱动电机电流等信息做出判断。有载分接开关智能控制的典型流程图如图 5–17 所示。

5.4.3　吸湿器智能控制

吸湿器是油浸式变压器热胀冷缩时储油柜吸入空气的除湿及净化装置，安装在储油柜的进气口上，在变压器运行过程中由于温度的变化，油的体积会发生胀缩，迫使储油柜内的气体通过吸湿器产生"呼吸现象"。当温度下降油箱中的油收缩时，外部空气穿过吸湿器进入储油柜（胶囊），吸湿器中有过滤器与干燥剂（一般是硅胶），空气中的水分被干燥剂吸收，湿度大幅降低，确保进入储油柜（胶囊）的空气干燥、洁净，不会析出自由水，以防止对变压器绝缘油造成污染。干燥剂的吸水能力一般会在 3～12 个月内丧失，时间长短决定于呼吸的频率和空气湿度的大小。因此，对于普通的吸湿器，需要运维人员定期巡检，发现干燥剂接近失去吸湿能力时应进行更换，以保障进入储油柜（胶囊）的空气湿度符合要求。

智能控制型吸湿器可减少或免除人工干预，持久平稳地保障空气的干燥效果。与常规吸湿器相比较，智能控制型吸湿器增加了加热器、湿度传感器、智能控制器等。随着变压器的长期带电运行，在储油柜"呼吸现象"的作用下，干燥剂的含水量会越来越大。此时，湿度传感器能在线连续监测管内空气的湿度，并将监测结果传给智能控制器。智能控制器将湿度的实时监测值与设定值比较，一旦超过启动加热器的阈值，将启动加热器。通过加热可以蒸发干燥剂吸附的水分，蒸发的水蒸气在吸湿器底部凝结成水珠，最后水珠从过滤系统滴出。当管内空气的湿度降低到停止加热器的阈值时，表明干燥剂重新恢复了吸水能力，智能控制器停止加热器运行。智能控制型吸湿器（参见图 5–18）应具备以下功能：

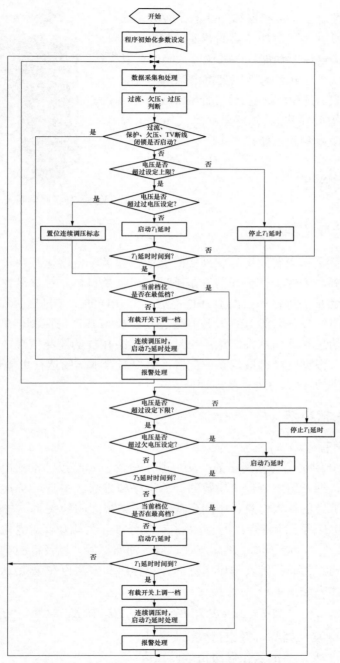

图 5–17　有载分接开关智能控制流程图

（1）带控制器、传感器和加热器，能够连续在线监测湿度并实现对加热器的智能控制。

（2）具备自诊断功能。在吸湿器故障时，发出告警并能实现远传。通常应支持电源故障（如电压幅值超限、抖动，断电等）、加热器故障（如开路、电流幅值异常）、传感器故障（如输出异常等）的自动检测和告警。

图 5-18　吸湿器及智能控制装置

5.5　智能评估

5.5.1　智能评估架构

智能评估是指由智能组件就地实时完成，服务于电网运行决策。智能评估包括单参量评估和综合评估，前者是基础，后者是目标。单参量评估由采集该参量的 IED 完成，综合评估由主 IED 完成。主 IED 的工作包括两部分，一是通过过程层网络汇集各监测 IED 及兼有监测功能控制 IED 的监测信息，监测信息包括格式化信息和评估结果信息；二是在汇集各 IED 的监测信息之后，自主进行综合分析，根据监测参量的具体配置，对变压器本体的运行可靠性、和/或控制可靠性和/或负载能力进行就地评估。

5.5.2　健康指数法

5.5.2.1　计算程序和方法

第 2 章介绍了综合健康指数（HI）基本概念，本节以油浸式电力变压器为应用对象，详细介绍综合健康指数的计算程序和方法。图 5-19 展示了变压器健康指数法涉及的输入信息、中间变量与输出结果之间的关系。与图 2-30 相比，图 5-19 有两个新特点：① 考虑了有载分接开关与套管对老化健康指数修正值的影响；② 考虑了油中溶解气体试验、油质试验，以及糠醛试验对综合健康指数的影响。为此，综合健康指数的计算程序和方法也在第 2 章的基础上有所扩展。具体方法如下

$$HI = \max (HI_1, HI_{2a}, HI_{2b}, HI_{2c}) \times K_{tr} \qquad (5-2)$$

式中　HI ——变压器综合健康指数；

　　　HI_1——变压器的老化健康指数修正值；

HI_{2a} ——油中溶解气体健康指数；

HI_{2b} ——油质健康指数；

HI_{2c} ——糠醛健康指数；

K_{tr} ——变压器综合修正系数。

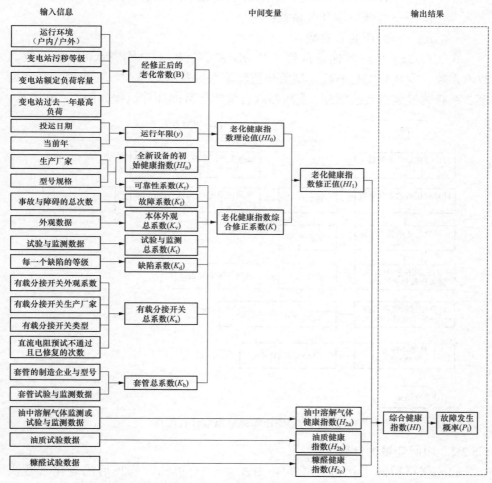

图 5-19　变压器健康指数法的输入信息、中间变量与输出结果

式（5-2）中，变压器的老化健康指数修正值（HI_1）的计算参见式（2-6），其中老化健康指数综合修正系数（K）考虑了有载分接开关、套管等的影响，具体计算方法为

$$\begin{cases} V_{\max} = \max\,(K_r, K_f, K_v, K_t, K_d, K_s, K_b) & (5\!-\!3a) \\ K = \max\,(V_{\max}, V_{\max} + (N-1)\times 0.05) & (5\!-\!3b) \end{cases}$$

式中　$V_{\max}$ ——计算中间量，等于各系数 $K_r, K_f, K_v, K_t, K_d, K_s, K_b$ 的最大值；

　　　　N ——计算中间量，等于各系数 $K_r, K_f, K_v, K_t, K_d, K_s, K_b$ 大于 1 的个数；

　　　　K_s ——有载分接开关系数；

　　　　K_b ——高压套管系数。

式（5－3a）中，其他各系数（K_r, K_f, K_v, K_t, K_d）分别表示可靠性系数、故障系数、本体外观总系数、试验与监测总系数及缺陷系数，其物理意义参见第 2 章有关健康指数法部分。变压器综合健康指数的计算流程如图 5－20 所示。

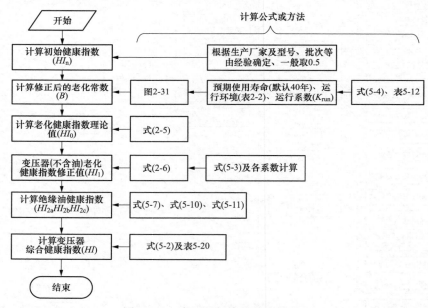

图 5－20　变压器健康指数计算流程

5.5.2.2　中间变量的计算

（1）修正后的老化常数（B）。由图 2－31 可知，修正后的老化常数决定于预期使用寿命、运行环境及运行系数（K_{run}）。其中，电力变压器的预期使用寿命由制造企业决定，一般按 40 年计；运行环境决定于户内或户外使用，及户外污秽等级；K_{run} 则主要决定于变压器的负载情况：首先根据式（5－4）计算出变压器的负载率；然后根据负载率查询表 5－12，获得其运行系数。

$$负载率 = \frac{额定容量}{过去一年的最大负载} \times 100\% \qquad (5-4)$$

表 5-12   变 压 器 的 运 行 系 数

负载率范围（%）	(0, 50]	(50, 75]	(75, 90]	其他	Blank[①]
运行系数	0.75	0.9	1	1.25	0.9

① Blank 表示缺失相关数据时的默认值。

（2）老化健康指数综合修正系数（K）。由式（5-3）可知，计算 K 的关键是确定各影响系数，具体包括可靠性系数 (K_r)、故障系数 (K_f)、本体外观总系数 (K_v)、监测与试验总系数 (K_t)、缺陷系数 (K_d)、有载分接开关系数 (K_s) 和高压套管系数 (K_b)。

1）可靠性系数 (K_r) 基于该型号变压器的可靠性记录确定。如果该型号变压器已在现场运行，且可靠性记录良好，则取 $K_r = 1$；若属于新设备，则检索该变压器制造企业类似产品的可靠性记录，如属良好则取 $K_r = 1$。其他情况取 K_r 介于 $1 \sim 1.5$ 之间，具体依据经验确定。

2）故障系数 (K_f) 反映变压器本体故障履历对其健康状态的影响，为了简化，故障履历仅用事故与障碍的发生次数来表征，与本体故障系数的对应关系如表 5-13 所示。

表 5-13   变压器本体的故障系数（K_f）查算表

事故与障碍的次数	0	1	2	>2
故障系数 K_f	1	1.1	1.2	1.3

3）本体外观总系数 (K_v) 反映变压器本体的渗漏油情况，以及主要部件的锈蚀情况。K_v 由四种部件的外观系数决定，包括主箱体 (K_{v1})、冷却系统 (K_{v2})、其他辅助机构/单位 (K_{v3})，以及有无渗漏油 (K_{v4})。表 5-14 是不同部件外观下的外观系数。K_v 的计算方法如图 5-21 所示。

表 5-14   变压器及部件的外观系数查算表

检查对象/严重等级[①]	1	2	3	Blank[②]
主箱体 (K_{v1})	0.9	1	1.1	1
冷却系统 (K_{v2})	0.9	1	1.1	1

检查对象/严重等级①	1	2	3	Blank②
其他辅助机构/单元 (K_{V3})	0.9	1	1.1	1
有无渗漏油 (K_{V4})	1.25	1	—	1
有载分接开关 (K_{SV})	0.9	1	1.1	1

① 严重等级：1—无锈蚀；2—有锈蚀；3—有过锈蚀，已经处理。
② Blank 表示缺失相关数据时的默认值。
注 有无渗漏油：1—有；2—无。

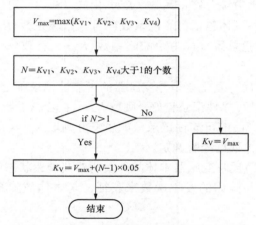

图 5-21 变压器本体外观总系数的计算流程

4）本体试验与监测总系数 (K_t) 是预防性试验对变压器本体健康状态的综合反映。这里主要考虑与老化密切相关的三个项目，具体包括绝缘电阻、绕组电阻以及介质损耗因数，以此三个项目超标并修复的次数作为评估依据，如表 5-15 所示。其他未包含的监测数据可采用类似的方法。K_t 的确定程序是：首先，从表 5-15 查询各单项的系数 K_{t1}、K_{t2}、K_{t3}。然后，按图 5-22 所示方法求取。

表 5-15 变压器本体、有载分接开关以及套管试验与监测单项系数查算表

不合格且已修复的次数	变压器本体			有载分接开关	套管		
	绝缘电阻 (K_{t1})	绕组电阻 (K_{t2})	介质损耗 (K_{t3})	直流电阻 (K_{st})	电容值 (K_{bt1})	介质损耗 (K_{bt2})	末屏介质损耗 (K_{bt3})
0	1	1	1	1	1	1	1
1	1.05	1.05	1.05	1.05	1.05	1.05	1.05
2	1.2	1.2	1.2	1.1	1.1	1.1	1.1
>2	1.5	1.5	1.5	1.25	1.25	1.25	1.25

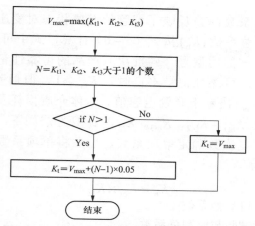

图 5-22　变压器试验与监测总系数的计算流程

5）缺陷系数（K_d）决定于缺陷总分值，缺陷总分值等于单个缺陷分值的代数和，如式（2-7）所示。求得缺陷总分值后，查表 5-16 可得变压器的缺陷系数。有关单个缺陷分值的确定原则参见表 2-4。

表 5-16　　　　不同变压器缺陷总分值下的缺陷系数（K_d）查算表

缺陷总分值	0	(0, 1]	(1, 3]	(3, 6]	(6, 20]
缺陷系数 K_d	0.9	1	1.1	1.25	1.5

6）有载分接开关总系数（K_s）代表了有载分接开关的健康状态对变压器整体健康状态的影响。有载分接开关总系数（K_s）按式（5-5）计算，其中外观系数（K_{sv}）决定于感官感受（听、看、嗅），外观良好为 0.9，存在不良时取较大值，但最大不超过 1.1，如表 5-14 所示；可靠性系数（K_{sr}）决定于其制造企业同型号（同批次）产品的可靠性记录，可靠性记录良好时，取 $K_{sr}=1$，可靠性记录不良时，$K_{sr}>1$，但最差不超过 1.3；试验与监测总系数（K_{st}）决定于直流电阻的修复次数，通过查询表 5-15 获得。对于监测量，如驱动电机电流等，可做类似处理。K_s 计算公式为

$$K_s = K_{sv} \times K_{sr} \times K_{st}$$

（5-5）

式中　　K_{sv}——有载分接开关外观系数；

　　　　K_{sr}——有载分接开关可靠性系数；

　　　　K_{st}——有载分接开关试验与监测总系数。

7）高压套管总系数（K_b）反映了套管的健康状态对变压器整体健康状态的影响。高压套管总系数（K_b）按式（5-6）计算。式中可靠性系数（K_{br}）决定于其制造企业生产的同型号（同批次）产品的可靠性记录，可靠性记录良好时，取 $K_{br}=1$，可靠性记录不良时，$K_{br}>1$，但最差不超过 1.3。试验与监测总系数（K_{bt}）决定于套管电容值、本体介质损耗及末屏介质损耗三个项目的单项系数 K_{bt1}、K_{bt2}、K_{bt3}。K_{bt} 的计算方法如下：首先根据三个项目的不合格且已修复次数确定单项系数，然后将单项系数代入图 5-23 计算。K_b 计算公式为

$$K_b = K_{br} \times K_{bt} \qquad (5-6)$$

式中　K_{br}——套管可靠性系数；

　　　K_{bt}——套管试验与监测总系数。

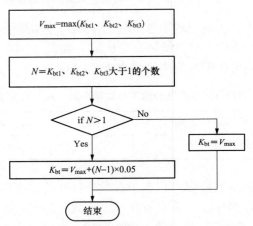

图 5-23　套管试验与监测总系数 K_{bt} 的计算流程

（3）油中溶解气体健康指数（HI_{2a}）。油在过热或局部放电的作用下，会分解产生氢和烃类气体。这些气体的一部分会溶解于油中。油中溶解气体健康指数正是对这一事实的反映。油中溶解气体由 IED 监测，定量测量氢气（H_2）、甲烷（CH_4）、乙烷（C_2H_4）、乙烯（C_2H_6）和乙炔（C_2H_2），其健康指数反映各气体成分的含量及其增量，计算公式为

$$HI_{2a} = 0.5 \times HI_{2am} \times HI_{2at} \qquad (5-7)$$

式中　HI_{2am}——含量因子，反映油中溶解气体含量的影响；

　　　HI_{2at}——趋势因子，反映油中溶解气体增长率的影响。

计算 HI_{2am} 之前，需先由表 5-17 查得各气体组分的权重（W_{2ai}）及含量分

值（S_{2ai}），然后按式（5-8）进行计算；HI_{2at} 的计算步骤如下：首先确定时间间隔，并按式（5-9）计算含量因子比值，然后通过查表 5-18 求得 HI_{2at}。注意，时间间隔不宜太短，太短容易放大监测数据误差；同时时间间隔也不宜太长，太长会弱化趋势。HI_{2am} 计算公式为

$$HI_{2am} = \frac{\sum_{i=1}^{5} W_{2ai} \times S_{2ai}}{180} \qquad (5-8)$$

式中　W_{2ai} ——气体组分权重；

　　　S_{2ai} ——气体组分分值；

　　　i ——气体组分，1 为氢气，2 为甲烷，3 为乙烯，4 为乙烷，5 为乙炔。

$$含量因子比值 = \frac{最近1次的 HI_{2am}}{倒数第2次的 HI_{2am}} \qquad (5-9)$$

表 5-17　　　　油中溶解气体各组分的权重（W_{2ai}）及含量分值查算表

分值（S_{2ai}）	0	2	4, or 8①		10	16	权重（W_{2ai}）
氢气（H_2）	[0, 20]	(20, 41]	(41, 101]		(101, 201]	>201	50
甲烷（CH_4）	[0, 10]	(10, 21]	(21, 51]		(51, 151]	>151	30
乙烯（C_2H_4）	[0, 10]	(10, 21]	(21, 51]		(51, 151]	>151	30
乙烷（C_2H_6）	[0, 10]	(10, 21]	(21, 51]		(51, 151]	>151	30
乙炔（C_2H_2）②	[0, 1]	(1, 5.01]	(5.01, 20.01]	(20.01, 100.01]	>100.1	—	120

① 根据经验确定 H_2、CH_4、C_2H_4、C_2H_6 的分值等于 4，还是 8。

② 乙炔（C_2H_2）范围为 (5.01, 20.01]时，分值为 4；范围为 (20.01, 100.01]时，分值为 8。

表 5-18　　　　　　油中溶解气体趋势因子（HI_{2at}）查算表

采样间隔（天）	含量因子比值				
[0, 5]	[0, 0.95]	(0.95, 1.01]	(1.01, 1.03]	(1.03, 1.05]	(1.05, 1.1]
(5, 30]	[0, 0.95]	(0.95, 1.02]	(1.02, 1.05]	(1.05, 1.1]	(1.1, 1.15]
(30, 90]	[0, 0.95]	(0.95, 1.03]	(1.03, 1.1]	(1.1, 1.15]	(1.15, 1.25]
气体变化等级	Negative	Neutral	Small	Significant	Large
趋势因子（HI_{2at}）	0.5	0.6	0.75	0.9	1

（4）油质健康指数（HI_{2b}）。油质健康指数用来表征油的品质，介于 0~4

之间，主要由含水量、酸值及击穿电压三个状态量决定，具体计算方法参见式（5-10），其中含水量、酸值及击穿电压的权重（W_{2bi}）和分值（S_{2bi}）参见表5-19。

$$\begin{cases} HI_{2bx} = \sum_{i=1}^{3} W_{2bi} \times S_{2bi} & (5-10a) \\[2mm] HI_{2b} = \dfrac{\max\ (最近一次的 HI_{2bx}, \overline{HI_{2bx}})}{200} & (5-10b) \end{cases}$$

式中　HI_{2bx} ——油质分值；

　　　$\overline{HI_{2bx}}$ ——油质分值的平均值；

　　　S_{2bi} ——油质状态量分值；

　　　W_{2bi} ——油质状态量权重；

　　　i ——油质试验，1为含水量，2为酸值，3为击穿电压。

表5-19　酸值、击穿电压和微水的分值（S_{2bi}）与权重（W_{2bi}）查算表

试验数据的上限值	分　值（S_{2bi}）					权重（W_{2bi}）
	0	2	4	8	10	
含水量（mg/L）	[0，15]	(15，20]	(20，30]	(30，40]	>40	80
酸值（mg·KOH/g）	[0，0.03]	(0.03，0.07]	(0.07，0.12]①		>0.12	125
击穿电压（kV）	>50	(39.9，50]	(29.9，39.9]①		(0，29.9]	80

① 根据经验酌情打分，取值为4或者8。

（5）糠醛健康指数（HI_{2c}）。糠醛是绝缘纸中碳—碳分子链断裂的主要产物，它的含量与绝缘纸的聚合度具有明确的关系，通过分析油中糠醛含量即可确定绝缘纸的老化状态。糠醛健康指介于0~10之间，具体计算公式为

$$HI_{2c} = 2.33 \times m_f^{0.68} \qquad (5-11)$$

式中　m_f ——油中的糠醛含量，mg/L。

5.5.2.3　综合修正系数的计算

综合修正系数（K_{tr}）是对综合健康指数的最后一次修正，根据 HI_1、HI_{2a}、HI_{2b} 和 HI_{2c} 的大小，K_{tr} 可按表5-20给出的方法获取。

表 5-20 综合健康指数的修正系数（K_{tr}）

条件 1	条件 2		综合修正系数 K_{tr}
	HI_{2a}, HI_{2b}, HI_{2c} 中非 Blank 的个数		
如果 HI_1 最大且 HI_{2a}, HI_{2b}, HI_{2c} 无大于 1 的数	3		0.6
	2		0.75
	1		0.85
	0		1
	$\max(HI_{2a}, HI_{2b}, HI_{2c})$ 所处区间		
如果 HI_1 最大且 HI_{2a}、HI_{2b}、HI_{2c} 有大于 1 的数	1～2		0.85
	2～4		1.03
	>4		1.15
	HI_{2a}, HI_{2b}, HI_{2c} 中次最大与最大之比（%）		
如果 HI_1 不是最大值，即 $HI_1 \neq \max(HI_1, HI_{2a}, HI_{2b}, HI_{2c})$	<30%		1
	30%～60%		1.07
	>60%		1.15

5.5.2.4 应用示例

根据健康指数法，对变压器 A 进行评估，变压器 A 的基本情况如表 5-21～表 5-25 所示。

表 5-21 变压器 A 的基本情况

编号	名称	单位	数据
1	变压器额定负荷容量	MVA	1500
2	过去一年最高负荷	MVA	600
3	运行环境	—	户外
4	污区修正系数 K_{ep}	—	1.1
5	预期使用寿命	年	30
6	运行年限 y	年	23
7	全新设备的初始健康指数 HI_n	—	0.5
8	可靠性系数 K_r	—	1.1
9	故障次数	次	1

编号	名　称	单位	数据
10	本体试验与监测不合格且已修复的次数	次	0
11	有载分接开关外观总系数 K_{sv}		1
12	有载分接开关可靠性系数 K_{sr}		1
13	有载分接开关试验与监测不合格且已修复的次数	次	0
14	套管可靠性系数 K_{br}		1
15	套管试验与监测不合格且已修复的次数	次	0
16	糠醛含量	mg/L	0.055

表 5-22　　　　　　　　变压器 A 本体的缺陷情况

缺陷严重等级	1	2	3
个数	3	0	0

表 5-23　　　　　　　　变压器 A 的外观系数

检查对象	主箱体	冷却系统	有载分接开关	其他辅助机构/单元	有无渗漏油
外观等级	1.1	1.1	1	1.1	1

表 5-24　　　　　变压器 A 最近两次油中溶解气体的试验结果

试验日期	氢气（H_2）	甲烷（CH_4）	乙烯（C_2H_4）	乙烷（C_2H_6）	乙炔（C_2H_2）
2009/10/15	5.18	142.98	88.02	66.69	0
2009/12/8	4.91	138.29	80.77	66.50	0

表 5-25　　　　　　　　变压器 A 的油质试验结果

项目	含水量（mg/L）	酸值（mg·KOH/g）	击穿电压（kV）
2005/9/22	—	0.008	50
2008/2/18	7.8	0.019	55

变压器 A 的综合健康指数的计算过程如下：

（1）根据表 5-21 可知，$HI_0 = 0.5$；运行年数 $y = 23$ 年。

（2）根据式（5-4）可得，负载率 $= 600/1500 = 40\%$；由表 5-12 可查得

运行系数=0.75；由于户外运行，且污区修正系数=1.1，由图 2-31 可得经修正后的老化常数 B 为

$$B = \frac{\ln\frac{5.5}{0.5} \times 1.1 \times 0.75}{30} = 0.066$$

（3）将 B、HI_n、运行年限 y 代入式（2-5）可得

$$HI_0 = 0.5 \times e^{0.066 \times 23} = 2.28$$

（4）计算中间变量，进而计算本体健康指数 HI_1：① 已知可靠性系数 $K_r = 1.1$（查表 5-21）。② 已知故障次数等于 1（查表 5-21），由表 5-13 可查得故障系数 $K_f = 1.1$。③ 将表 5-23 中的数据代入图 5-21，可得本体外观总系数 $K_v = 1.2$。④ 由表 5-21 可知，本体预防性试验（状态量）不合格且已修复的次数等于 0，根据表 5-15 与图 5-22，可得本体试验与监测总系数 $K_t = 1$。⑤ 根据表 5-22 给出的缺陷情况，由表 2-4 与式（2-7），可得缺陷总分值等于 3；查询表 5-16，缺陷系数 $K_d = 1.1$。⑥ 由表 5-21 可知，有载分接开关直流电阻不合格且已修复的次数为 0，根据表 5-15，有载分接开关的试验与监测总系数 $K_{st} = 1$，根据表 5-21 及表 5-23 给出的条件，可知 $K_{sr} = 1, K_{sv} = 1$，由式（5-5）可计算出 $K_s = 1$。⑦ 由表 5-21 可知，套管试验与监测不合格且已修复的次数为 0，根据表 5-15 与图 5-23，套管试验与监测总系数 $K_{bt} = 1$，根据表 5-21，套管的可靠性系数 $K_{br} = 1$，由式（5-6）可计算出 $K_b = 1$。将上述系数代入式（5-3）可得 $K = 1.35$，代入式（2-6）可得 $HI_1 = HI_0 \times K = 2.28 \times 1.35 = 3.08$。

（5）油中溶解气体健康指数：① 根据表 5-24 的已知数据，查表 5-17 可得气体各组分的分值与权重，将其代入式（5-8），可计算出两次油中溶解气体的含量因子均为 $HI_{2am} = 5$，将此代入式（5-9）可得含量因子比值为 1，查表 5-18，可得趋势因子 $HI_{2at} = 0.6$，代入式（5-7）可得 $HI_{2a} = 0.5 \times 5 \times 0.6 = 1.5$。② 根据表 5-25 的已知数据，由表 5-19 查得对应的分值与权重，将其代入式（5-10a）可得两次试验的油质分值分别为 160、0，将其代入式（5-10b），可得 $HI_{2b} = 0.4$。③ 根据表 5-21 的已知数据，糠醛为 0.055mg/L，代入式（5-11）可得 $HI_{2c} = 2.33 \times 0.055^{0.68} = 0.32$。

（6）综合健康指数：① 根据已经得到的 HI_1、HI_{2a}、HI_{2b} 和 HI_{2c}，查表 5-20，可得综合健康指数的修正系数 $K_{tr} = 0.85$；② 根据式（5-2）可得变压器 A 的综合健康指数 HI 为

$$HI = \max\ (3.08, 1.5, 0.4, 0.32) \times 0.85 = 2.62$$

评价结论：由于 $HI = 2.62 < 3.5$，尽管变压器 A 已经运行 23 年，但是整体的健康状态良好，在未来的一段时间内，发生故障的几率不大。

5.5.3　合成概率法

5.5.3.1　单参量评估

合成概率法的基本原理已在第 2 章做了介绍，这里主要结合油浸式电力变压器，对合成概率法的应用做进一步阐述。目前，智能电力变压器监测 IED 采集的状态量主要有油温、油压、铁心接地电流、绕组温度、局部放电、油中溶解气体等；此外，有载分接开关控制 IED 会记录寿命损失并监测驱动电机电流等。这些状态量都适宜应用阈值法，其中驱动电机电流也适宜指纹法。应用阈值法，结合经验，可以将状态量的监测值量化为可靠性指标。下面以油温、局部放电和油中溶解气体三个具有代表意义的状态量为例，来说明量化分析的基本思路。

油面温度是负载电流、环境温度、冷却系统状态等一并作用的结果，综合反映了变压器的热状态，直接关系到变压器负载能力和绝缘安全的评价。根据长期运行经验，可以将油面温度达到 70、90、105℃几个关键点作为评估的基础。一般认为，低于 70℃时是安全的，对绝缘可靠性没有影响，负载水平仍有提升空间。仅从温度考虑，90℃左右是低风险的，绝缘可靠性可按较高水平考虑（如 90%～100%），但长期性负载水平不宜再增加；高于 105℃时是极不安全的，绝缘可靠性可按较低水平考虑（如 50%），若为长期性负载应立即减少，急救负载也不应超过相关导则允许的时间。评估时应特别关注油面温度的变化态势。

局部放电主要反映变压器的绝缘状态，放电量是最重要的特征之一，但局部放电监测 IED 一般采用 UHF 法、超声波法或（接地引线）高频电流法，只能估算放电量，以此预测绝缘可靠性会有较大的不确定性。尽管如此，作为智能告警的一部分，这种监测仍然是有意义的。可以参考的意见是，若估算的放电量稳定在 300pC 及以下可以认为是安全的，此时绝缘可靠性可按 90%～100%考虑；超过 300pC，但不超过 500pC，应引起关注，此时绝缘可靠性可按 80%～90%考虑；超过 500pC 并持续发展（估算的放电量及放电频率增加），属于高危险，绝缘可靠性可按 10%～50%考虑。工程实际中，如能结合放电模式识别技术，预测结果的可信度可以得到进一步提升。

油中溶解气体的分析已经有较为成熟的技术。IEC 60599 等标准提供了较为完备的分析方法，能够分析缺陷模式，如过热或是放电，并可进一步确定过热是低温过热、中温过热或高温过热，放电是低能量放电或是高能量放电等。一般认为，油中溶解气体检出的缺陷，都与绝缘可靠性相关，其中过热性缺陷还影响到变压器的负载能力。在缺陷模式确定之后，结合气体含量及其增长率（产气率）可以对绝缘可靠性做出有参考意义的定量评价。

5.5.3.2 多参量综合评估

多参量综合评估是将全部监测的状态量集中在一起，通过彼此的互补或互证关系，提升分析的准确性。其中，与运行可靠性直接相关的状态量包括局部放电、油温、绕组温度、油中溶解气体、铁心接地电流等；与负载能力有关的状态量包括油温、绕组温度、油中溶解气体反映的过热性缺陷、铁心接地电流等；与控制可靠性相关的状态量包括有载分接开关（on-load tap-changer，OLTC）机电寿命、驱动电机电流指纹等。如图 5-24 所示，图中，$p_1 \sim p_7$ 及 p_{21}、p_{22} 表示由与之相连的状态量反映的可靠性水平。

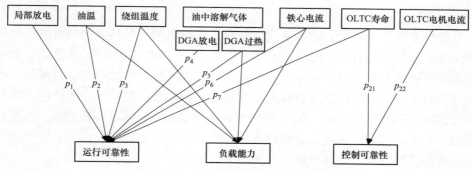

图 5-24　状态量及其影响关系示意图

在反映运行可靠性的状态量中，局部放电、油中溶解气体（dissolved gas analysis，DGA）放电部分均反映的放电性缺陷，彼此属于互证性关系，两个状态量不独立；油温与绕组温度均为变压器热状态的直接放映，同属于互证性关系，也不独立。但变压器热状态与放电性缺陷没有直接的关联关系，反映的是不同的缺陷，彼此是独立的。故此，上述 4 个状态量的综合可靠性为 $p'_{(1)}$ 的计算方法如式（5-12a）所示。过热缺陷既可能由 DGA 单独反映，也可能由 DGA 和铁心接地电流共同反映。对于后一种情况，2 个参量属于同部件同缺陷，应视为非独立关系。综上所述，上述 2 个参量的综合可靠性为 $p''_{(1)}$ 的计算方法式（5-12b）所示。从运行可靠性的视角看，有载分接开关与变压器本体属于串联关系。综上所述，运行可靠性如式（5-12c）所示。

$$\begin{cases} p'_{(1)} = \frac{1}{2}(p_1 + p_4) \cdot \frac{1}{2}(p_2 + p_3) & (5-12a) \\\\ p''_{(1)} = p_5 p_A + \frac{1}{2}(p_5 + p_6)p_B & (5-12b) \\\\ p_{(1)} = \frac{1}{4}(p_1 + p_4)(p_2 + p_3)\left[p_5 p_A + \frac{1}{2}(p_5 + p_6)p_B \right] p_7 & (5-12c) \end{cases}$$

式中　　p_A——DGA 显示过热，但铁心电流正常，则 $p_A = 1$，$p_A = 0$；

　　　　p_B——DGA 显示过热，同时铁心电流异常，则 $p_A = 0$，$p_B = 1$。

对于变压器而言，受控部件是有载分接开关（OLTC），因此，控制可靠性即指 OLTC 的控制可靠性。目前，监测的状态量中，直接与 OLTC 控制相关的状态量不多，主要是驱动电机电流和寿命损失，前者代表了机械缺陷引起的卡滞等，后者主要指磨损，包括机械磨损和电烧蚀。因此，两者关联性不大，可以按独立事件处理。故此，控制可靠性可以表达为

$$p_{(2)} = p_{21}p_{22} \qquad (5-13)$$

控制变压器负载能力的主要因素是热点绝缘温度，包括无缺陷时的整体过热，及由缺陷引起的局部过热。过热状态由油温、绕组温度、DGA 过热以及铁心电流直接或间接反映，其中，油温通常反映整体性过热，缺点是有滞后，对局部过热不敏感；绕组温度直接定量测量主绝缘温度，但受测点的限制，对局部过热缺陷不能可靠反映，DGA 能够反映过热缺陷，但属于间接测量，不能给出温度水平。因此，需要综合前述各状态量，并结合当前负载水平、冷却装置运行状态及环境温度等对负载能力做出评估。

5.6　智能化功能及应用

智能化功能包括两个层级：设备一级和变电站一级。设备一级的智能化功能由智能电力变压器自身实现，包括冷却装置的智能控制；有载分接开关的智能闭锁控制、并列运行控制及支持基于网络的控制；吸湿器的智能控制和非电量保护等。这部分内容详细描述参见本章第 3 节和第 4 节。变电站一级的智能化功能是指以智能电力变压器为基础，在站内其他设备协调控制下完成的功能，包括智能告警、主动保护及负载水平控制等。

5.6.1　智能告警

常规电力变压器的告警比较简单，主要有油面温度和气体继电器接点等告警信息。由于继电器接点属于开关量，在告警信息报出之前设备状态的变化历程，以及告警信息报出之后设备状态的发展态势，电网调度（控制）中心都无从了解，不利于控制决策。

智能告警是智能电力变压器的基本功能之一，其核心是对关键状态量进行实时连续监测，这样，不仅可获取状态量的当前值，而且可持续跟踪状态量的变化态势，因而可对变压器的状态做出实时、动态评估。例如，常规电力变压器配置了油位超限告警；而智能电力变压器配置有液位传感器，可对油位进行实时连续监测，不仅可以完成油位超限告警，而且可以连续感知油位的变化态势，进而评估发展到超限的剩余时间。这无疑可更加有力地支持电网运行控制决策，而且也有助于更加科学地开展运维。

智能告警的范围决定于监测项目及其配置情况，监测项目越多、监测数据的品质越高，可以报送的智能告警信息就越丰富、越具有应用价值。目前，可监测的项目包括油位、油压力、气体聚集量、铁心接地电流、油温；局部放电；油中溶解气体；有载分接开关驱动电机电流等。基于这部分监测项目，可形成的智能告警信息见表5-26。

表 5-26　　　　　　　　　　智能电力变压器告警信息

监测项目	告警内容
油温、绕组温度	当前值；发展至上限值的预估时间
油位、气体聚集量	当前值；超限几率；发展至超限值的预估时间
铁心接地电流	当前值；故障风险
局部放电	基于局部放电评估的运行可靠性
油中溶解气体	基于油中溶解气体评估的运行可靠性
有载分接开关驱动电机电流	（有载分接开关）控制可靠性

5.6.2　主动保护

传统上，当变压器发生严重故障时，如内部短路放电等，继电保护装置可以快速从电网中将其切除，以保障变压器和电网安全。从现在的观点看，继电保护装置有"事后"和"被动"两个特点。所谓"事后"是指继电保护是在变压器严重故障实际发生之后，由事故特征信号（如电流差动）触发的一种控制响应。在保护动作之前，电网调度（控制）中心通常是一无所知。所谓"被动"是指继电保护装置的工作方式对电网调度（控制）中心而言是完全被动的，保护动作由继电保护装置根据变压器事故特征信号（事前设定的定值）触发，对此，电网调度（控制）中心只能被动应对。

事实上，无论对于变压器，或是电网，传统保护的"事后"和"被动"特征都是受限于技术的一种选择。随着智能技术的发展，为保护理念的创新提供了可能。这里，基于智能电力变压器可以构建起先于继电保护的主动保护。所谓主动保护，就是电网调度（控制）中心基于智能电力变压器报送的运行可靠性信息，结合当前电网的冗余状态，综合考虑电网安全、供电可靠性及设备安全，以综合风险最小作为目标，先于变压器继电保护动作，对有事故风险的变压器做出退运或负载转移的决策。

主动保护的核心在于变压器运行可靠性的评估。如同对人的健康与寿命评估一样，变压器运行可靠性评估也是一种理论与经验相结合的技术，其结果的可信度也有一个积累、提高的过程。有些情况，例如，先监测到近区短路故障，接着监测到油中溶解气体持续增加和局部放电持续增加，此时，可以做出运行可靠性很低的可信预报。但更多的情况，可靠性评估只是一种理论指导下的经验性推理。尽管如此，作为一种风险管控措施，对电网控制决策仍有重要意义。可以预期，随着智能电力变压器技术发展，主动保护技术将逐步得到应用，并对电网运行控制带来革命性影响。

5.6.3　负载水平控制

正常情况下，变压器负载水平应在额定值及以下，调度（控制）中心根据电网运行需要进行调整，不需要特别关注。但以下两种情况需要对负载水平进行智能控制，以保证变压器及电网的运行安全。

（1）过热缺陷时的负载水平控制。过热缺陷，如磁屏蔽部分失效、铁心绝缘不良、油道堵塞、冷却装置故障等，可引起局部绝缘过热，进而危及变压器安全。对于这类缺陷，只要控制最热点温度不超过安全限值，变压器仍然可以继续运行。但是，在缺陷消除之前，通常应减小负载水平，确保缺陷所在部位的最高温度控制在安全限值以下。负载水平具体要降到多少，决定于过热缺陷的严重程度，由反映变压器热状态的各状态量综合确定。

变压器出现过热缺陷时，可以选择退出运行以进行检修；也可以选择降低负荷水平继续运行。退运与否应基于有利电网及供电安全的原则确定。当选择继续运行时，应基于监测信息实时评估变压器的安全负载水平，并将负载降至安全水平以下，直至过热缺陷被消除。

（2）急救负载水平控制。当电网发生故障，为了保障供电可靠性，允许变压器短时过负载运行，即所谓急救负载。如一座变电站内两台变压器中的一台因故障退出运行，此时，需要另一台正常变压器短时承担这部分负载（此时正常变压器的负载称为急救负载），以给电网调度（控制）中心留出足够的时间去改变运行方式，转移部分负荷，保障供电的可靠性。

通常，变压器具有 1.4 倍或 1.3 倍（大型电力变压器）的短时过负载能力，参见图 5-25。变压器负载能力主要受限于主绝缘及铁心绝缘的最热点温度，为了保障变压器的安全，要求最热点温度不能超过某个限值，如 140℃，超过这一限值，变压器的绝缘便无法承受。在这一限值之下，变压器是安全的，只是绝缘寿命损失会随绝缘温度的增加而加速。通常，急救负载下的运行时间并不长，期间的寿命损失并不会成为影响变压器安全运行的重要因素。因此，短时急救负载实际上是牺牲设备寿命换取电网及供电安全的一种有效应急措施。但是，应用这一措施是有风险的，严重时可能造成承担急救负载的变压器烧毁，并对电网及供电安全带来更大冲击。管控这种风险的有效方法便是基于负载能力实时评估结果的急救负载水平控制技术。

负载水平评估的准确性依赖于传感器及其配置。通常包括油面温度、绕组温度、DGA、铁心接地电流、当前负载水平、环境温度、冷却系统状态等。

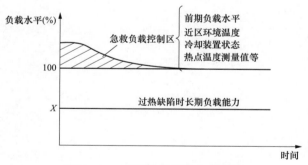

图 5-25　变压器负载能力示意图

5.6.4　状态检修

支持状态检修是智能电力变压器的智能化功能之一。常规变压器的运维属于定期计划检修，一般是 5 年一小修，10 年一大修。智能电力变压器的运维属于状态检修，即在对设备健康状态评价的基础上，根据设备运行状态和分析诊断结果安排检修时间、检修等级和检修项目。基于状态监测、智能评估和诊断的结果，智能电力变压器可实时评估并报告其运行可靠性、有载分接开关控制可靠性。对于监测项目涵盖了常见缺陷的智能电力变压器而言，基于监测信息的评估结果可以指导状态检修。

参考文献

[1] Ma H，Saha T K，Ekanayake C. Statistical learning techniques and their applications for condition assessment of power transformer. IEEE Transactions on Dielectrics and Electrical Insulation，2012，19(2): 481~489.

[2] 刘娜. 以可靠性为中心的电力变压器维修策略研究[博士学位论文]. 北京: 清华大学，2003.

[3] 赵冀宁. 基于电网状态评估的风险防范管理体系的应用研究 [D]. 北京：华北电力大学电气工程，2012.

[4] 田丰. 基于改进灰靶理论的变压器状态评估 [D]. 北京：华北电力大学电力系统及其自动化，2011.

[5] 覃煜，陆国俊，卓灿辉，等. 基于油气分析的电力变压器状态评估方法 [J]. 南方电网技术，2012，6（04）：79~83.

第6章 智能高压开关设备

6.1 基本结构

6.1.1 物理结构

高压开关是电网运行控制的核心设备，也是用量最大、对电网安全影响最大的一次设备。高压开关设备属于常规机电设备，对外全部为模拟接口，信息交互仅能满足最基本要求，无法适应智能电网数字化、网络化的新环境。不仅如此，基于辅助开关电气接点的位置指示容易发生误报，特别是开关在操作过程发生卡滞时，误报使联锁逻辑失效，可造成极为严重的设备及电网事故。故此，敞开式空气绝缘变电站（AIS 站）中隔离开关、接地开关的操作需要人工现场见证，极大影响了电网运行控制的时效性、安全性和智能化水平。因此，高压开关设备智能化，不仅是智能电网建设的需要，也是高压开关行业技术升级的需要，代表了高压开关的技术发展方向。智能高压开关结构见图 6－1。

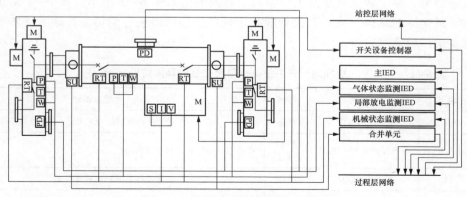

图 6－1 智能高压开关结构示意图

智能高压开关设备立足于满足智能变电站建设需要，将传感器、控制器与高压开关设备本体融合，综合应用 3C 技术达成以下目标：

（1）实现从模拟接口到全数字接口的跨越，以适应智能变电站全数字化、网络化的新环境，支持测量、控制、监测、保护等二次功能的信息互动需求，奠定智能化基础。

（2）实现从电气控制到智能控制的跨越。具体技术方案为创立了一个全数字化的新组件：智能组件。智能组件由功能不同的若干 IED 组成，通过传感器、控制器与高压开关设备本体组成一个有机整体。对外，智能组件承担高压开关设备所有接口功能，并实现数字化和网络化，按需接入过程层交换机和站控层交换机，接收控制指令，反馈运行和控制状态；智能组件内各 IED 共享状态信息，校验时序，执行联闭锁逻辑，实现智能控制，包括支持实现基于网络的操作控制、智能联锁、选相位操作控制及顺序控制等。

传感器的选择应根据智能化要求确定。为实现状态感知目的，传感器应植入到高压开关设备本体或其部件的合适位置，具体植入方式应在开关本体设计时一并考虑、制造时一并集成，以保证传感信息的品质和高压开关设备运行及操作的安全。传感器宜选择无源的，或将有源部分安置在便于维护的位置。传感器与 IED 之间的连接方式可以是光纤，也可以是电缆；传输量可以是数字信号，也可以是模拟信号。

6.1.2　网络结构及信息流

智能组件内各 IED 全部接入过程层网络，以便共享信息，支持智能化功能。其中，主 IED 同时接入站控层网络，以便报送智能化信息，包括格式化信息和结果信息。整个智能高压开关设备的信息流架构如图 6−2 所示，表 6−1 给出了信息交互的具体需求。有关智能高压设备通信网络更多的信息，请参阅本书第 4 章：通信与对时。

表 6−1　　　　　智能高压开关设备信息流交互的具体需求

编码	信息流	网络	服务	信息描述
01	机构→IED1	直连	—	分（合）闸位置；储能状态；闭锁及告警等
R1/（R1）	继电保护装置→IED1	直连/过程层	直跳/GOOSE	保护跳闸指令
M[a]	IED6→IED1	过程层	SV	系统电压、负载电流采样值
1C	IED1→测控装置	过程层	GOOSE	分（合）闸位置；储能状态；闭锁；告警

编码	信息流	网络	服务	信息描述
10	IED1→执行器	直连	—	分（合）闸信号
1M	IED1→合并单元	过程层	GOOSE	电压并列或切换信息
1R	IED1→继电保护装置	过程层	GOOSE	分（合）闸位置
C1	测控装置→IED1	过程层	GOOSE	分（合）闸等控制指令
31[a]	IED3→IED1	过程层	GOOSE	气室气体密度及告警、操作闭锁信息
41[a]	IED4→IED1	过程层	GOOSE	机构箱温度、储能介质压力等
03	传感器→IED3	直连	—	气室压力、温度、（水分）
32	IED3→IED2	过程层	MMS	气体状态监测的格式化信息和结果信息
04	传感器→IED4			触头位移；分（合）闸线圈电流等
M	IED6→IED4	过程层	SV	系统电压、系统电流采样值
42	IED4→IED2	过程层	MMS	机械状态监测的格式化信息及结果信息
05	传感器→IED5	直连	—	局部放电信号
M	IED6→IED5	过程层	SV	系统电压采样值
52	IED5→IED2	过程层	MMS	局部放电监测的格式化信息及结果信息
2S	IED2→站控层设备	站控层	MMS	结果信息及主要监测量的格式化信息

[a] 开关设备控制器配置选相位操作功能时。

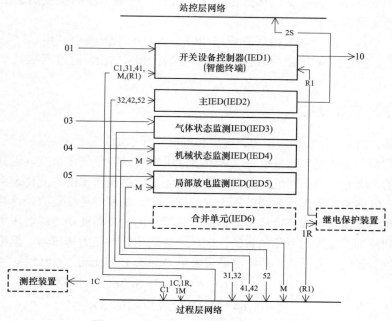

图 6-2　智能高压开关设备信息流架构

6.2　监测

6.2.1　基本状态量

　　基本状态量是反映高压开关设备控制状态和运行状态的基础信息，包括分（合）闸位置、气体密度、系统电流等。

　　（1）分（合）闸位置。分（合）闸位置是高压开关最基本的状态信息，由辅助开关接点间接反映。辅助开关接点为开关量，仅能反映开关的分、合状态。为避免各应用之间可能引起的干扰，通常配有多个辅助开关，分别用于电气联锁、测控装置和继电保护装置等。

　　（2）气体密度。气体密度是 GIS 等 SF₆ 气体绝缘设备的重要状态量。气体密度减少会导致绝缘水平下降，若灭弧室所在气室气体密度减少还会导致断路器开断能力下降。因此，GIS 的所有气室均配置有气体密度继电器。通常，气体密度继电器以监测压力为主，同时有温度修正功能，指示的压力自动校正到 20℃，从而使压力指示值直接反映气体密度。气体密度继电器有两级接点，分别用于低气压告警和低气压操作闭锁。气体密度继电器的接点信息由开关设备控制器采集和处理。

　　（3）系统电流。主要指开断短路故障电流时的电流幅值，用以评估触头电寿命损失。在智能变电站，系统电流由智能组件相关 IED 通过网络共享合并单元采样值的方式获取。

6.2.2　SF₆气体状态

　　通常，SF₆ 气体状态由压力、温度和湿度（含水量）三个状态量表征。其中，气体压力和温度决定气体密度。气体密度继电器可以监测气体密度，但其监测不是连续的，因此，当出现气体泄漏缺陷时，无法根据气体密度的变化态势进行智能告警。气体密度的连续监测是基于对气体压力、温度的连续监测经计算获得，压力监测多选用压阻式压力传感器，由于环境压力的自然波动，相对压力传感器难以起到精细感知压力变化的目的，因此，应选用绝对压力传感器；温度监测多选用电阻型温度传感器。气体密度通常采用 Beattie-Bridgman 方程计算

$$\begin{cases} P = 5.92 \times 10^{-3} \delta T (1+B) - 10.2 \delta^2 A \\ A = 0.764 \times 10^{-3} (1 - 0.727 \times 10^{-3} \delta) \\ B = 2.51 \times 10^{-3} \delta (1 - 0.846 \times 10^{-3} \delta) \end{cases} \quad (6-1)$$

式中 　δ ——SF$_6$气体密度，kg/m^3；

　　　P ——气体压力，MPa；

　　　T ——SF$_6$气体温度，K。

　　根据式（6-1），应用实时采集的气体压力（P）和气体温度（T），可以得到一个关于气体密度（δ）的三次非线性方程，采用牛顿迭代法可以得到实时的气体密度值。

　　含水量由湿度传感器监测，通常 SF$_6$ 气体中水分含量很少，因此，宜选择对低湿度区敏感的薄膜电容湿度传感器。气体监测项目及具体要求如表 6-2 所示。目前，已有三合一（温度、压力和水分）的商用传感器可供选用。

表 6-2　　　　　　　　　　　气体监测项目及要求

被测参量	选用原则	推荐测量范围	不确定度
气室气体压力	应选	0～1.0 MPa	2.5%
气室气体温度	应选	-40～100℃	2℃
气室气体水分	可选	50～1000μL/L	50μL/L 或 1%

　　SF$_6$气体湿度一般采用绝对湿度表示，单位符号是μL/L。通常，湿度传感器采集的是相对湿度，根据 Goff-Gratch 公式，见式（6-2），可以由 SF$_6$ 气体的压力、相对湿度、温度计算出含水量。

$$
\begin{cases}
\lg P_{ws} = 10.795\,74\left(1-\dfrac{T_0}{T}\right) - 5.028\,08\times\lg\left(\dfrac{T}{T_0}\right) \\
\qquad + 1.504\,75\times10^{-4}(1-10^{-8.296\,9(T/T_0-1)}) \\
\qquad + 0.428\,63\times10^{-3}(10^{-4.769\,55(1-T_0/T)}-1)+0.786\,14 \\
P_w = H_\gamma \times P_{ws} \\
H_a = \dfrac{P_w}{P} = \dfrac{H_\gamma \times P_{ws}}{P}
\end{cases}
\qquad(6-2)
$$

式中 　P_{ws} ——当前温度下的饱和水汽压，1×10^2，Pa；

　　　T ——当前气体温度，K；

　　　T_0 ——水的三相点温度，273.16K；

　　　H_γ ——SF$_6$气体实时相对湿度，%；

　　　P ——SF$_6$气体实时压力，1×10^2，Pa；

　　　P_w ——当前温度下的水汽压；

　　　H_a ——SF$_6$实时绝对温度。

SF$_6$气体状态监测由气体状态监测 IED 完成，其配置方案如图 6-3 所示。通常气体状态监测 IED 宜配置多路模拟量采集通道，以集中采集周边气室的压力、温度和水分，减少 IED 配置数量。但传感器与 IED 之间的距离不宜太长，以免彼此之间的暂态电位差导致传感器或 IED 损坏。通道的采样分辨率宜不低于 12 位，采样速率达到 10Sa/s 即可。通过采集气体压力、温度和湿度，达成以下监测目标：

（1）将气体密度、温度和湿度的监测数据按照格式化要求报送至主 IED，并由主 IED 报送至生产管理信息系统（PMIS），服务于状态检修。

（2）根据气体密度监测值及其定值信息，进行气体介质不安全告警（低气压告警）和开关低气压操作闭锁，并将告警信息及操作闭锁信息报送至测控装置、开关设备控制器，服务于电网运行控制。

（3）根据气体密度值及其随时间的变化态势，结合定值信息，估算由当前状态发展至气体介质不安全告警及开关低气压操作闭锁的剩余时间，并将其作为智能告警的一部分报送至主 IED，再由主 IED 报送至电网调度（控制）系统，服务于电网运行控制决策。

（4）根据气体湿度监测值及其定值信息，对气体介质含水量超标进行告警，并将告警信息报送至主 IED。

（5）若设有气体介质不安全跳闸，则当气体密度达到设定的跳闸定值时，向测控装置及主 IED 报送跳闸保护信息，服务于电网运行控制。

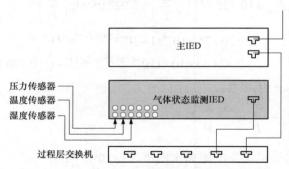

图 6-3　气体状态监测 IED 及配置方案示意图

6.2.3　局部放电

6.2.3.1　局部放电与高压开关设备绝缘状态

GIS、罐式及柱式断路器一般均采用 SF$_6$ 气体绝缘。实践表明，这类设备的绝缘事故往往从微小的制造或材质缺陷开始。常见的微小缺陷包括自由导电颗粒、悬浮电位体、绝缘件表面缺陷、绝缘件内部气隙、金属尖刺等。这些缺陷在投运开始一般不会造成绝缘击穿，但在运行电压下引起局部放电长期存在，对绝缘腐蚀致使缺陷发展并最终引起绝缘击穿。表 6-3 列出了常见 GIS 缺陷引起绝缘故障比率，其中很大一部分都与局部放电相关。因此，对于电压等级高、输送功率大的高压开关设备，将局部放电监测作为其智能化的推荐项目之一是十分必要的。

表 6-3　　　　　　　不同 GIS 绝缘缺陷引起绝缘故障的比率

绝缘缺陷类型	绝缘故障百分比（%）
自由导电颗粒	20
屏蔽和静电接触	18
载流接触	11
绝缘件表面缺陷或绝缘件内部气隙	10
隔离开关绝缘配合	10
金属尖刺	5
潮湿	7
其他	11

6.2.3.2　UHF 监测法

GIS 充有高密度 SF_6 气体，内部发生局部放电时所产生的脉冲电流具有极高的陡度，伴随产生的射频信号，其频带上限可达数千兆赫兹，明显高于频带上限约 300MHz 的空气电晕放电。这样，通过频带选择即可规避变电站或输电线路广泛存在的空气电晕干扰。因此，目前高压开关普遍采用 UHF 监测法，监测频带多在 500~1500MHz 之间，实际监测频带的选择应考虑外部电磁干扰选用合适的子频段。图 6-4 所示是 SF_6 绝缘中典型的局部放电信号特征。

局部放电产生的特高频信号通过 UHF 天线接收，根据安装方式可分为内置式和外置式两种，具体结构如图 6-5 所示。内置式 UHF 天线需在制造时通过开孔植入，不得影响绝缘和密封性能；外置式 UHF 天线通常置于 GIS 壳体介质窗、盆式绝缘子外侧或观察窗处，并满足自身的防护等级要求。对于加装了屏蔽的 GIS，外置式信噪比下降，推荐采用内置式。

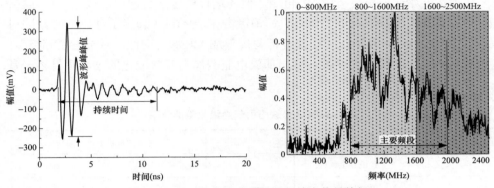

图 6-4　SF_6 绝缘中典型的局部放电信号特征

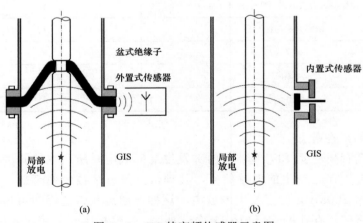

图 6-5　GIS 特高频传感器示意图
（a）外置式；（b）内置式

由于局部放电产生的 UHF 信号在传播过程中会发生色散、反射和损耗，因此，探测到的放电信号强度将随 UHF 天线与放电源间距离的增大而下降。因此，不宜用 UHF 的测量值推定视在放电量的大小。在具体应用中，UHF 天线应尽可能布置在临近重点关注的部位，如最可能出现危险放电源且适宜安装的位置。对于大型 GIS，为了保证监测灵敏度，或支持对放电源的定位，常安装多个 UHF 传感器协同工作。UHF 天线典型布置如图 6-6 所示。

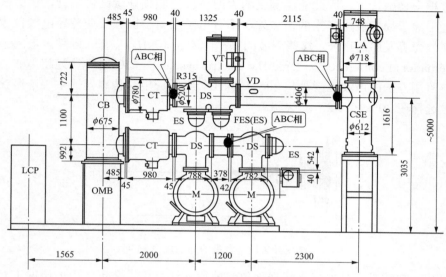

图 6-6 UHF 天线典型布置示意图

6.2.3.3 超声波法

当高压开关设备内部发生局部放电时，放电产生的热量导致绝缘介质局部受热膨胀，体积发生变化，引起介质的疏密变化，形成声波，频率在 20kHz 以上的声波即为超声波。局部放电引起的声波以球面波的形式向周围传播，通过绝缘到达开关设备表面。超声波法利用固定在开关设备表面的超声波传感器接收内部的超声波脉冲，从而实现局部放电的监测和定位。超声波法用于局部放电监测的研究起步较早，但由于该方法灵敏度较低，因此一直没有得到推广应用，后来随着压电换能元件效率的提高和电子放大技术的发展，超声波法的灵敏度和抗干扰能力得到了大幅度的提高，在实际应用中逐渐受到重视。超声波法具有抗电磁干扰能力强、便于定位等优点，但由于超声波在设备内部的传播过程非常复杂，且衰减严重，因此到达设备外壳的超声波信号非常微弱，导致超声波法监测灵敏度不高，且有效监测范围较小。目前该方法主要作为一种辅助监测手段，与其他监测方法联合使用。图 6-7 是高压开关设备典型的局部放电超声波信号。

局部放电产生的声波频谱分布很广，约为 10Hz～10MHz。随着电气设备、放电类型、传播介质及环境的不同，能监测到的声波频谱有所不同。高压开关设备一般以 SF_6 气体作为绝缘和灭弧介质，在 SF_6 气体中声波的高频分量在传播过程中衰减较快，因此能监测到的声波包含的低频分量比较丰富，这些低频分量中除了局部放电产生的声波外，还有电磁振动、机械振动及导电颗粒撞击金属外壳等发出的声波，这些声波的频率一般在 10kHz 以下。国际大电网会议（international conference on large HV electric systems，CIGRE）认为超声波局部放电监测方法的声波范围是从 20~100kHz。实际应用时传感器的中心谐振频率一般选择在 30~40kHz。

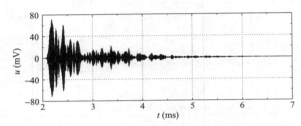

图 6-7　高压开关设备典型的局部放电超声波信号

超声波法是一种非侵入式局部放电监测方法，可以在不停电的情况下对开关设备进行监测。另外由于 SF_6 气体中声波的衰减很快（当温度为 20~28℃，测量频率为 40kHz 时，衰减为 26dB/m，类似条件下空气中的衰减仅为 0.98dB/m），使得超声波监测的有效距离很短，这样有利于对局部放电源进行精确定位且不容易受外部噪声的影响。超声波法的优点是抗电磁干扰能力强，灵敏度高，可以直接定位，缺点是结构复杂，检测范围小，对于在线监测系统，需要大量的传感器才能对局部放电源进行定位。

超声波传感器按其工作原理可以分为压电式、磁致伸缩式和电磁式等，而以压电式最为常见。超声波传感器就是利用压电材料的压电效应将接收的超声波信号转换成电信号。目前应用较多的压电材料主要有压电单晶体（如石英）、压电多晶体（压电陶瓷）、压电高分子聚合物，压电复合材料以及压电半导体。由于压电陶瓷灵敏度高，且成本较低，因此超声波传感器多采用压电陶瓷，常用的压电陶瓷有锆钛酸铅系列压电陶瓷（PZT）和非铅系压电陶瓷（如 $BaTiO_3$ 等）。

如图 6-8 所示为压电式超声波传感器的结构示意图，其主要由压电晶片、吸收块（阻尼块）陶瓷保护膜、金属外壳、导电胶、引线片以及导电螺杆组成。压电晶片通常采用锆钛酸铅（PZT）钛酸钡和铌酸锂等，形状多为圆板形，两面镀银作为导电极板。阻尼块的作用是降低晶片的机械品质，吸收声能量。陶瓷保护膜主要是保护晶片并起到电气绝缘的作用。金属外壳用来屏蔽电磁干扰。导电胶用来固定晶片并起到导电的作用。

压电式超声波传感器在监测局部放电时其输出电压很低，只有微伏级，如此微弱的信号，必须经过放大才能传输。压电晶片的输出阻抗高，带负载能力差，因此要求前置放大电路不仅要有较高的输入阻抗，而且要满足频带宽度和一定的放大倍数（一般在60dB 以上）。前置放大器有电荷放大和电压放大两种，电荷放大器本身并不放大输入端的电荷，而是将输入电荷转换为与之成比例的电压输出。

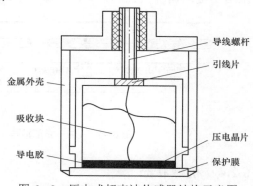

图 6-8　压电式超声波传感器结构示意图

电荷放大器的时间常数很大，下限截止频率很低，因此传感器配用电荷放大器时，其低频响应比配用电压放大器要好得多，适合于对准静态物理量的测量。局部放电超声波信号频率较高，因此传感器配用电压放大器，且要求传感器与电压放大器之间的电缆尽量短。

6.2.3.4　局部放电监测 IED

高压开关设备的局部放电信号统一由局部放电监测 IED 进行采集与处理。局部放电监测 IED 宜采用可扩展采集通道的结构，按需配置，一般不少于 3 路；采样分辨率宜为 14 位或以上；有高速、检波和混频三种采样模式，采样模式不同，采样速率也不同，若采用高速采样，采样速率不宜低于 10GS/s，以便能较为准确地记录 UHF 信号的波形特征；检波采样是对 UHF 信号进行包络检波，仅保存局部放电信号的幅值和工频相位信息；混频采样则是通过调节本振信号频率实现对特定频段（带宽一般为 10～20MHz）内局部放电信号的采集，可避开干扰频段并保存局部放电强度信息。在采集局部放电信号的同时，通过网络共享合并单元的电压采样值，以支持分析放电信号的相位信息。局部放电监测 IED 的应用示例如图 6-9 所示。为了获取稳定的统计特征，每次采样长度应不少于 50 个工频周期。通过对单次取样信号进行分析，达成以下两项监测目标：

（1）分析局部放电信号的特征量，包括最大放电量及相位、放电频次，按照格式化要求报送至主 IED，并由主 IED 报送至 PMIS，服务于状态检修。

（2）根据局部放电的特征量及其随时间的变化态势，结合放电类型的识别（如果支持），对运行可靠性做出评估，并将评估结果报送至主 IED，再由主 IED 报送至电网调度（控制）系统，服务于电网运行控制。

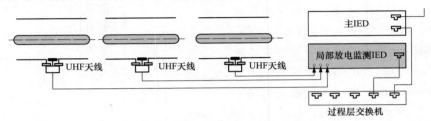

图 6-9　UHF 局部放电监测 IED 的应用示意图

6.2.4　机械状态

6.2.4.1　常用机械状态量

机械状态量反映了高压开关设备的控制可靠性，也是智能控制与智能告警的重要基础。常用机械状态量及监测要求见表 6-4。

表 6-4　　　　　　　　　　常用机械状态量及要求

监测对象	监测参量	选用原则	技术要求 （测量范围；不确定度）	备注
操动机构	机构箱温度	应选	−40～100℃；2℃	模拟量采集
	分（合）闸线圈电流	宜选	A[a]；2.5%	模拟量采集
	分（合）闸行程曲线	宜选	角度[a]；0.1º	模拟量采集
	分（合）闸控制电压	条件[b]	V[a]；2.5%	模拟量采集
	分（合）闸位	可选	角度[a]；1º	模拟量采集
	机械振动	可选	—	模拟量采集
	CB 操作次数	应选	0～10000 次；0 次	内部累计值
储能系统	储能介质压力	条件[b]	MPa[a]；5%	模拟量采集
	储能电机工作时间	可选	s；2s	模拟量采集
断路器触头	开断电流	条件[c]	2%+互感器不确定度	计算值
	触头温度	条件[c]	0～250℃；5℃	模拟量采集
辅助量	合并单元采样值	条件[c]		接收报文

[a] 符合采集量动态范围要求。

[b] 配置选相位操作功能且对此有要求时应选用，其他情形为可选用。

[c] 有分析触头电寿命损失率需求时应选用。

（1）机构箱温度。温度过低对润滑等造成不利影响，进而影响到机械特性。因此，需要监测机构箱温度，当温度低于设定值（如低于–5℃时）时应启动加热器。多数电阻型温度传感器均可用于机构箱温度监测。

（2）分（合）闸线圈电流。分（合）闸线圈在电流作用下产生电磁力，驱动脱扣机构开启分（合）闸过程。在控制电压一定时，若脱扣机构状态良好，分（合）闸线圈电流波形是稳定的，复现性良好，具有指纹属性。实际操作中，若分（合）闸线圈电流波形发生改变，如持续时间延长、幅值增大等，则预示着脱扣机构可能出现卡滞等缺陷，控制可靠性下降。小电流传感器可用于分（合）闸线圈电流波形监测。

（3）控制电压。指分（合）闸线圈的工作电压，其值会对分（合）闸线圈电流波形产生影响，因此，在分析脱扣机构是否存在卡滞时，应一并考虑。特别是，若选相位操作是智能化功能的一部分，控制电压监测是必选项目。监测控制电压不需要传感器，分压后可直接采样。

（4）行程曲线。分（合）闸操作过程中动触头位移—时间曲线称为行程曲线。行程曲线在很大程度上反映了高压开关的机械特性。机械特性良好时，其分（合）闸行程曲线具有较好的稳定性，多次操作的行程曲线有较高的重合度，具有指纹属性，包括分闸行程曲线指纹和合闸行程曲线指纹。行程曲线由位移传感器采集，通常采用光电编码器。

（5）介质压力。若储能介质为气体，或为液压传动，则气体或液体介质的压力与操动机构的机械特性有高度的关联性。在相同工况下，分（合）闸操作过程中的介质压力—时间曲线应具有指纹属性，监测介质压力有助于分析高压断路器的控制可靠性。

（6）储能电机工作时间。间接反映储能系统的状态，如储能介质泄漏等。

（7）分合位置。分合位置（包括分合过程的位置）的准确感知，属于智能化的首选项目之一，可避免辅助开关指示错误导致事故的风险，特别是敞开式的隔离开关和接地开关，分合位置感知是支持顺序控制的核心技术，应采用不依赖于初始位置的绝对式光电编码器作为高压开关分合位置传感器。

（8）触头温度。开关触头接触不良属常见缺陷，特别是对于封闭在 GIS 壳体内部的隔离开关，日常无法巡检，即使停电进行回路电阻测试也有局限性。因此，温度监测成为评估触头接触状态的有效手段。基于比色法的辐射式温度传感器可用于触头温度监测，传感器安装在壳体上，将温度测量范围聚焦于触头。

（9）机械振动。高压开关设备在分合操作过程中，有机较强的机械撞击，会产生一定的机械振动，特别是高压断路器。通常，安装就位之后这样的机械振动是稳定的,其特征(如短时能量谱等)具有指纹属性,如特征发生明显改变,预示着机械状态的改变,控制可靠性下降。机械振动由机械振动传感器采用,传感器刚性安装在临近易发机械故障的位置。

6.2.4.2 机械状态监测 IED

高压开关设备的机械状态量通常由机械状态监测 IED 采集和处理。一个开关间隔配置一台机械状态监测 IED,采集的状态量参考表 6-4,根据采集需求配置采集通道。为了硬件的通用性,宜按最高要求统一各通道的采样分辨率和采样速率。推荐采用分辨率 14 位或更高,采样速率 1MSa/s 或更高。机械状态监测 IED 配置示意图见图 6-10。

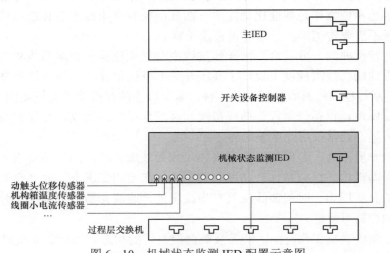

图 6-10 机械状态监测 IED 配置示意图

机械状态监测 IED 应综合全部监测量,对开关设备的机械状态及由此反映的控制可靠性做出评估,并达成以下基本监测目标:

(1)通过网络共享合并单元采样值,对断路器触头电寿命做出估计。方法是(参见图 6-11):第一步,根据合并单元采样值,获取开断短路电流的峰值 I(kA);第二步,根据采集的行程曲线,结合由动态回路电阻确定的超行程;第三步,根据超行程,在行程曲线上确定燃弧起始时间,由同步记录的电流波形确定熄弧时间,从而确定总的燃弧时间 t;第四步,记录电寿命损失 I^2t,并累计之前的电寿命损失。总的电寿命损失或剩余电寿命以百分比的形式通过过程层网络报送至主 IED,并通过主 IED 报送至 PMIS,服务于

212

状态检修。

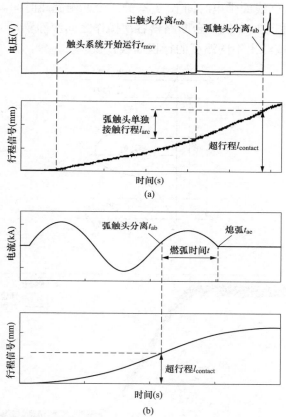

图 6-11 开断电流峰值与燃弧时间示意图

（a）动态回路电阻确定超行程示意图；（b）通过超行程确定燃弧时间示意图

（2）根据采集的行程曲线，计算分闸时间、分闸速度，或合闸时间、合闸速度，并与初始值进行比较，初步判断操动机构状态；再根据事先存储在机械状态监测 IED 内的分闸行程曲线指纹及合闸行程曲线指纹，逐点分析当前行程曲线与指纹曲线的吻合情况，并由此对断路器操动机构的机械状态及控制可靠性做出评估，参见图 6-12。评估结果作为智能告警的一部分，通过过程层网络报送至主 IED，并由主 IED 报送至电网调度（控制）系统，服务于电网控制决策。

关于行程曲线指纹的确定，可以是一台多次或是同型号同批次多台多次行程曲线在各个时间点的统计分布，指纹是一个带状曲线，$\overline{s}(t_i)$ 为带的中心线；带的上、下边界线是 $\overline{s}(t_i) \pm K\sigma(t_i)$，其中，$K = 1.96$ 或其他经验值；$i = 0,1,2,\cdots n$，$t_0 = 0$［分（合）闸线圈带电时间］，$t_n =$ 分（合）闸完成时间。需要指出的是，在获取行程曲线指纹时，同一台断路器各次操作之间应静置足够的时间；此外，应进行温度修正或给出不同温度的行程曲线指纹。

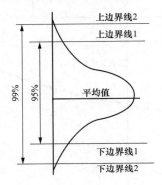

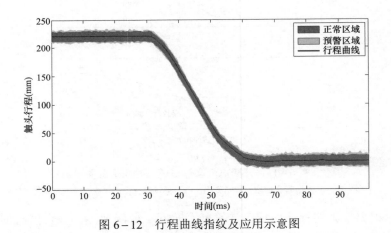

图 6-12　行程曲线指纹及应用示意图

（3）根据采集的分（合）闸线圈电流波形，测算当前分（合）闸线圈电流波形的特征值（$I_1 \sim I_3$ 及 $t_1 \sim t_5$），参见图 6-13，并与事先储存在机械状态监测 IED 中的特征值比较，对脱扣机构的状态做出初步判断。再根据事先存在机械状态监测 IED 内的分（合）闸线圈电流波形指纹，逐点分析当前分（合）闸线圈电流超越指纹的情况，并由此对脱扣机构的状态及控制可靠性做出评估，参见图 6-14。评估结果作为智能告警的一部分，通过过程层网络报送至主 IED，

214

并由主 IED 报送至电网调度（控制）系统，服务于电网控制决策。

关于分（合）闸线圈电流波形指纹的确定，与行程曲线指纹类似，这里不再赘述。

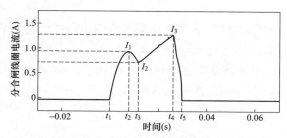

图 6－13　分（合）闸线圈电流波形特征值

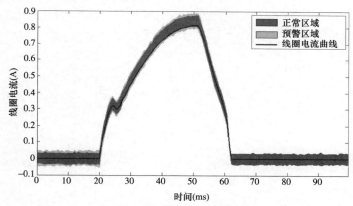

图 6－14　分（合）闸线圈电流波形指纹及应用示意图

（4）如隔离开关、接地开关配置了位置传感器，应将分闸到位或合闸到位信息通过网络报送至开关设备控制器及测控装置，以支持顺序控制。

（5）如配置了选相位控制功能，应将机构箱温度、分（合）闸控制电压、储能介质压力、灭弧室气体压力等一并报送至开关设备控制器（智能终端），用于修正操作时延，使选相位控制更加准确。

6.3　控制

6.3.1　基于网络的控制

常规高压开关设备的分（合）闸控制为常规电气控制，通过接触器、继电器、辅助开关、操作开关等大功率电气元件实现，继电保护装置及测控装置为满足大功率电气元件的驱动要求，要通过电缆传输控制命令并接收开关位置状态及报警信息。以常规断路器合闸控制为例，其二次控制原理图参见图6-15，合闸操作流程如下：

（1）通过控制电缆，接收来自测控装置或继电保护装置的合闸命令；

（2）辅助开关常闭接点处于闭合状态；

（3）SF_6 气体压力闭锁继电器处于无励磁状态；

（4）合闸线圈吸合，实现断路器合闸操作。

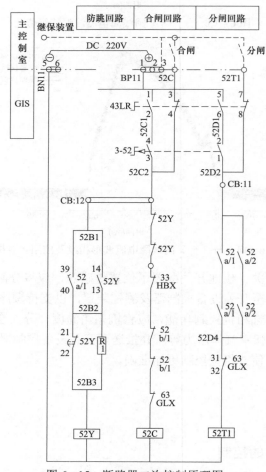

图6-15　断路器二次控制原理图

断路器分闸控制及其他开关设备的分合控制过程类似,这里不再赘述。

常规电气控制属于模拟信号控制,已不适应智能变电站全数字的运行环境。因此,实现基于网络的控制是智能化的首要目标。这一功能由开关设备控制器实现。开关设备控制器是智能组件基本 IED 之一,与高压开关设备操动机构通过模拟信号电缆形成一个有机整体,成为智能高压开关设备的一部分,如图 6-16 所示。在智能变电站,开关设备控制器通过网络端口接入过程层交换机,通过过程层网络,接收继电保护装置的保护跳闸指令和测控装置的分(合)闸控制指令,经过对指令的解析,经内部继电器的空接点输出,一端接控制电源,另一端接断路器、隔离开关或接地开关等的分(合)闸控制回路,完成预定的分(合)闸控制,并反馈控制状态。具体实现功能见表 6-5。对开关设备控制器的主要要求包括:

(1)一般开关设备控制器需配置多路输出和输入端子(通常开入与开出均不少于 20 路),其中开入用于接收开关位置及常规告警信号;开出则用于断路器、隔离开关、接地开关及快速接地开关的分合控制。

(2)开关控制器一般采用"网采网跳"方式,因此,必须有效解决各间隔开关控制器同步的问题。同步对时方式采用 IRIG-B 码标准实现 GPS 装置和相关系统或设备的精确对时。时间同步装置可以通过双绞线或光纤给各个小室下发 B 码对时信号。IRIG-B 码每秒发送一帧时间报文,其时间信息包含秒、分、小时、日期并在整分或整秒时发出脉冲信号,装置收到脉冲信号和时间报文后,即可进行时间同步。

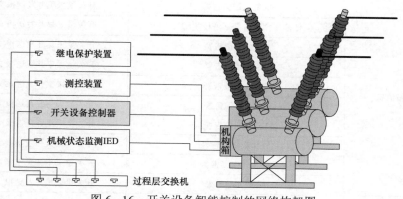

图 6-16 开关设备智能控制的网络构架图

表 6-5　　　　　　　　　　　高压开关设备控制器功能

信息类别	信息名称	备　注
控制指令	CB 分指令（网络）	接收报文及开关量输出
	CB 合指令（网络）	接收报文及开关量输出
	CB 保护跳闸指令	接收报文及开关量输出
	DS 分指令	接收报文及开关量输出
	DS 合指令	接收报文及开关量输出
	ES 合指令	接收报文及开关量输出
	ES 分指令	接收报文及开关量输出
	FES 合指令	接收报文及开关量输出
	FES 分指令	接收报文及开关量输出
	自动重合闸指令	接收报文及开关量输出
控制反馈	CB 分合位置	开关量采集并发送报文
	DS 分合位置	开关量采集并发送报文
	ES 分合位置	开关量采集并发送报文
	FES 分合位置	开关量采集并发送报文
告警信息	低气压告警	开关量采集并发送报文
	未储能告警	开关量采集并发送报文
	分闸线圈断线告警	开关量采集并发送报文
	储能电机过流告警	开关量采集并发送报文
	非全相操作告警	开关量采集并发送报文
告警信息	低气压闭锁告警	开关量采集并发送报文
	低油压闭锁告警（液压机构）	开关量采集并发送报文
	CB 合闭锁告警	开关量采集并发送报文
	DS 合闭锁告警	开关量采集并发送报文
	DS 分闭锁告警	开关量采集并发送报文
	ES 合闭锁告警	开关量采集并发送报文
	ES 分闭锁告警	开关量采集并发送报文
	FES 合闭锁告警	开关量采集并发送报文
	FES 分闭锁告警	开关量采集并发送报文
	装置失电告警	开关量采集并发送报文
辅助信息	CB、DS、 ES 、FES 操作次数	累计值
选相位控制信息[①]	系统电压、电流	合并单元报文
	机构箱温度	机械状态监测 IED 报文

续表

信息类别	信息名称	备注
选相位控制 信息[①]	分合控制电压	机械状态监测 IED 报文
	储能介质压力（液压机构）	机械状态监测 IED 报文
	断路器气室压力	气体状态监测 IED 报文
	持续无操作时间	内部计算的时间差

① 有选相位控制功能时适用。

6.3.2　智能闭锁及联锁

闭锁及联锁属于高压开关设备的基本功能，用以防止高压开关设备的误操作，对设备、电网乃至现场作业人员的安全都至关重要。常规高压开关采用电气闭锁及联锁，即基于继电器及辅助开关接点，组成开关组群的电气联通逻辑，接入控制回路，实现闭锁及联锁。常见的联锁要求与实现方式如下：

（1）防止带负荷分、合隔离开关。以单母进线间隔的进线隔离开关（DS1）为例，DS1 的联锁条件如图 6-17 所示。将 DS1 的分合控制回路内串入断路器和其他隔离开关、接地开关辅助开关的常闭接点，在断路器 CB1，接地开关 ES1、ES2、FES1 任一闭合的情况下，隔离开关 DS1 的控制回路不能操作，防止带负荷分合隔离开关，使得只有满足 DS1 联锁条件的情况下，DS1 方可进行分、合操作。

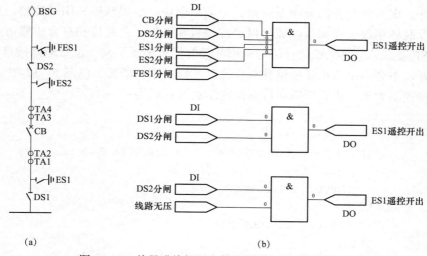

图 6-17　单母进线间隔主接线图和间隔内联锁条件

（a）开关间隔；（b）联锁方案

（2）防止接地开关处于闭合位置时关合断路器及负荷开关。以单母进线间隔为例，在 ES1、DS1 的联锁条件如图 6-17 所示。接地开关 ES1 和隔离开关 DS1、DS2 分闸联锁，而隔离开关 DS1 和断路器 CB1 和 ES1、ES2、FES1 的分闸联锁，接地开关 ES1 操作必须在隔离开关 DS1 分闸，而隔离开关 DS1 要处于分闸位置，必须断路器 CB1 分闸，从而防止接地开关闭合时关合断路器。

（3）防止带电时误合接地开关。以单母进线间隔为例，在 ES1 的联锁条件如图 6-17 所示。将 ES1 联锁开关常闭接点串入 ES1 的分合控制回路中，在满足 ES1 联锁条件时，ES1 方可进行分、合操作。在线路隔离开关 DS2、母线隔离开关 DS1 处于分闸状态，且进线侧一次本体不带电情况下，才能进行间隔接地开关 ES1 的合闸操作，即防止带电时误合接地开关。

（4）防止闭锁状态误合断路器。在断路器关合控制回路中串入降低气压闭锁接点和低油压闭锁接点，以确保低气压、低油压闭锁时，断路器不能进行关合操作，防止了闭锁状态误合断路器。

电气联锁及闭锁技术成熟，但存在控制回路结构复杂，串联接点多，拒动风险高，且现场配置时容易出错等弊端。智能联锁及闭锁控制变得十分简单，全部联闭锁控制均可由开关设备控制器统一实现。在具体实现方法上，不再直接采用由辅助开关构建联锁逻辑，而是使用开关设备控制器的软逻辑功能实现，其基本原理是：开关设备控制器采集断路器、隔离开关、接地开关的位置信号，以及气体压力、油压等信号，然后按照高压开关闭锁及群组联锁逻辑进行软逻辑设计，嵌入到开关的分闸及合闸指令输出模块，实现联锁和闭锁控制。智能闭锁及联锁不仅实现简单，还可以远程设置和维护，总跳位和总合位置可通过 GOOSE 发送。总跳位和总合位与三相开关的位置来源于同一位置辅助接点，一致性好，不会出现三相开关位置与总位置逻辑不符的情况。以图 6-17 中 DS1 的联锁控制为例，由软逻辑实现联锁的示意性代码为：

```
DS1_CLS()
  {
      IF CB.OPEN AND DS1.OPEN AND DS2.OPEN AND FES1.OPEN
          DS1.CLOSE() //DS1 遥控开出
          RETURN DS1.OPEN
      ELSE
          RETURN DS1.CLS_BLK
      ENDIF
  }
```

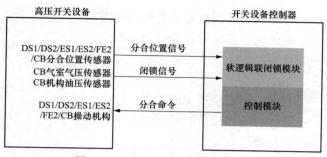

图 6-18　智能联、闭锁原理框图

图 6-18 所示为智能联、闭锁原理框图，智能联、闭锁不仅大幅减少二次控制电缆及电气接点数量，大幅简化了联、闭锁控制回路，提升了控制回路的可靠性，而且由于采用纯软逻辑方法，易于实施更大范围（如跨站）的联锁设置，特别是支持远程联、闭锁设置，代表了联、闭锁技术的发展方向。

6.3.3　选相位操作控制

6.3.3.1　选相位控制技术

常规高压断路器的合闸相位和分闸相位都是随机的，这种操作常常会产生幅值较高的暂态过电压或者涌流，危及高压设备绝缘安全，降低断路器寿命，甚至引起继电保护装置误动。理论上，基于不同运行条件和回路，解决上述问题最有效的方法是控制断路器在理想电压或电流相位完成操作。这种控制断路器在特定的相位完成关合或开断的技术叫做选相位控制技术。选相位控制的时序如图 6-19、图 6-20 所示。

选相位控制由开关设备控制器执行。通常，基于工程实际，以控制涌流或限制过电压为目标，控制在最适宜的相位完成分（合）闸操作。选相位控制过程包括：第一步，接收分（合）闸指令，同步接收合并单元采样值，确立参考相位起始点，计为 T_0；第二步，根据断路器的分（合）闸时间以及期望完成分（合）闸的相位，计算延时 $T_{opnwait}$ / $T_{clswait}$；第三步，在 $T_{opnwait}$ / $T_{clswait}$ 等待后，在 T_1 时刻发出分（合）闸命令，经过分（合）闸输出接点，T_2 时刻使分（合）闸线圈带电，在预定时刻 T_4 完成分（合）闸。选相位控制的关键是计算 $T_{opnwait}$ / $T_{clswait}$，参考图 6-19 和图 6-20 可知

$$\begin{cases} T_{opnwait} = N \cdot T + T_{opntarg} - T_{opn} - T_{opnlag} - T_{arcing} \\ T_{clswait} = N \cdot T + T_{clstarg} - T_{cls} - T_{clslag} + T_{pre} \end{cases} \quad (6-3)$$

式中　$T_{clswait}$——考虑预击穿的选相位合闸等待时间;

　　　　$T_{opnwait}$——考虑燃弧的选相位分闸等待时间;

　　　　　N——整数;

　　　　　T——工频周期;

　　　　$T_{opntarg}$——目标分闸相位折算的时间;

　　　　$T_{clstarg}$——目标合闸相位折算的时间;

　　　　　T_{opn}——断路器固有分闸时间;

　　　　　T_{cls}——断路器固有合闸时间;

　　　　T_{opnlag}——分闸回路延时;

　　　　T_{clslag}——合闸回路延时;

　　　　T_{arcing}——燃弧时间;

　　　　　T_{pre}——预击穿时间。

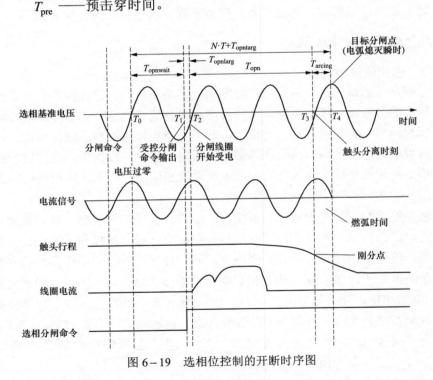

图 6-19　选相位控制的开断时序图

　　断路器要满足选相位控制要求,必须解决以下关键技术问题:① 断路器自身特性要满足选相位控制要求,具有稳定的机械特性和良好的绝缘特性;② 选相位控制策略是恰当并可实现的;③ 选相位控制系统要可靠、快速并且精度要足够高。

222

6.3.3.2　对断路器的要求

选相位控制的实现要求断路器具有稳定的机械特性和良好的绝缘特性。

（1）在机械性能方面，要求断路器具有稳定的分（合）闸时间。理论分析与工程应用表明，选相位控制要取得实效，断路器分（合）闸时间的分散性宜在 $\pm 1ms$ 之内。事实上，断路器分（合）闸时间还受到多种因素的影响，主要包括环境温度（T_c）、储能水平、灭弧室内 SF_6 气体压力、控制电压（U_c）以及静置时间等。为了达到尽可能好的控制效果，提升控制准确度，需要对各影响因素进行大量试验，得出统计规律。在实际应用中，基于智能组件的信息共享机制，开关设备控制器采集或接收这些影响因素的状态值，并对分（合）闸的延时进行修正。表 6-6 是 CIGRE TF13.00.1 关于断路器操作时间偏差的结果。从表 6-6 可以看出，弹簧及液压机构在较宽范围的环境温度（T_c）与控制电压（U_c）下动作比较稳定，但受有效储能 N_s、操作次数、静置时间的影响较大，这些因素与分（合）闸时间呈现较为复杂的非线性关系，特别在变电站经过现场超长时间静置之后，首次操作的稳定性还需运行单位或制造企业针对具体型号不断积累经验。

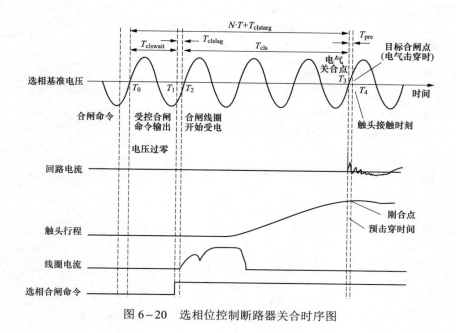

图 6-20　选相位控制断路器关合时序图

表 6-6　　　　CIGRE TF13.00.1 关于断路器操作时间偏差的统计

断路器类型	SF$_6$断路器操作时间偏差（ms）			
机构类型	液压		弹簧	
操作类型	分闸	合闸	分闸	合闸
Tc[-40，+40]（℃）	±0.03	±0.07	±0.03	±0.07
Uc[-15%，+10%]	±0.5	±1.5	±0.5	±0.5
Ns[-5%，+5%]	±0.5	±2.5	±0.5	±2.5
操作次数	±1.0	±2.5	±1.0	±1.0
静置时间		±10		±10

（2）在绝缘方面，在关合过程中，断路器操作的最后几个毫秒，合闸速度和动静触头间隙的平均电场强度变化率可近似为常数，此种情况下，触头间预击穿电压和时间的关系可以被简化为一条直线，其斜率的绝对值为触头间隙的绝缘强度下降率（RDDS）。考虑到断路器的机械分散性，可能的预击穿电压出现的范围可以通过三条直线来表示：RDDS 的平均值和断路器机械分散性。图 6-21 直线簇 V1、V2 分别代表两种不同 RDDS 特性曲线，与正弦半波交点将决定过电压的幅值大小，计算公式为

$$\begin{cases} U(t) = U_m \sin(\omega t + \varphi) \\ U_{cm} = 2U_m \sin(\varphi) - U_o \end{cases} \qquad (6-4)$$

式中　　U——外施电压峰值；

　　　　U_m——电压幅值；

　　　　ω——系统角频率；

　　　　φ——合闸时刻电压波形的相位角；

　　　U_{cm}——过电压；

　　U_0——关合操作前，电容器组上的残余电压。

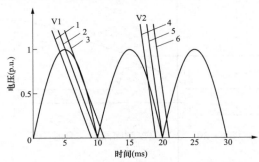

图 6-21　RDDS 对断路器选相合闸相位的影响

从图 6-21 中可以看出，降低过电压在某种程度上，要求断路器 RDDS 要大于某一定值，机械分散性要小于某一定值，否则断路器选相合闸操作就不能实现。关合系数 k 和断路器 RDDS k_p 计算公式为

$$k = E \cdot v / \omega U_m \qquad (6-5)$$

$$k_p = k\omega U_m \qquad (6-6)$$

式中　　E——发生预击穿时触头间隙平均击穿场强；

　　　　v——合闸速度。

因此要得到断路器的关合特性，只要知道最小关合系数、系统角频率，系统电压幅值即可。在工程应用中，为了能让实际关合相位的概率分布更接近于期望相位（如电压过零点），应以期望相位后的某点作为参考目标相位。

在开断过程中，断路器触头间的耐受电压随着触头间隙的拉大而增加，若间隙的绝缘强度始终高于暂态恢复电压，则断路器可以成功开断并避免重燃。绝缘强度上升率（RRDS）是指断路器开断时断口间耐压水平的上升率，其值决定了避免重燃与重击穿的最小燃弧时间。RRDS 特性通过对小感性电流的开断试验来确定。大量试验表明，缩短燃弧时间可以减小电弧释放的能量，从而提高开断能力，并且一定的开断电流对应有一个最佳触头间隙区，即最佳燃弧时间。因此选相分闸的首要目标就是控制断路器的燃弧时间，使得在交流电流过零、电弧自然熄灭时触头间隙能承受系统恢复电压，既防止燃弧时间过短导致的重燃甚至重击穿现象，也防止燃弧时间偏长造成的触头烧损。设预燃弧时间为 T_{arc}（不同的应用场合有不同的最佳预燃弧时间），以在电流零点分断为例，分析机械分散性与 RRDS 对选相分闸的影响，原理如图 6-22 所示。

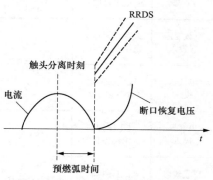

图 6-22　机械分散性与 RRDS 对电流零点分断分闸的影响

断路器的开断能力与间隙介质恢复强度及电弧形态综合效应密切相关，电弧熄灭与否取决于介质恢复和电压恢复的动态"竞赛"过程。只要介质恢复强度始终高于断口恢复电压则电弧成功熄灭。

6.3.3.3　选相位分（合）闸控制策略

对于容性负载，如空载电容器、滤波器组等电力设备，断路器操作过程中

产生过电压及涌流的实质为电容两端电压突变引发的暂态物理现象，通常应在各相系统电压过零点附近依次完成合闸，以改善操作瞬间导致的暂态冲击；对于感性负载如空载变压器、电抗器等电力设备，合闸操作瞬时外施电压骤增，但磁通不突变，若合闸瞬时铁心中磁通较大，则磁路中将产生非周期感应磁通以抵制磁链突变，叠加剩磁后若总磁通超过变压器设计的饱和磁通，将会产生数值可观的励磁涌流，故通常选择在预感应磁通等于剩磁时合闸，若忽略剩磁则通常在基准电压峰值（稳态磁通过零点）附近关合，此时合闸操作导致的磁通变化量最小，暂态冲击得以抑制。分闸操作可以通过目标分闸角度的选取，实现对剩磁大小和极性的控制，或通过控制断路器燃弧时间减小重燃和重击穿发生的概率。

断路器分（合）闸的理想相位除了和受控负载性质相关，还与系统接地方式密切关联。表 6-7 示例了各种负载在不同的接地方式下通常可参考的目标相位（选相操作要求断路器必须能够三相独立操动，如果三相共用一套操动机构，则应增加适当的机械延时装置）。

表 6-7　　　　　　　　　有关选相位控制高压断路器的说明

工　况	适用目的	动作准确度*（ms）	最佳开关时刻	优点
空载变压器投入	关合涌流抑制电压变动抑制	±2	中性点接地：各相电压峰值；中性点不接地：首相电压峰值，后两相相间电压峰值	不需合闸电阻；防止继电器误动；提高电压稳定性
电抗器投入	过电压抑制（2p.u.以下）	±2	中性点接地：各相电压峰值；中性点不接地：首相电压峰值，后两相相间电压峰值	断路器检修周期延长
电容器投入	过电压抑制合闸涌流抑制	±1.5	中性点接地：各断口间电压为零；中性点不接地：首两相相间电压为零，第三相极间电压为零	断路器检修周期延长，不用串联电抗器
空载线路投入	过电压抑制（1.3~1.7p.u.）	±（1.5~2.0）	—	不用合闸电阻或线路避雷器，电压稳定性提高
快速自动重合闸	过电压抑制	—	中性点接地：各断口间电压为零；中性点不接地：首两相相间电压为零，第三相极间电压为零	—
电抗器开断	防止复燃	燃弧时间：0.5 工频周期以下	—	降低设备绝缘水平
电容器开断	防止复燃及重击穿	燃弧时间：0.5 工频周期以下	—	降低设备绝缘水平

*±3σ 以内，σ 为正态分布标准差。

工程应用中，为了确保断路器分（合）闸相位控制的准确性，需要结合选相位控制断路器具体情况，有针对性的对环境温度、操作电压、储能状态、SF₆气体压力、静置时间、触头磨损或烧蚀等对分（合）闸延时进行补偿，自动调整延时，以提升选相位分（合）闸控制的精度。值得指出的是因保护要求速动，因此，保护跳闸时应屏蔽选相位分闸功能。

6.3.3.4 选相控制系统要可靠、快速并且精度要足够高

从国内多个换流站选相位控制断路器的运行情况来看，开关设备控制器接收模拟量电压和电流信号，基本能够达到预期投切效果。随着国内智能电网建设的推进，对电能质量要求的提高，电子式互感器应用越来越多，要求开关设备控制器能够接收数字量电压和电流信号，此时，应注意网络延时的不确定性以及开关设备控制器与合并单元的时间同步等。选相位控制断路器逐渐替代传统断路器将成为发展趋势。

6.3.4 顺序控制

所谓顺序控制是指高压开关设备按照联锁逻辑和时序，完成整个开关间隔分合操作的一种控制方式，其特点是无需人工干预或见证。通常，AIS 变电站内的隔离开关、接地开关等因常年在户外受到风雨尘埃的侵蚀，易发生机械性缺陷，出现合闸不到位或分闸不到位的情况，此时，反映其分（合）闸状态的辅助开关接点已经变位，测控装置采集的开关位置信息指示分（合）闸已经完成，电网调度（控制）系统会得到错误的反馈，进而继续操作，这常会引起严重的设备及电网事故。有鉴于此，作为一项反事故措施，要求高压（一般为 220kV及以上）开关倒闸操作时要有人现场见证，确认分（合）闸确已到位才能进行下一步操作，以保证设备、电网乃至人身安全。这样虽然保障了安全性，但需要人工见证，而且大大延长了操作时间，不符合智能变电站对高压开关设备的要求。顺序控制是高压开关设备智能化的重要项目之一，其核心是在每一台高压开关设备上均装配一个位置传感器，该传感器可以精确地反映分合全过程的触头位置，如图 6−23 所示，通过触头位置传感器，能够解决隔离开关、接地开关出现卡滞故障时，依赖辅助开关接点造成误判的问题。目前，光电编码器等可作为位置传感器，根据需要可选择相对式和绝对式光电编码器，后者不依赖于初始位置，指示更加可靠。事实上，只要触头位置的准确辨识问题解决了，顺序控制的实现就很简单了，只要按照时序逻辑，结合位置传感器信息，分步操作即可。由于无需人工辨识，操作步骤更加简练和安全快捷，可有效避免了误操作，因此，顺序控制大幅提高了电网运行的可靠性和时效性。

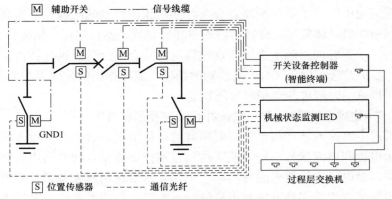

图 6-23　支持顺序控制方案示意图

根据工程实际需求，顺序控制可有多种组合方式，如间隔内顺序控制、跨间隔顺序控制等。其中，间隔内顺序控制是指对同一间隔的所有高压开关设备，包括断路器、隔离开关、接地开关等，按照分闸或合闸的联锁逻辑，形成分闸或合闸顺序。然后，根据各开关完成分闸或合闸需要的时间，并留有足够的安全间隔，逐一完成所有开关设备的分闸或合闸操作。间隔内顺序控制可以由测控装置执行，也可以由开关设备控制器执行。跨间隔顺控（组合单间隔顺控）是指两个或多个间隔按事先设定的操作顺序完成分闸或合闸的操作，顺序控制这一理念还可以扩展到跨站操作，如事故响应等。

6.4　智能评估

6.4.1　智能评估架构

类似地，智能高压开关设备的评估也包括单参量评估和综合评估两个层级，单参量评估由采集该参量的 IED 进行，综合评估由主 IED 进行。主 IED 通过过程层网络汇集智能组件各 IED 的监测信息，包括格式化信息和结果信息，自主进行综合分析，根据监测参量的具体配置，实现对变压器本体的运行可靠性、和/或控制可靠性和/或负载能力的就地评估。评估结果报送至电网调度（控制）系统，支持运行控制决策。

6.4.2　健康指数法

有关综合健康指数（HI）基本概念参见第 2 章，本节详细介绍健康指数法

应用于 SF_6 断路器时的具体计算程序和方法。图 6-24 展示了健康指数法涉及的输入信息、中间变量与输出结果之间的关系，基本计算公式如式（2-5）、式（2-6）以及图 2-33 所示，其中 $HI=HI_1$。SF_6 断路器健康指数的计算流程如图 6-25 所示。

6.4.2.1　修正后的老化常数（B）

由图 2-31 可知，修正后的老化常数取决于预期使用寿命、运行环境及运行系数。其中，SF_6 断路器的预期使用寿命由制造企业决定，并且一般按 30 年计；关于运行环境的影响，决定于是户内或是户外使用及户外污秽等级，具体方法参见图 2-31；运行系数则主要决定于 SF_6 断路器的动作参数：首先按式（6-7）计算出平均每年的跳闸次数，然后查询表 6-8 获得高压开关的运行系数。平均每年的跳闸次数为

$$平均每年的跳闸次数=\frac{投运至今的跳闸次数}{运行年限} \tag{6-7}$$

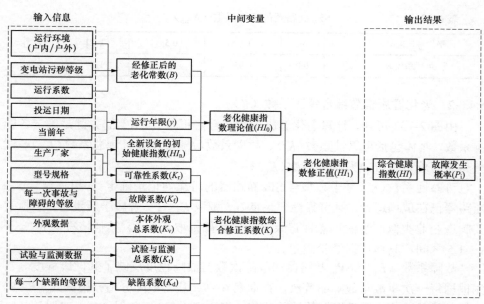

图 6-24　SF_6 断路器健康指数法的输入信息、中间变量以及输出结果

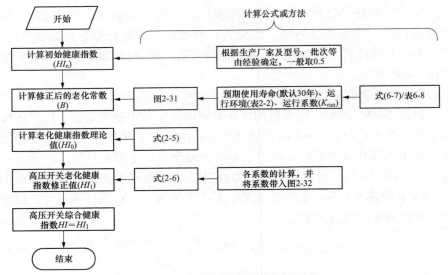

图6-25   SF6断路器健康指数计算流程

表6-8   **SF6断路器的运行系数（K_{run}）**

平均每年跳闸次数	0	(0, 0.5]	(0.5, 1]	(1, 2]	(2, 5]
运行系数 K_{run}	0.9	0.95	1	1.1	1.25

6.4.2.2 老化健康指数综合修正系数（K）

由图2-33可知，计算老化健康指数综合修正系数（K）的关键是确定各影响系数，具体包括可靠性系数（K_r）、故障系数（K_f）、本体外观总系数（K_V）、试验与监测总系数（K_t）及缺陷系数（K_d）。

可靠性系数（K_r）基于该型号SF6断路器的可靠性记录确定。如果该型号SF6断路器已在现场运行，且可靠性记录良好，则取$K_r=1$；若属于新设备，则检索其制造企业类似产品的可靠性记录，如属良好则取$K_r=1$。其他情况取K_r介于1～1.5之间，具体依据经验确定。

故障系数（K_f），SF6断路器的故障次数与故障程度反映了其健康程度。首先根据每一次事故与故障的等级，查询表6-9，获得故障分值；根据式（6-8）计算故障总分值；最后根据故障总分值，查询表6-10，获得SF6断路器的故障系数K_f。

本体外观总系数（K_V），观察SF6断路器的主箱体（K_{V1}）、操动机构（K_{V2}）以及其他辅助机构/单元（K_{V3}）的锈蚀情况，并对其进行评分（参见表6-11）；

并根据上述三个外观系数计算本体外观总系数，计算流程如图 6-26 所示。

试验与监测总系数（K_t）是基于预防性试验与监测数据对 SF_6 断路器健康状态的综合反映，具体包括绝缘电阻、直流电阻、介质损耗、电容值以及气体试验等，这些项目超标并修复的次数作为关键因素。K_t 的确定程序是：首先，从表 6-12 中查询各单项的系数。然后，按图 6-27 所示方法求取。

缺陷系数（K_d）是关于缺陷总分值的函数，缺陷总分值等于单个缺陷分值的代数和，见式（6-8）。求得缺陷总分值后，查表 6-13 可得 SF_6 断路器的缺陷系数。有关单个缺陷分值的确定原则参见表 2-4。

$$缺陷总分值 = \sum_{i=1}^{n} 每一次的缺陷分值 \qquad (6-8)$$

表 6-9　　　　　　　　　　　　SF_6 断路器的故障分值查算表

故障等级	1	2	3	4	5	6
描述	特大事故	重大事故	A 类一般事故	B 类一般事故	一类障碍	二类障碍
故障分值	4	3	2	2	1.5	1.2

表 6-10　　　　　　　　　　SF_6 断路器的故障系数（K_f）查算表

故障总分值所在区间	[0, 1.1]	(1.1, 2.5]	(2.5, 4]	(4, 100]
故障系数 K_f	1	1.1	1.3	1.4

表 6-11　　　　　　　　　　SF_6 断路器部件的外观系数查算表

检查对象/严重等级[①]	1	2	3	Blank[②]
主箱体（K_{V1}）	1	1.1	1.2	1
操动机构（K_{V2}）	1	1.1	1.2	1
其他辅助机构/单元（K_{V3}）	1	1.1	1.2	1

① 严重等级：1—无锈蚀；2—有锈蚀；3—有过锈蚀，已经处理。

② Blank 表示缺失相关数据时的默认值。

表 6-12　　　　　　　　　　SF_6 断路器的试验与监测系数查算表

不合格且已修复的次数	绝缘电阻（K_{t1}）	回路电阻（K_{t2}）	机械特性（K_{t3}）	局部放电（K_{t4}）	气体状态（K_{t5}）
0	1	1	1	1	1
1	1.05	1.05	1.05	1.05	1.05
2	1.2	1.2	1.2	1.2	1.2
>2	1.5	1.5	1.5	1.5	1.5

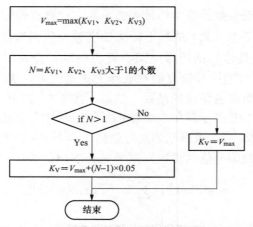

图 6-26　SF_6 断路器本体外观总系数的计算流程

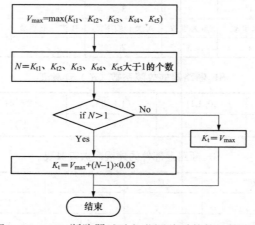

图 6-27　SF_6 断路器试验与监测总系数的计算流程

表 6-13　　　　　　　　SF_6 断路器的缺陷系数（K_d）查算表

缺陷总分值	0	(0, 1]	(1, 3]	(3, 6]	(6, 20]
缺陷系数 K_d	1	1.05	1.1	1.25	1.5

　　日本电机协会推出的断路器更换量化准则是通过对断路器各个项目评分来判断更换设备与否，其基本原理与 EA 健康指数法一致，有兴趣的话可以参考文献。

6.4.2.3　应用示例

　　根据健康指数法，对某一 SF_6 断路器 A 进行评估，其基本情况如表 6-14～

表 6−16 所示。

表 6−14   SF₆ 断路器 A 的基本情况

编号	名　称	单位	数据
1	投运至今的跳闸次数	次	1
2	运行环境	—	户外
3	污区修正系数 K_{ep}	—	1.1
4	预期使用寿命	年	30
5	运行年限 y	年	4
6	全新设备的初始健康指数 HI_n	—	0.5
7	可靠性系数 K_r	—	1.5
8	事故和障碍	次	0
9	本体监测与试验不合格且已修复的次数	个	0

表 6−15   SF₆ 断路器 A 的缺陷情况

缺陷严重等级	1	2	3
个数	1	1	1

表 6−16   SF₆ 断路器 A 的部件外观等级

检查对象	主箱体	操动机构	其他辅助机构/单元
外观等级	1	1	1

其综合健康指数的计算过程如下：

（1）根据表 6−14 可知，$HI_n = 0.5$；运行年限 $y = 4$ 年。

（2）根据式（6−7）可得，平均每年的跳闸次数是 0.25；由表 6−8 可查得运行系数为 0.95；由于户外运行，且污区修正系数为 1.1，由图 2−31 可得经修正后的老化常数 B 为

$$B = \frac{\ln \dfrac{5.5}{0.5} \times 1.1 \times 0.95}{30} = 0.084$$

（3）将 B、HI_n、运行年限 y 代入式（2−5）可得

$$HI_0 = 0.5 \times e^{0.084 \times 4} = 0.70$$

（4）计算中间变量，进而计算本体健康指数 HI_1：① 已知可靠性系数 $K_r = 1.5$（查表 6—14）；② 已知故障次数等于 0（查表 6—14），由式（6—8）及表 6—10 可查得故障系数 $K_f = 1$；③ 将表 6—16 中的数据代入图 6—26，可得本体外观总系数 $K_v = 1$；④ 由表 6—14 可知，本体监测与试验不合格且已修复的次数等于 0，根据表 6—12 与图 6—27，可得本体试验与监测总系数 $K_t = 1$；⑤ 根据表 6—15 给出的缺陷情况，由表 6—15、表 2—4 与式（2—7），可得缺陷总分值等于 4.5；查询表 6—13，可知缺陷系数 $K_d = 1.25$。将上述系数代入图 2—32 可得 $K = 1.55$，代入式（2—6）可得

$$HI_1 = HI_0 \times K = 0.70 \times 1.55 = 1.09$$

评价结论：由于 $HI = 1.09 < 3.5$，该 SF_6 断路器整体健康状态依旧优良，并且在一段时间内，故障发生概率不会太大。

6.4.3 概率合成评估法

概率合成评估法分为两部分，一是单一参量评估法，即根据断路器的单一传感参量进行评估；二是多参量综合评估方法，即根据多元传感信息，对断路器的运行可靠性和控制可靠性做出评估。断路器参量与评估对象的关联关系如图 6—28 所示，图中各参量与运行可靠性、控制可靠性及负载能力之间的线条代表彼此的关联关系，曲线上的 p_1、p_2、p_3…分别表示各参量反映的可靠性水平。

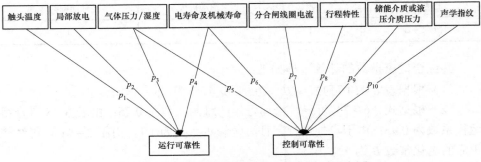

图 6—28　断路器多传感器综合影响关系示意图

（1）运行可靠性。触头温度（p_1）、局部放电（p_2）、气体压力和湿度（p_3）、电寿命及机械寿命（p_4）与断路器的运行可靠性直接关联，并大致为串联或是互补关系。根据 2.3.3.2 节的多状态量综合评估法，运行可靠性 p_{op} 计算方法为

$$p_{op} = p_1 p_2 p_3 p_4 \qquad\qquad (6-9)$$

（2）控制可靠性。气体压力和湿度（p_5）、电寿命及机械寿命（p_6）、分（合）闸线圈电流（p_7）、行程特性（p_8）、储能介质或液压介质压力（p_9）以及声学指纹（p_{10}）与控制可靠性直接关联。其中气体压力和湿度、电寿命及机械寿命、分（合）闸线圈电流可以认为是串联或者是互补关系，而行程特性、储能介质或液压介质压力、声学指纹大致为互证关系。因此，控制可靠性 p_{ctrl} 计算方法为

$$p_{ctrl} = p_5 p_6 p_7 \frac{p_8 + p_9 + p_{10}}{3} \qquad\qquad (6-10)$$

6.4.4 基于神经网络的高压断路器机械故障诊断算法

在 2.4.2 介绍了基于人工神经网络的故障诊断技术，本节以真空断路器为应用对象，详细介绍基于神经网络的高压断路器机械故障诊断算法的计算过程和方法。对 SF₆ 断路器及 GIS 可参照应用。

在真空断路器运行过程中，因机构部件的老化会使其机械性能逐步降低，从而降低了断路器运行的可靠性，影响电力系统的稳定运行。为此，分析了断路器在不同操动机构故障状态下分、合闸过程主轴角位移行程曲线的变化规律，并采用四参数法对其进行参数化描述。将断路器在不同操动机构故障类型情况下的分、合闸过程主轴角位移行程曲线参数化描述的结果与其相应的故障编码存入断路器机械故障诊断专家系统知识库中，从而形成断路器机械故障诊断专家系统的知识库，为断路器机械故障诊断与预测奠定基础。这里以真空断路器分闸过程中的机械故障诊断为例，分步骤对基于径向基神经网络的高压断路器机械故障诊断算法进行介绍。

6.4.4.1 特征参数提取

根据真空断路器驱动力和阻力的变化，操动机构部件的运动及受力情况，可以将真空断路器的分闸过程分为四个阶段。描述如下：第一阶段为从主轴开始运动到三相触头都断开（三相触头弹簧不再起作用）为止，这一阶段操动机构运动过程主要受触头弹簧分闸动力、分闸弹簧分闸动力和摩擦阻力的作用。第二阶段为三相触头断开时刻到主轴上的缓冲拐臂跟油缓冲器刚接触（油缓冲器尚未起作用），这一阶段只有分闸弹簧的分闸动力和摩擦阻力作用。第三阶段为从油缓冲器被压缩时刻到油缓冲器被压缩到最大行程位置为止。油缓冲器受压缩后产生一个反力，以减缓主轴的转动速度，油缓冲器被压缩到最大行程时，分闸锁扣装置已经将断路器分闸位置锁住。该部分包括了分闸弹簧分闸动力、油缓冲器阻力和

摩擦阻力三个力。第四阶段为从油缓冲器被压缩到最大行程时刻到断路器分闸过程终止时刻。在真空断路器正常工作状态下，第四阶段斜率可以忽略不计，在油缓冲器发生漏油导致分闸回弹较大的情况下，第四阶段将有一定斜率。

具体到实施阶段：第一阶段主轴角位移行程为从初始状态到转过约 12.45° 为止；第二阶段主轴角位移行程约为从 12.45° 转到 17.26° 为止；第三阶段主轴角位移行程从 17.26° 到达行程最大值；第四阶段为行程最大值到整个分闸过程结束，整个过程如图 6−29 所示。记角位移曲线为 $\theta = f(t)$，则其反函数为 $t = f^{-1}(\theta)$，上面描述的四个阶段的时间起点，角位移起点，时间终点，角位移终点如表 6−17 所示。

使用式（6−11）～式（6−14）对所收集的全部样本进行特征参数提取，所获得的样本集和其对应的故障类型编码如表 6−18 所示。

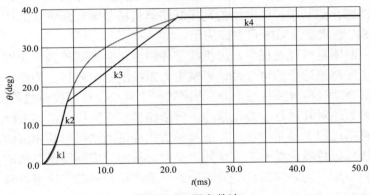

图 6−29　四参数法

表 6−17　　　　　　　　　　　　四 参 数 法 关 键 节 点

	时间起点	角位移起点	时间终点	角位移终点
第一阶段	0	0°	$f^{-1}(12.45°)$	12.45°
第二阶段	$f^{-1}(12.45°)$	12.45°	$f^{-1}(17.26°)$	17.26°
第三阶段	$f^{-1}(17.26°)$	17.26°	$\min[\arg\max_t(\theta)]$	$\max(\theta)$
第四阶段	$\min[\arg\max_t(\theta)]$	$\max(\theta)$	$\max(t)$	$f[\max(t)]$

所提取的四个特征参数为

$$k_1 = \frac{12.45° - 0°}{f^{-1}(12.45°) - 0} \qquad (6-11)$$

236

$$k_2 = \frac{17.26° - 12.45°}{f^{-1}(17.26°) - f^{-1}(12.45°)} \qquad (6-12)$$

$$k_3 = \frac{\max(\theta) - 17.26°}{\min[\text{argmax}_t(\theta)] - f^{-1}(17.26°)} \qquad (6-13)$$

$$k_4 = \frac{f(\max(t)) - \max(\theta)}{\max(t) - \min[\text{argmax}_t(\theta)]} \qquad (6-14)$$

表 6-18   特 征 参 数 提 取 结 果

故障样本	机械状态	$k1$ (°/ms)	$k2$ (°/ms)	$k3$ (°/ms)	$k4$ (°/ms)	故障类型编码
1	正常情况	3.80	5.12	1.09	-0.001	1 0 0 0 0
2	一相分闸弹簧和触头弹簧同时失效	3.10	4.10	0.55	0.0	0 1 0 0 0
3	一相分闸弹簧失效	3.70	4.96	0.63	0.0	0 0 1 0 0
4	一相触头弹簧失效	3.21	4.25	0.94	0.0	0 0 0 1 0
5	油缓冲器失效	3.80	5.12	3.12	-0.047	0 0 0 0 1
6	正常情况	3.80	5.12	1.10	0.0	1 0 0 0 0
7	油缓冲器失效	3.78	5.13	3.12	-0.052	0 0 0 0 1
...	...	...	...	...	...	...

6.4.4.2 数据预处理

使用式（6-25）所述的归一化方法，对样本集数据进行归一化，所得到的归一化数据集如表 6-19 所示。归一化后的输入向量（$k1,k2,k3,k4$）即为式（2-20）中的 x，所对应的故障类型编码即为 y。

表 6-19   特 征 参 数 归 一 化

故障样本	x				y
	$k1$	$k2$	$k3$	$k4$	
1	1.00	0.97	0.21	0.98	1 0 0 0 0
2	0.00	0.00	0.00	1.00	0 1 0 0 0
3	0.86	0.82	0.03	1.00	0 0 1 0 0
4	0.16	0.14	0.15	1.00	0 0 0 1 0
5	1.00	0.97	1.00	0.10	0 0 0 0 1
6	1.00	0.97	0.21	1.00	1 0 0 0 0
7	0.97	0.98	1.00	0.00	0 0 0 0 1
...	...	...	...	...	...

6.4.4.3 神经网络结构和参数的学习

由于选择了四参量法进行特征参数提取，因此径向基神经网络的输入维度为 4；共设置了 5 种故障状态，因此输出维度为 5，且取隐含层个数同样取 5。使用式（2-22）和式（2-23）确定网络中心参数 c_i 和 σ_i；对于网络权重 W 的学习，可以使用式（2-24）直接确定神经网络权重 W，或使用式（2-31）描述的梯度下降法进行神经网络参数学习。

6.4.4.4 对新样本进行诊断

使用相同的特征参数提取方法，对新样本进行特征参数提取，获得待诊断样本集如表 6-20 所示。

表 6-20　　　　　　　　待诊断样本的特征参数

故障类型	机械状态	$V1$（°/ms）	$V2$（°/ms）	$V3$（°/ms）	$V4$（°/ms）
1	未知	3.8	5.12	2.75	-0.039
2	未知	3.8	5.12	2.89	-0.042
3	未知	3.7	4.96	1.24	-0.015

表 6-21　　　　　　　　诊　断　结　果

故障样本	故障类型概率				
1	0.1090	0.0325	0.0000	0.0477	0.8108
2	0.0384	0.0125	0.0000	0.0182	0.9309
3	0.4593	0.0000	0.2569	0.1313	0.1525

如表 6-21 所示，对于新样本 1 和样本 2，其属于故障类型 5 的概率分别为增加 81.08% 和 93.09%，超过阈值 A，因此认为样本 1 和样本 2 出现了油缓冲器漏油的故障；对于新样本 3，其属于各个故障类型的概率都小于阈值 A（70%），其故障类型可能为正常（45.93%），且对一相分闸弹簧失效（25.69%）和油缓冲器漏油（15.25%）都有较大的概率输出，因此认定其为新故障类型，把新故障类型标志置位，并和新状态类型编码一起反馈给径向基神经网络，为径向基神经网络添加一个输出节点，重新训练一个径向基神经网络。需要注意的是，对于样本的真实状况，需要结合神经网络诊断结果和专家经验进行进一步的分析。

将归一化后的待诊断样本集输入更新后的径向基神经网络，诊断结果如表 6-22 所示，经过更新后训练后的人工神经网络仍可以准确地识别出样本 1 和样本 2 的故障类型，且对新的故障类型所对应的样本 3 也有了识别能力。

表 6-22   更新后神经网络的诊断结果

故障样本	故障类型概率					
1	0.0593	0.0530	0.0000	0.0468	0.7036	0.1373
2	0.0236	0.0230	0.0000	0.0202	0.8769	0.0564
3	0.0000	0.0194	0.0655	0.0324	0.0373	0.8455

6.4.5 基于支持向量机分类算法的高压断路器机械状态诊断算法

本节以高压断路器为应用对象，将先从核函数的选择，参数寻优等方面对本书 2.4.3 介绍的基于支持向量机的故障诊断算法中关键参数的选择和数据预处理方法进行详细讲解，最后讲解整个算法流程，算法选用 LibSVM 程序包实现。

6.4.5.1 核函数的选择

在支持向量机分类算法中，有四类核函数可供选择，选择不同的核函数进行分类识别，具有不同的准确度，本书将比较四类核函数在参数全部为 LibSVM 默认值时的分类准确率。表 6-23 中采用 Glass 通用数据集作为训练与测试数据，其中 107 组数据进行训练，另外 107 组数据进行识别，即对实验的 214 组数据采用均分的形式进行分类识别。

表 6-23   LibSVM 采取不同核函数对比分类准确率（训练集为 107 组数据）

核函数类型	分类准确度	分类准确率
Linear	66/107	61.6822%
Polynomial	52/107	48.5981%
Radial Basis Function	66/107	61.6822%
Sigmoid	37/107	34.5794%

从表 6-23 可以看出，RBF 核函数和线性核函数具有较高的分类准确率，由于 RBF 核函数有更好的适用性，加之断路器机械状态量和状态之间的非线性对应关系及小样本的特点，因此本书采用 RBF 核函数进行分类识别。

6.4.5.2 参数寻优

在 SVM 算法中，参数的选取一直是讨论的话题。上述 LibSVM 分类算法中，参数采用是默认值，没有优化。但是凭经验给出或者采用算法默认值，都不具有说服力，所具有的识别结果不能作为最终的分类结果，如表 6-24 所示。

表 6－24　　　　　　　　　　LibSVM 随机选取参数对比分类准确率

核函数类型	随机选取参数	分类准确率
Radial Basis Function	'－c　0.5　－g　2'	48.5948%
	'－c　1　－g　0.00001'	34.5794%
	'－c　5　－g　3'	44.8598%

表中 c 为式（2－40）中的惩罚因子 C，g 为式（2－33）、式（2－34）和式（2－35）中的 γ。由表 6－24 可见，随机给出参数值，对支持向量机分类算法的准确率影响很大，因此，需要选取最优参数，以提高分类准确率。

在 SVM 中，损失函数的惩罚因子 C、核函数参数是比较重要的参数值。各种参数均可针对不同的 SVM 类型和核函数种类，进行组合设置。本书将采用交叉验证（Cross Validation，CV）方法进行损失函数的惩罚因子 C 和核函数参数 g 的优化，获取一定意义下的最优参数。

这里采用 K－flod Cross Validation（K－CV）方法对训练集进行交叉验证。具体思路如下：

（1）让参数 C 和 g 在一定范围进行网格遍历，将取定的参数组合，将训练集作为原始数据，应用 K－CV 方法进行该组参数下的训练集交叉验证。

（2）通过循环比较，训练集交叉验证分类准确率高的一组参数保留下来，并继续循环比较，若下一组的准确率高，则替换掉现有的参数；否则继续网格遍历，直至遍历结束，保留准确率最高的参数组合。

（3）对于同一个准确率具有多个参数 C 和 g 的组合，选择其中 C 值最小的组合；对于同样的 C 值，选取较小的 g 值。

交叉验证参数优化的流程图如图 6－30 所示。

表 6－25 显示参数优化后的 LibSVM 分类准确率及参数值，其中 LibSVM 采用算法的参数默认值，优化型 LibSVM 采用 CV 验证后得到的参数值。

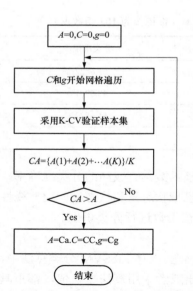

图 6－30　交叉验证参数优化流程图

（流程图内容）
A=0,C=0,g=0
C 和 g 开始网格遍历
采用 K-CV 验证样本集
$CA=\{A(1)+A(2)+\cdots A(K)\}/K$
$CA>A$　No / Yes
A=Ca,C=CC,g=Cg
结束

选择参数方式	时间 t（s）	C 值	g 值	分类准确率
LibSVM	0.009157	默认值	默认值	61.6822%
优化型 LibSVM	9.345044	1.5157	0.2500	62.6168%

可见，对于 214 组的 9 维数据，采用 CV 交叉验证，完成全部测试过程的时间仅为 9.35s，可以接受，并且获取了一定意义下最优解，而且可以得到较小的 C 值，具有较好的泛化能力，适合小样本训练数据的分类识别。

（4）GIS 机械故障诊断实例

这里使用 550kV GIS 机械状态实验数据作为诊断对象，该数据来自某公司根据 550kV GIS 液压机构仿真模拟得到的结果。高压断路器的特征提取与图 2－43 中真空断路器的特征提取值方法类似，不同的是高压断路器只有三个阶段，没有真空断路器的第四个阶段。其三参数法是对分闸行程曲线分为三个阶段，并求取各个阶段的斜率作为特征参量。其中第一阶段为从动触头开始运动到动静触头分开为止，这个阶段的驱动力有液压力，接触阻力和机械摩擦阻力；第二阶段为触头分开到缓冲环开始接触，这个阶段触头受到的力有液压力和机械摩擦阻力；第三阶段为从缓冲环开始接触到最大行程为止，受到的力有液压力、机械摩擦阻力和缓冲装置的反力，阶段划分如图 6－31 所示。基于该阶段划分，对所收集的全部样本进行特征参数提取，所获得的样本集和其对应的故障类型编码如表 6－26 所示。

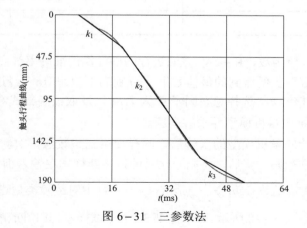

图 6－31 三参数法

表 6-26 **550kV GIS 在不同机械状态下分闸过程**
主轴角位移行程曲线的三特征量表

故障样本	机械状态	k_1（m/s）	k_2（m/s）	k_3（m/s）	故障类型编码
1	正常情况	3.78	8.63	3.52	1 0 0 0
2	漏油故障	3.27	7.30	2.53	0 1 0 0
3	触头摩擦力增加	3.31	7.51	3.26	0 0 1 0
4	油压增大	3.92	8.66	3.64	0 0 0 1
…	…	…	…	…	…

类似地，使用式（2-44）中的归一化方法，对特征向量进行归一化，归一化后的样本如表 6-27 所示。表中的每一行（k_1, k_2, k_3）即为式（2-37）中的 x_i，所对应的故障编码为 y_i。

表 6-27 **特 征 参 数 归 一 化**

故障样本	x			y
	k_1	k_2	k_3	
1	0.79	0.95	0.85	1 0 0 0
2	0.03	0.00	0.02	0 1 0 0
3	0.09	0.15	0.64	0 0 1 0
4	1.00	0.97	0.95	0 0 0 1
…	…	…	…	…

使用 RBF 核函数，K-CV 方法进行网格寻优的准确率等高线如图 6-32 所示，经过参数寻优所得到的最佳 C 和 g 分别为 1.74 和 16。经过参数寻优后，即可使用 RBF 核函数，选择惩罚因子 C 为 1.74 以及取核函数式（2-34）中的 γ 为 16，构建支持向量机模型并求解问题。

在完成支持向量机模型的求解后，同样使用三参数法，对新样本进行特征参数提取。在进行归一化后，将归一化后的待诊断样本集输入训练好的支持向量机，并代入决策函数 $sign\left[\sum_{i=1}^{l} y_i \alpha_i K(x_i, x) + b\right]$ 中对故障类型进行判断，所得到的诊断结果如表 6-28 所示。对于全部 32 个测试样本，其诊断精度达到 100%。

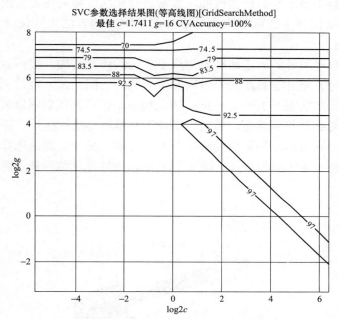

图 6 – 32　交叉验证参数优化流程图

表 6 – 28　　　　支持向量机算法用于 550kV GIS 机械状态诊断的结果

状态诊断算法	状态诊断准确度	状态诊断准确率
支持向量机	32/32	100%

6.4.6　基于短时能量法的高压断路器三相同期性评估

　　触头分（合）闸振动事件是断路器声学指纹信号中最主要的振动事件，而触头振动事件的起始时刻 [触头分（合）闸时刻] 又是表征机械特征的一个非常重要的参数，许多机械状态量如分（合）闸时间、分（合）闸速度、分（合）闸同期性的计算都依赖于该时刻的确定。在离线情况下，已经有较为成熟的方法检测断路器的触头分（合）闸时刻，通常是在断路器的各相断口的上下接线端子上添加一个辅助的低压导电回路完成，但这种方法仅限于离线临时性检测的情况。在状态检测的情况下，由于触头处于高电位，无法采用上述方法直接得到触头的分（合）闸时刻。用于测量振动信号的加速度传感器可以安装在断路器的接地部分，不与高压部分发生接触，同时体积小、重量轻，测量过程中

243

也不会影响断路器本身的操作性能，非常适合在线监测的场合。因此，可以采用从声学指纹信号中提取触头振动事件起始时刻的方法来间接确定触头的分（合）闸时刻。

目前，很多型号的高压断路器都属于三相共体式结构。实际运行中，三相触头的分（合）闸并非都在同一时刻发生，他们之间存在一定的不同期，不同期的时间在正常状态下小于 2～3ms。因此用单个传感器在断路器表面测量到的三相触头振动事件相互混叠，并且由于频率和幅值都比较接近，在时域内很难区分。为了分别得到三相触头的分（合）闸时刻，必须合理地选择测量位置，同时增加加速度传感器的数量。图 6-33 所示为加速度传感器在断路器某一相上安装位置。

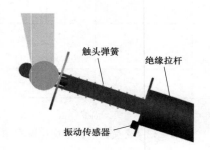

图 6-33　加速度传感器测量位置的选择

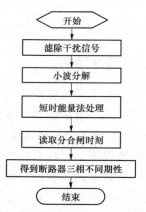

图 6-34　声学指纹信号短时能量法处理流程图

图 6-34 为断路器分（合）闸声学指纹信号分析处理流程图。首先对信号做滤波处理，去除掉一些明显噪声干扰，然后对信号应用小波包分解，小波包分解可以实现对信号按照频率的不同进行分层，然后再对有用信号层进行信号重构，得到的声学指纹信号再用短时能量法进行处理，从短时能量波形中读到断路器的分（合）闸时刻点。对断路器三相的声学指纹信号分别处理后就可以最终得到其三相同期性的情况。

加速度传感器在开关设备上的安装位置会影响所采集到的声学指纹信号的

有效性。根据不同的应用需求，传感器的安装位置有所不同。针对本部分关心的三相不同期性监测，需要将传感器安装在图 6-33 所示的部位。

　　对加速度传感器采集到的分（合）闸过程声学指纹信号进行小波滤波后，应用短时能量法进行处理，得到如图 6-35 和图 6-36 所示的结果。

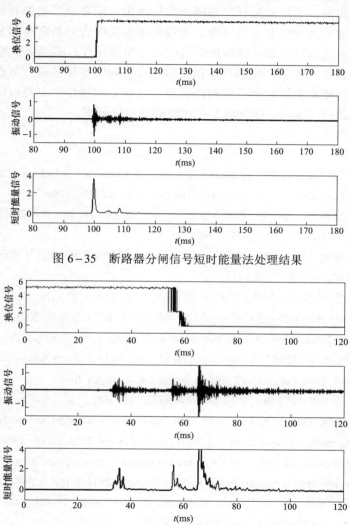

图 6-35　断路器分闸信号短时能量法处理结果

图 6-36　断路器合闸信号短时能量法处理结果

　　从图 6-35 和图 6-36 中可以看出，对于分闸声学指纹信号处理后的短时能量波形，可以直接通过寻找最大值产生的时刻来表征断路器的分闸时刻，对断路器三相的声学指纹信号分别这样处理后就可以得到其分闸不同期性。对于合闸信号，由于有三次比较大的声学指纹信号波形，经过短时能量处理之后，同样得到三个比较大的峰值，其中中间一个峰值与断路器的合闸时刻相对应，通过一个寻找中间最大值的算法找到该点，确定断路器的合闸时刻。但在进行检测结果判定时，不能只是凭空说哪个尖锋准确，需要通过增加其他条件来配合确定。以前的文献中有用分（合）闸线圈电流来配合判断断路器分（合）闸时刻，这就需要同时检测断路器声学指纹信号和分（合）闸线圈信号。

　　对断路器多次实验产生的声学指纹信号应用短时能量法进行分析，从分析结果中可以清晰看到短时能量法对断路器分（合）闸操作时刻提取的精度，其最大误差不超过 0.4ms，能够满足在线监测的精度要求。

参考文献

[1]　CIGRE Task Force 13.00.1 of Study Committee 13. Controlled Switching-a State-of-the-art Survey（Part1/Part2）. Electra No. 162 /164 [R]. Paris：CIGRE, 1996.

[2]　段雄英，邹积岩，方春恩. 相控真空开关同步关合电容组控制策略及其实现. 大连理工大学学报，2003，43（4）：457～460.

[3]　段雄英，廖敏夫，丁富华，邹积岩. 相控开关在电网中的应用及关键技术分析 [J]. 高压电器，2007，43（2）：113－116.

[4]　钱家骊. 相位控制高压断路器的动向 [J]. 高压电器，2001，37（1）：38－40.

[5]　钱家骊. 高压断路器的更换技术和日本的更换量化准则 [J]. 高压电器，2003，39（2）：53－55.

[6]　Anon. Condition assessment of circuit breakers using a trip coil profiling approach：Proceedings of the 1996 IEE Colloquium on Monitors and Condition Assessment Equipment, December 5, 1996－December 5, 1996, London, UK, 1996 [C]. IEE.

[7]　徐国政，张节容，钱家骊，等. 高压断路器原理和应用 [M]. 北京：清华大学出版社，2000.

[8]　Kezunovic M, Zhifang R, Latisko G, et al. Automated monitoring and analysis of circuit breaker operation [J]. Power Delivery, IEEE Transactions on, 2005, 20(3)：1910－1918.

[9]　Natti S, Kezunovic M. Assessing circuit breaker performance using condition－based data and Bayesian approach [J]. Electric Power Systems Research, 2011, 81(9)：1796－1804.

[10]　Natti S. Risk Based Maintenance Optimization using Probabilistic Maintenance Quantification Models of Circuit Breaker [D]. 2013.

[11]　张文鹏. 高压断路器机械振动信号分析与故障诊断方法的研究[D]. 北京：清华大学电机工程与应用电子系，2013.

[12]　王小华. 真空断路器机械状态在线识别方法[D]. 西安，西安交通大学电气工程，2006.

第7章 电子式互感器

7.1 电子式互感器概述

电子式互感器（electronic instrument transformer）是由新型传感元件和数据处理单元组成的互感器，用以实现一次设备的高电压和大电流的测量。由于其传感原理先进，绝缘相对简单，动态测量范围宽，频率响应速度快，测量精度高，适应电能计量、继电保护数字化和自动化发展要求，电子式互感器将成为传统电磁式互感器的换代产品。

7.1.1 电子式互感器的特点

与传统互感器相比，电子式互感器具有如下突出特点：

（1）绝缘性能优良。随着电压等级提高，尤其是我国特高压电网的快速发展，传统互感器绝缘设计难度大，成本高，且体积大、重量重；电子式互感器采用光纤作为信号传输介质，不仅实现了高压与低压的电气隔离，而且绝缘相对简单，成本较低，且体积小，重量轻，在降低成本的基础上提高了可靠性，电压等级越高这种优势越明显。

（2）动态测量范围大，频率响应范围宽。随着电网容量增加，短路电流越来越大，可达稳态的 20～30 倍以上。传统互感器存在磁饱和问题，难以实现大范围测量。电子式互感器动态测量范围大，测量电流可从几十安培到几十万安培，满足电网需求。不仅如此，电子式互感器已被证明可进行谐波和暂态测量，某些互感器还能够测量直流分量。

（3）准确性好，促进新原理继电保护技术发展。电子式互感器无铁磁谐振和磁饱和现象，可提高继电保护和故障测量的快速性和准确性，促进新原理继电保护技术的发展，比如利用故障产生时的暂态分量，形成快速保护。

（4）结构简单，易于与其他一次设备集成。采用新原理的电子式互感器，结构简单、小巧，易于设备集成，如与断路器、隔离开关集成，便于 GIS 电气设备设计，节省空间，减少建设用地。另外光缆取代电缆，大面积的电缆沟被取消，节省土地使用面积，降低施工难度和减少施工工作量，使变电站的结构更加紧凑，整体减少了建设用地。

（5）数字化输出。电子式互感器是智能变电站的基础，它将被测一次电流、电压直接转变为数字量输出，与保护、测控、计量及一次设备智能化部分有机融合。

凭借着上述优势，电子式互感器得到越来越广泛的重视，随着可靠性、稳定性的不断提升，应用前景日益广阔。

7.1.2　电子式互感器的研究现状

国外一些国家在 20 世纪 60 年代就开始研究电子式互感器，但都为实验研究，并没有挂网运行。20 世纪 80 年代末期，电子式互感器研究进入实践阶段，此后多家公司进行挂网运行试验，并取得了成功，其中的典型代表是美国西屋电气公司 500kV 电网的电子式互感器。90 年代开始，电子式互感器已经进入实用化阶段，部分公司的产品已经开始在市场上投放，如 Alstom、Areva、Siemens 等公司。

相比于国外，我国对电子式互感器进行相关研究起步较晚。国内对电子式互感器的研究开始于 20 世纪 90 年代初期，2000 年后，电子式互感器开始进入工程化应用研究阶段，先后有多家企业成功研制了电子式互感器，并进行了试点应用。目前，各类测量原理的电子式互感器产品在工程中的应用已初具规模。

电子式互感器符合智能变电站的技术发展趋势，受到了国内外很多专家的普遍关注，随着稳定性、可靠性的逐步提升，应用越来越广泛，成为智能电网中重要的电气设备之一。

7.1.3　电子式互感器的发展趋势

（1）高可靠性。目前制约电子式互感器推广的一个短板就是其可靠性不高。电子式互感器作为一种传感器，改变了传统互感器在变电站中的配置方式。微电子器件被前移至一次高压线路、断路器、隔离开关等强干扰源附近，光学互感器使用的光学器件需要经受温度、湿度及应力环境考验，这些因素都在很大程度上降低了互感器的运行可靠性。因此，如何进一步提高电子式互感器在复杂、恶劣环境下的运行可靠性是下一步发展的主要目标。

（2）集成化、标准化。采用新原理的电子式互感器体积小、重量轻、易于同其他设备集成。目前已经开展与隔离断路器、组合电器的集成化设计，电子式互感器的使用有利于推动高压设备模块化、集成化设计，使智能变电站的结构更加紧凑，减少变电站的建设占地规模。

目前，电子式互感器测量原理较多，结构多样，电子式互感器产品繁杂，标准不一，各厂家接口不同。电子式互感器应实现一次传感器、采集器、合并单元的标准化，保证不同厂家产品的互换性，为互感器的使用和维护提供便利。

（3）智能化。电子式互感器替代传统互感器应具有更智能化的功能，比如应具备智能化的内部状态监测功能和自诊断功能，在部分器件达到工作极限或出现工作异常时，能迅速预警，提示运维人员及时进行检修，并将异常信息上传，防止由此产生的保护误动作。

（4）满足多专业需求。近年来，在国家电网有限公司开展的试点、示范工程中，电子式互感器凭借其在测量准确度、频响范围和暂态测量能力等方面的突出优势，已成功应用于测控与保护系统。随着技术的进步，电子式互感器已能满足电能计量的需求。同时，电子式互感器的频响范围较宽，谐波计量特性远远优于电磁式互感器，可以在特高压、交直流领域乃至有需要的农业用电、工业用电上发挥作用。

7.2　电子式电流互感器

按照传感原理，电子式电流互感器主要分为光学电子式电流互感器和非光学电子式电流互感器两大类。光学电子式电流互感器主要包括全光纤电流互感器和磁光玻璃电流互感器；非光学电子式电流互感器主要包括低功率线圈电子式电流互感器和空心线圈电子式电流互感器，其中，低功率线圈型主要用于计量，空心线圈型主要用于继电保护。

7.2.1　非光学电子式电流互感器

7.2.1.1　基本原理

7.2.1.1.1　低功率线圈电子式电流互感器基本原理

低功率线圈电子式电流互感器（LPCT）是传统电磁式电流互感器的一种改良型产品。在智能变电站中，电子式电流互感器的输出功率要求小，LPCT 按高阻抗进行设计，在非常高的一次电流下出现磁饱和的问题得到改善，并显著扩大了测量范围，同时由于有铁心的存在，可以获得比较满意的测量准确级，常用于测量或计量用电流互感器。

低功率线圈通过并联电阻 R_{sh} 将二次电流转换为电压输出，实现 I/V 变换，即 LPCT 的二次输出为电压信号。因此，LPCT 至少包括电流互感器和并联电阻 R_{sh} 两个部分，其原理示意图及等效电路如图 7-1 所示。

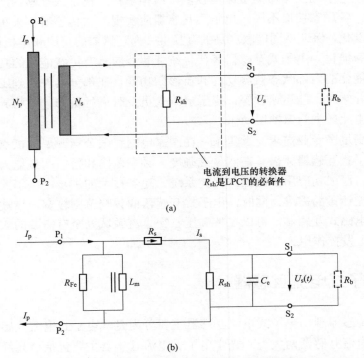

(a)

(b)

图 7-1 低功率线圈原理示意图及等效电路图
（a）低功率线圈原理示意图；（b）低功率线圈等效电路图

在铁心上用漆包线绕制有两个绕组——匝数为 N_p 的一次绕组和匝数为 N_s 的二次绕组。根据磁动势平衡定律，在忽略励磁电流的情况下，低功率线圈二次电流 I_s 为

$$I_s = \frac{N_p}{N_s} I_p \qquad (7-1)$$

式中 I_p ——一次电流。

在一次匝数一定时，合理选择二次绕组匝数可以确定二次电流，进而确定输出电压 U_s 为

$$U_s = I_s R_{sh} = \frac{N_p}{N_s} I_p R_{sh} \qquad (7-2)$$

$$I_p = \frac{N_s}{N_p R_{sh}} U_s \qquad\qquad (7-3)$$

因此，LPCT 的二次输出电压 U_s 正比于被测一次电流 I_p，相位与一次电流相同。

LPCT 输出功率低，测量准确度高，可达 0.2S 级。但是，由于 LPCT 带有铁心，暂态特性较差、动态范围不够大、易饱和，因此常作为测量或计量用电流互感器，不宜用于保护。

7.2.1.1.2 空心线圈电子式电流互感器基本原理

空心线圈又称为罗氏线圈，它由俄国科学家 Rogowski 于 1912 年提出。如图 7-2 所示，空心线圈通常由漆包线均匀绕制在环形骨架上制成，骨架材料采用塑料或者陶瓷等非铁磁性材料，其相对磁导率与空气相近，这也是空心线圈有别于带铁心的电流互感器的一个显著特征。

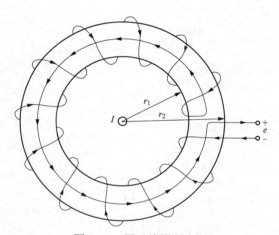

图 7-2　罗氏线圈示意图

理想空心线圈需要满足以下 4 条基本假设：

（1）二次绕组匝数足够多；

（2）二次绕组在非铁磁性材料骨架上对称均匀分布；

（3）每一匝绕组的形状完全相同；

（4）每一匝绕组所在平面穿过骨架所在的圆周的中心轴。

一次导体穿过线圈中心，当空心线圈的小线圈包围的面积足够细小且绕制均匀时，根据电磁感应原理，可得线圈两端的感应电压为：

$$e = -M \frac{\mathrm{d}i(t)}{\mathrm{d}t} \tag{7-4}$$

式中　M——空心线圈的互感系数；

　　　$i(t)$——被测电流，A。

如图 7-3 所示，如果采用矩形截面环形骨架，则穿过矩形截面磁通为

$$\phi = \int B ds = \int \frac{\mu_0 I h}{2\pi r} \mathrm{d}r = \frac{\mu_0 I h}{2\pi} \ln \frac{r_2}{r_1} \tag{7-5}$$

式中　μ_0——真空中的磁导率；

　　　r_1——罗式线圈内径；

　　　r_2——罗式线圈外径。

N 匝线圈的磁链为

$$\varPhi = N\phi = \frac{N\mu_0 I h}{2\pi} \ln \frac{r_2}{r_1} \tag{7-6}$$

相应的感应电压为

$$e = -\frac{\mathrm{d}\varPhi(t)}{\mathrm{d}t} = -\frac{N\mu_0 h}{2\pi} \ln \frac{r_2}{r_1} \cdot \frac{\mathrm{d}i(t)}{\mathrm{d}t} \tag{7-7}$$

因此，空心线圈的互感系数为

$$M = \frac{N\mu_0 h}{2\pi} \ln \frac{r_2}{r_1} \tag{7-8}$$

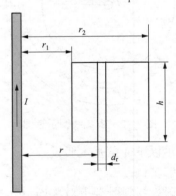

图 7-3　矩形截面骨架及导线相对位置示意图

空心线圈的输出电压与一次电流对时间的导数成正比，将测得的电压信号进行积分处理，并结合该空心线圈的互感系数进行计算，即可得到被测电流的大小。积分器的实现可采用模拟积分方式，也可采用数字积分方式。图 7-4 给出了一种模拟积分器的实现方法。

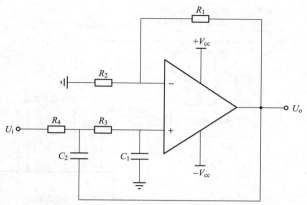

图 7-4　空心线圈电流互感器模拟积分器原理示意图

空心线圈不用铁心，无磁饱和现象，适合测量暂态大电流，保护准确级可达 5TPE 级。当一次电流较小时，感应电压较小，测量精度不高，因此不适用于测量。

7.2.1.1.3　基于低功率铁心线圈和空心线圈的组合式电流互感器

实际应用中通常采用二者结合方式，低功率线圈精度高，主要用于计量或测量，空心线圈测量范围宽，主要用于保护。

将低功率线圈和空心线圈配合使用，充分发挥二者的优势，形成组合式电流互感器，目前已成为一种实用化程度较高的方案。如图 7-5 所示，分别采用低功率线圈和空心线圈作为测量和保护通道的传感单元，将被测一次电流变换为模拟电压信号，采集器的作用是通过 A/D 转换将模拟电压信号变为数字信号，同时利用光电转换将其变为光信号，并通过通信光纤传输至低压侧合并单元。

基于电磁感应的电子式电流互感器在高压侧存在电子回路，必须有供电电源才能正常工作。常用的供能方式有母线 TA 取能和低电位侧激光供能。一般采取复合供能的方式：一次被测电流较大时，采用高压侧辅助 TA 给采集器供电；一次电流较小时，TA 供能切换成激光供能，即低压侧的半导体激光器通过供能光纤给高压侧的采集器供电。

7.2.1.2　主要特点

7.2.1.2.1　低功率线圈电子式电流互感器特点

相比于传统电磁式电流互感器，LPCT 在设计原理、铁心材料及附加电阻的选取等方面均有所不同，主要具有以下优点：

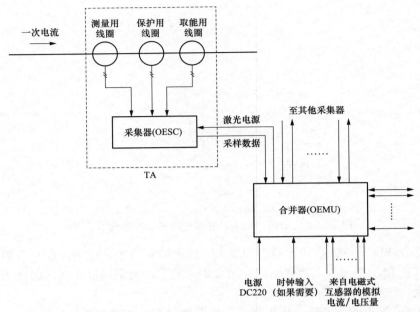

图 7-5　基于低功耗铁心线圈和空心线圈的组合式电流互感器结构示意图

（1）输出功率小。由于低功率线圈的负载为采集器，其输入阻抗非常大且为恒定值，因此消耗的功率非常小，低功率线圈输出功率就是取样电阻消耗的功率。与传统电磁式电流互感器相比，这种互感器输出功率要小很多，因此被称为低功率线圈。

（2）测量精度高。由于负载非常小且为恒定值，这大大提高了低功率线圈的测量精度，其测量精度可以做到同时满足 0.1 级和 0.2S 级。

（3）体积小，成本低。低功率线圈二次负载比较小，其铁心一般采用微晶合金等高导磁性材料，较小的铁心截面（铁心尺寸）能够满足测量精度的要求。

低功率线圈体积小，测量精度高，稳定性好，已经成为电磁感应电子式电流互感器测量线圈一种成熟的方案。但是，由于 LPCT 带有铁心，存在暂态特性较差、动态范围不够大、易饱和等缺陷。虽然在设计中可通过选择合适的 R_{sh} 和饱和磁密高、磁导率高的铁心材料以提高其动态范围，但仍难以兼顾大电流和小电流的准确测量。因此 LPCT 一般用于测量与计量，不用于保护。

7.2.1.2.2　空心线圈电子式电流互感器特点

由于空心线圈在结构和测量原理等方面的特点，与传统电磁式互感器或 LPCT 相比，具有以下优点：

（1）动态范围大。由于不用铁心，无磁饱和现象，能够测量大范围的电流，可以从几安培到几千安培，过电流范围可达几万安培。

（2）同时具有测量和继电保护功能。由于无铁心结构，消除了磁饱和、高次谐振等现象，一只罗氏线圈能够同时满足测量和继电保护的需求，运行稳定性好，保证了系统运行的可靠性。

（3）技术成熟。空心线圈技术已经发展了 100 多年，技术成熟可靠，性能稳定，制作成本相对其他原理互感器较低，实用化相对容易。

（4）响应频带宽，可达 1MHz。

（5）易于实现输出数字化，能够实现电力计量和保护的数字化、网络化和自动化。

（6）安全可靠。没有由于充油而产生的易燃、易爆等危险，符合环保要求，而且体积小、重量轻、生产成本低、绝缘可靠。

空心线圈测量精度高，稳定性好，技术成熟，也是电磁感应电子式电流互感器测量线圈的成熟方案。但在实际应用中，仍存在如下问题：

（1）易受环境影响。空心线圈受温度的影响尺寸发生变化，导致线圈互感发生改变，从而产生测量误差。需要采用适当的温度补偿方法进行抑制。

（2）易受外界磁场、电场影响。外界的磁场、电场会对空心线圈产生电磁干扰，引起测量误差。需采用屏蔽技术，如小信号屏蔽电缆技术、电磁屏蔽技术和电磁抗干扰技术。

（3）易受振动影响。空心线圈的输出受其与一次导体相对位置的影响，当一次电流较大时，因振动会对空心线圈的输出造成影响。大量的研究分析发现：在空心线圈匝数密度、线圈骨架截面积均匀的条件下，由振动引起的一次导体偏心对测量精度不产生影响。

（4）供能电源可靠性较差。空心线圈电子式电流互感器常用的供能方式除激光供能和母线 TA 取能外，其他方式如超声波供能、蓄电池供能等实用性均不高。激光供能的光电转换器效率不高，激光二极管输出功率受到限制，光电转换器件造价昂贵，大功率激光二极管的寿命有限，长期工作在驱动电流比较大的状态容易老化，工作寿命降低。母线 TA 供能存在大电流时的散热问题，一次电流过大时，容易引起二次导线发热，严重时可能导致二次导线烧毁，还存在死区问题，在一次导线电流较小时，TA 供能无法正常工作。

通过前文分析可以看出，罗氏线圈测量范围宽，但是准确度不高，易受干扰需要增加低功率线圈作为计量传感器。随着国内科研单位及电子式互感器厂家不断攻克技术难关，现在已经实现了罗氏线圈高精度计量，取消了低功率线圈，单一罗氏线圈电流互感器能够同时达到0.2S（5TPE）级，满足计量要求。

7.2.1.3 典型结构及应用

图7-6给出了一种地电位供电的单一罗氏线圈互感器的典型结构，主要由头部壳体里的罗氏线圈传感器以及底座内的二次信号处理单元组成，整机充SF₆气体满足绝缘。互感器的传感器可配置多个罗氏线圈，并分别配置不同的二次转换器，以实现冗余配置，提高产品的可靠性。电子单元在低压侧，采用站用电源供电，更加可靠稳定。

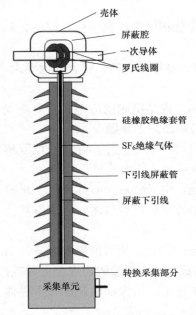

图7-6　罗氏线圈互感器的典型结构

单一罗氏线圈地电位供电电子式电流互感器典型结构为支柱式电子式电流互感器，具有如下特点：

（1）高压端罗氏线圈传感，技术成熟；

（2）高压端无电子回路，高压部件寿命长；

（3）采用SF₆绝缘技术，制造工艺成熟；

（4）重量轻，只有传统同电压等级互感器的1/3；

（5）传感器和下引线隐藏于全屏蔽金属腔体内，防止外电场干扰；

（6）可实现SF₆主绝缘介质的在线监测；

（7）电子回路处于低压地电位侧，站用电源供电简单可靠；

（8）电子回路运行环境优于高压端，运维方便，寿命延长；

（9）电子单元能够实现精度无损互换；

（10）易于实现接地设计，抗干扰能力强。

针对于前文所述的易受干扰的问题，这里介绍空心线圈的抗干扰技术。电磁屏蔽技术主要是磁屏蔽和电场屏蔽技术。磁屏蔽结构是采用导磁材料，例如硅钢制成屏蔽结构，安装在罗氏线圈外，屏蔽外界磁场带来的干扰，确保互感器的精度。磁屏蔽结构如图7-7所示，当匝数均匀时，外界磁场对罗氏线圈传变大电流是没有影响的，但是在匝数密度不均匀的情况下，可以通过增加电磁屏蔽的措施来减小一次导体偏心对线圈输出精度造成的不利影响。虽然这种电磁屏蔽措施不能完全消除偏心的不利影响，但在相当的偏心距离内，完全可以保证线圈满足工程使用的精度要求。

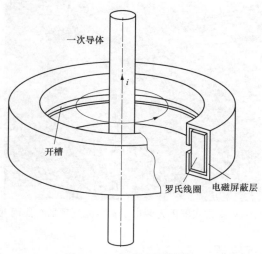

图 7-7   电磁屏蔽结构图

图 7-8、图 7-9 所示为在河南许昌灞陵变电站、河南焦作焦南变电站运行的单一罗氏线圈地电位供电电子式电流互感器,其测量准确度满足 0.2S(5TPE)级。自投运以来运行状况良好,未发生误动、拒动事故。

图 7-8   110kV 支柱式罗氏无源电子式电流互感器在灞陵变电站运行

图 7-9 110kV 支柱式罗氏无源电子式电流互感器在焦南变电站运行

7.2.2 光纤电流互感器

7.2.2.1 基础原理

7.2.2.1.1 工作原理

光纤电流互感器在物理机理上是基于法拉第磁光效应和安培环路定律。如图 7-10 所示，法拉第磁光效应是指一束线偏振光在通过磁光材料时，其偏振面在外界磁场作用下发生旋转，旋转角的大小与磁场强度沿传输路径的积分成正比，可表示为

$$\theta_F = \int V \cdot H \cdot \mathrm{d}l \qquad (7-9)$$

式中　　θ_F——法拉第旋转角，rad；

　　　　V——磁光介质的 Verdet 常数，rad/A；

　　　　H——磁场强度，A/m；

　　　　$\mathrm{d}l$——光波传播路径上的微元，m。

光纤电流互感器采用光纤作为磁光材料敏感被测电流产生的磁场，当敏感光纤形成闭合环路时，根据安培环路定律，法拉第旋转角可表示为

$$\theta_F = V \cdot N \oint H \cdot \mathrm{d}l = N \cdot V \cdot I \qquad (7-10)$$

式中　　N——敏感光纤圈数；

　　　　I——被测电流，A。

式（7-10）表明，法拉第旋转角的大小与敏感光纤的圈数及穿过敏感环路的电流成正比。如果能够检测出光信号的旋转角，就可以得到对应的被测电流，

258

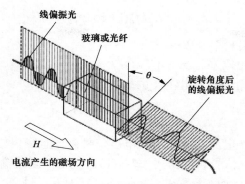

图 7-10 法拉第磁光效应原理图

这就是基于法拉第磁光效应的光纤电流互感器的基本原理。

7.2.2.1.2 工作原理

图 7-11 所示为光纤电流互感器原理示意图。光源发出的光由偏振器起偏变为线偏振光，经 45° 光纤熔点进入保偏光纤的快、慢轴，两束正交的线偏振光经相位调制器调制后沿保偏延迟光纤传输，并由 1/4 波片变为两束旋向正交的圆偏振光，在被测电流的作用下，两束圆偏振光之间产生相位差，经敏感光纤末端反射镜反射后沿原路返回，相位差加倍，两束正交圆偏振光经 1/4 波片再次变为线偏振光，但偏振模式发生了互换（原来沿保偏光纤快轴传输的光此时沿慢轴传输，原来沿保偏光纤慢轴传输的光此时沿快轴传输），两束线偏光最终经偏振器检偏并发生干涉，并由光电探测器检测干涉光强，进行后续信号处理。

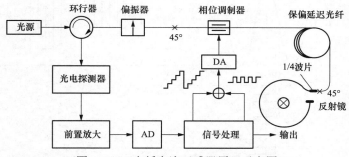

图 7-11 光纤电流互感器原理示意图

根据光纤电流互感器的工作原理，发生干涉的两束偏振光经历了相同的传输路径和模式变化，光路系统完全互易，具有很强的抗干扰能力。干涉光强只携带了法拉第磁光效应产生的相位信息，经光电探测器后信号表达式为

$$S_d = 0.5 K_p L P_0 (1 + \cos \phi_F) \qquad (7-11)$$

式中　　P_0——光源输出功率，W；

ϕ_F——法拉第相位差，$\phi_F = 4N \cdot V \cdot I$，rad；

K_p——光电探测器的光电转换系数，V/W；

L——光路损耗。

7.2.2.1.3　数字闭环信号检测原理

（1）方波调制。光电探测器输出的电压信号微弱且噪声较大，必须采用微弱信号检测的方法提取信号。根据式（7-11），光电探测器输出信号 S_d 是相位差 ϕ_F 的余弦函数。由于余弦函数在零相位时斜率为零，对微小相位差反应不灵敏，所以从式（7-11）中直接提取相位信息 ϕ_F 比较困难，同时不能分辨相差的符号。

如图 7-12 所示，应用方波调制技术使相差信息产生 $\pm \pi/2$ 偏置，使系统工作在较灵敏的区域，提高互感器的响应灵敏度；同时通过调制，在频域上将输出信号频谱由低频区迁移到高频，避开低频区的 $1/f$ 噪声，减少了低频噪声的影响。此时式（7-11）变为

$$S_d = 0.5 K_p L P_0 \left[1 + \cos \left(\phi_F \mp \frac{\pi}{2} \right) \right] = 0.5 K_p L P_0 (1 \pm \sin \phi_F) \qquad (7-12)$$

因此，方波调制后光电探测器的输出信号是一个叠加在直流上的方波信号，其幅值反映了法拉第相移大小。

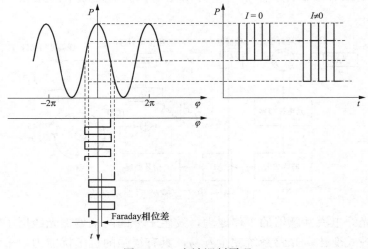

图 7-12　方波调制原理

（2）相关解调。由于S_d是淹没于强噪声中的弱信息，利用信号和噪声不相关的特点，应用相关解调技术提取信号、抑制噪声。具体方法如图7-13所示，对于式（7-12）描述的方波输出结果，在正、负半周期上各取n个点，分别求和后相减，得到解调结果为

$$\Delta = 0.5nK_pLP_0(1+\sin\phi_F) - 0.5nK_pLP_0(1-\sin\phi_F) \approx nK_pLP_0\sin(4N \cdot V \cdot I) \quad (7-13)$$

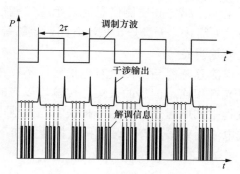

图7-13 信号的相关解调

当电流幅值在一定范围内时，$\sin(N \cdot V \cdot I) \approx NVI$，即解调结果与被测电流近似呈线性关系。但是，当测量电流比较大时存在非线性误差，并且随着电流增加测量误差变大。可以采取对输出值进行修正的方法解决非线性问题，但是这项工作非常复杂。另外，由于正弦信号的周期性，此时互感器的测量范围也是非常有限的。

（3）闭环反馈。为了减小系统输出非线性误差和增大动态测量范围，借鉴数字闭环光纤陀螺技术，采用闭环检测方案：在两束相干光之间引入一个与法拉第相移ϕ_F大小相等、符号相反的反馈补偿相移ϕ_R，用来抵消法拉第效应相移。加入反馈相移ϕ_R后，探测器处输出信号为

$$S_d = 0.5K_pLP_0[1 \pm \sin(\phi_F + \phi_R)] \quad (7-14)$$

由于$\phi_F + \phi_R \approx 0$，所以此时互感器系统始终工作在线性度最好的零相位区域附近，因此测量灵敏度最高；同时由于采用闭环检测，也扩大了系统的测量范围。这时系统的解调结果变为

$$\Delta = 0.5nK_pLP_0\sin(\phi_F + \phi_R) \approx 0.5nK_pLP_0(\phi_F + \phi_R) \quad (7-15)$$

对式（7-15）所述的解调结果作累加积分，形成数字阶梯波的台阶高度，一方面，作为互感器的输出，反映互感器输入电流的大小和方向；另一方面，经过D/A转换形成模拟阶梯波后驱动相位调制器，如图7-14所示，在两束相

干光间引入补偿相差 ϕ_R，使系统锁定在零相位上，此时，互感器的干涉余弦响应被转化为一种线性响应，有效地提高了互感器的测量线性度和动态范围。需要指出的是，无限上升或下降的阶梯波是不可能实现的，利用干涉信号的 2π 周期特性，当阶梯波寄存器溢出时，自动产生一个 2π 的相位复位，不会对互感器的测量精度产生影响。

7.2.2.2　主要特点

（1）安全。光纤电流互感器高压侧信息通过绝缘性能很好的光纤传输到低压侧，使其绝缘结构大大简化，无爆炸、二次开路、短路等危险。实际应用中，电压等级越高，其优势越明显。

（2）可靠。光纤电流互感器高压侧没有电信号，不存在电磁耦合，抗干扰能力强；高低压间以光纤相连，信息的采集与传输均以光的方式进行，避免了传统模拟信号传输过程中的电磁干扰和信号损失。与其他电学电子式电流互感器相比，光学电子式电流互感器具有更强的抗干扰能力和可靠性。

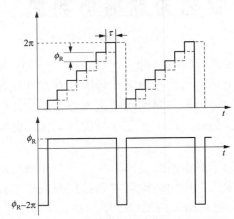

图 7-14　反馈阶梯波及其引入的相位差

（3）准确。光纤电流互感器在 $-40 \sim +70\,^\circ\!\mathrm{C}$ 温度范围内测量准确度可达到 0.2 级。由于采用了闭环检测技术，光纤电流互感器无饱和现象，满量程范围内均具有优良的测量线性度，暂态性能远优于传统电磁式互感器。频带可达 10kHz 以上，能够同时测量直流与高次谐波，适用于交流和直流系统的测量和保护。

（4）智能。光纤电流互感器实现了故障智能自诊断的功能，能够在 1 个采样周期内快速诊断出自身故障并及时报警，为智能电网一次设备状态评估及辅助决策提供最重要的基础数据，避免了由于互感器自身故障引起保护误动作。

（5）传感器化。体积小、重量轻、易于与其他一次设备集成，适应电力系统数字化、智能化、网络化的需要。

7.2.2.3 关键技术

7.2.2.3.1 变比温度误差抑制

变比温度误差是限制光纤电流互感器工程应用的主要问题之一。造成互感器温度误差的主要因素是传感光纤的线性双折射、Verdet 常数、1/4 波片的相位延迟、保偏延迟光纤环的偏振串音、集成光学相位调制器的输出尾纤偏振串音及半波电压等参数的温度相关性。因此，解决全光纤电流互感器温度误差是一项系统性技术，通常采用的措施如表 7-1 所示。

表 7-1　　　　　　　　　光纤电流互感器变比温度误差抑制方法

序号	误差因素	抑制措施
1	传感光纤线性双折射	采用椭圆保偏光纤； 将低双折射光纤扭转或螺旋绕制
2	传感光纤 Verdet 常数	采用形状型保偏光纤—椭圆芯光纤制作 1/4 波片，并利用其温度特性自动补偿 Verdet 常数的温度相关性
3	1/4 波片相位延迟	
4	保偏延迟光纤偏振串音	选用优质保偏光纤，降低绕环张力，减少胶的用量，采用低温度系数骨架
5	相位调制器尾纤偏振串音	提高相位调制器尾纤的耦合精度,减小变温环境下尾纤偏振串音的变化量
6	相位调制器半波电压	反馈增益第二闭环控制技术

7.2.2.3.2 振动特性

光纤电流互感器采用互易反射式光路，试验结果表明：互感器的传感部分对振动具有很强的免疫能力；而光路系统，尤其是传感部分的远端，对振动具有一定的敏感性，需进行抗振设计，以满足应用要求。

7.2.2.3.3 小电流测量准确度

噪声是光纤电流互感器不同于传统互感器的一项基本特征，其具有白噪声的统计特性，长时间的均值趋近于零。在被测一次电流较小时，噪声影响显著，导致互感器测量误差较大，甚至不满足应用要求。

提高光纤电流互感器小电流测量准确度的主要方法是提高小信号条件下的信噪比。主要的方法包括：增加传感光纤圈数、提高光源功率、降低光电探测器的跨阻抗以及采用过调制技术等。

7.2.2.4 典型结构及应用

图 7-15 给出了一种 GIS 式光纤电流互感器的整体结构,主要由套接在 GIS

罐体上的传感头以及二次信号处理机箱组成，二次信号处理机箱中包含互感器的光路系统和数字闭环信号检测电路。互感器的传感头中可以设计多个敏感单元，并分别配置不同的二次转换器，以实现冗余配置，提高产品的可靠性。敏感单元只是由光纤形成的环路，不包含任何电子元件和有源器件。二次信号处理机箱内可根据需要配置多个转换器，其输出可连接至同一个或不同的合并单元。合并单元也可根据实际需要安装在室内或室外。

图 7-16 所示为运行于辽宁盘锦南环 220kV 智能变电站的 GIS 式光纤电流互感器，其测量准确度满足 0.2/5TPE 级。全站 220kV 侧共 10 个间隔全部采用双套配置的光纤电流互感器，主变压器低压侧间隔也采用双套配置的光纤电流互感器，共计采用 33 相（66 套）光 TA。自投运以来保护正确动作 2 次，未发生误动、拒动事故。

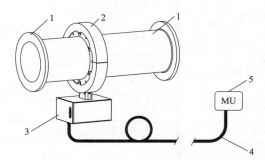

图 7-15 GIS 式光纤电流互感器典型结构

1—GIS 罐体；2—传感头；3—二次机箱；4—通信光纤；5—合并单元

图 7-16 GIS 式全光纤电流互感器

7.2.3　磁光玻璃电流互感器

7.2.3.1　基本原理

磁光玻璃电子式电流互感器也是利用 Faraday 磁光效应测量电流的，其原理图如图 7-17 所示。光经起偏器后为一线偏振光，线偏振光在磁光材料（如重火石材料）中绕载流导体一周后其偏振面将发生旋转。根据法拉第磁光效应可知，其旋转的角度 φ 正比与磁场 H 沿着线偏振光通过材料路径的线积分，通过对被测电流 i 周围磁场强度的线积分，即线偏振光在磁场 H 的作用下通过磁光材料时，其偏振面旋转了 φ 角度，可以用下式描述

$$\varphi = V \int_l \vec{H} \cdot \mathrm{d}\vec{l} = V \cdot K \cdot i \tag{7-16}$$

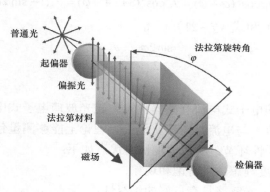

图 7-17　磁光效应式电流传感器的测量原理

式中　V——磁光材料的菲尔德常数；

　　　l——通光路径长度；

　　　K——磁场积分与被测电流的倍数关系。

因此，当确定光路长度、磁光材料以及光路与电流所产生的磁场的相对位置时，则被测电流为

$$i = \frac{\varphi}{V \cdot K} \tag{7-17}$$

如果能精确地测量出 φ 数值，就可以得到对应的被测电流 i 的瞬时值。但光探测器对这个偏转角 φ 并不响应，因此，必须借助马吕斯定律，将不可测量的偏转角转换为可测的偏振光的光强信号。

根据马吕斯定律，入射光强度为 J_0 的线偏振光，透过检偏片后，出射光的强度（不考虑吸收）为

$$J = J_0 \cos^2 \alpha \qquad (7-18)$$

式中　α ——入射线偏振光的光振动方向和偏振片偏振化方向之间的夹角。

若取 $\alpha = \pi / 4$，电流引起的旋光角为 φ；则出射光为

$$J_1 = J_0 \cos^2(\alpha + \varphi) = J_0 \cos^2(\pi / 4 + \varphi) = J_0(1 - \sin 2\varphi) / 2 \qquad (7-19)$$

当偏转角 φ 很小时

$$\varphi \approx \frac{\sin 2\varphi}{2} = \frac{1}{2} - \frac{J_1}{J_0} \qquad (7-20)$$

为了提高系统的抗干扰能力，通常采用偏振分束器作为检偏器，既能检偏又能将偏振光分成两束，这两束偏振光相互正交，可以得到另一束出射光为

$$J_2 = J_0 \cos^2(\alpha + \varphi) = J_0 \cos^2(3\pi / 4 + \varphi) = J_0(1 + \sin 2\varphi) / 2 \qquad (7-21)$$

由式（7-19）和式（7-21）可得

$$\varphi \approx \frac{\sin 2\varphi}{2} = \frac{J_2 - J_1}{2(J_2 + J_1)} \qquad (7-22)$$

7.2.3.2　主要特点

（1）磁光玻璃电子式电流互感器优点。磁光玻璃电子式电流互感器是直接测量电流的瞬时值，与电流是否变化无关，理论上能够测量包括直流量到很高频率的交流，无惯性环节，响应速度快；优点如下：

1）测量线性度理想，没有饱和现象；

2）绝缘性好，光链路具有良好的绝缘性；

3）电压等级越高，性价比越大；

4）传感头采用非金属材料制造，体积小，重量轻；

5）运输与安装方便。

（2）磁光玻璃电子式电流互感器缺点。磁光玻璃电子式电流互感器具有技术先进性，但是在工程使用中，在测量精度方面和长期运行的可靠性方面存在很大不足。

1）测量精度问题，包括：

a. 测量精度的温度漂移问题。测量精度随环境温度的变化而变化，这种变化不仅与温度有关，而且与温度的变化率有关。

b. 外磁场干扰问题。外磁场指非测量相电流产生的磁场。光学电流互感器必须具有抵御外磁场干扰的能力。

c. 振动干扰问题。光学互感器必须具有消除机械振动影响的能力。

2）运行可靠性问题，包括：

a. 光链路静态工作光强的衰竭问题。运行过程中静态工作光强会逐渐减弱，直到光学互感器完全丧失工作能力。

b. 电子部件的可靠性问题。与所有电子式互感器一样，光学电流互感器包含电子部件。电子部件必须具有不间断地连续工作的能力。

c. 绝缘安全问题。光学电流互感器天然具有良好的绝缘安全性，但在利用光学电流互感器的原理优势时，仍应在确保绝缘安全的前提下，合理地简化绝缘结构、降低绝缘成本。

上述 6 个问题可以归结为测量精度和运行可靠性两大类问题，见表 7-2。

表 7-2　　　　　　　　光学电流互感器实用化需要解决的关键问题

问题类别	序号	关键问题
测量精度	1	测量精度的温度漂移
	2	外磁场干扰
	3	机械振动干扰
运行可靠性	4	静态工作光强的衰竭
	5	电子部件的可靠性
	6	高压绝缘

7.2.3.3　关键技术

为了解决上述问题，出现了多种光路结构，如单光路分立块状型闭环式、可调的多光路块状分立型闭环式、单环光路整块型闭环式、多环光路整块型闭环式、双层闭合光路结构和直通光路组合结构，但无论采取何种光路结构都是为了解决两个问题：

（1）提高光路的可靠性；

（2）提高测量磁偏转角的精确度。

理论研究和实用化经验表明：为了确保光学电流互感器在-40～+70℃的宽温度范围内的测量精度满足 0.2S 级要求，必须进行温度补偿或参数修正。自愈光学电流传感技术，在应用中效果显著。

为了提高磁光玻璃电子式电流互感器的运行稳定性，需要简化光路结构。以便提高稳定性。直通光路是最简单的光路结构，是最有实用化应用前景的。

为了确保传感精度，需要在抵御外磁场干扰方面和减弱机械振动对光学传感单元磁场传感的影响方面，采取必要措施，如采用零和御磁技术和定固封装技术等。

光学电子式电流互感器具有测量准确化、绝缘安全化和输出数字化的优点，是综合品质最好的电子式电流互感器。

7.2.3.4　典型结构及应用

　　磁光玻璃电子式电流互感器一般由准直器、起偏器、磁光玻璃、检偏器和传导光纤等主要器件组成，其结构示意图如图 7−18 所示。图 7−19 为磁光玻璃电子式电流互感器的典型结构，包括磁光玻璃传感头、光纤绝缘子和安装在底座内的数字信号处理电路，采用支柱式结构，主要应用于敞开式智能变电站。

　　图 7−20～图 7−22 为在辽宁大石桥智能变电站、辽宁何家智能变电站中的磁光玻璃电子式电流互感器，自运行以来，运行情况良好。

图 7−18　磁光玻璃电流传感器结构示意图

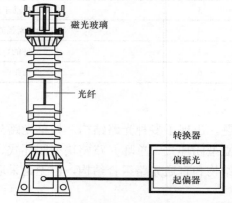

图 7−19　磁光玻璃电子式电流互感器典型结构

图 7−20　66kV 支柱式光学电流互感器在辽宁大石桥变电站运行

图 7-21　220kV 支柱式光学电流互感器在辽宁大石桥变电站运行

图 7-22　220kV GIS 外卡式光学电流互感器在辽宁何家变电站运行

7.3　电子式电压互感器

电子式电压互感器也分为非光学电子式电压互感器和光学电子式电压互感器。非光学电子式电压互感器主要指的是分压型电子式互感器，包括电阻分压、电容分压、阻容分压等。光学电压互感器主要有基于 Pockels 效应、电光 Kerr 效应、逆压电效应的互感器。

7.3.1　分压型电压互感器

7.3.1.1　基本原理

分压型电压互感器的工作原理是利用分压器将一次高压降低为低压小信号，并通过 A/D 转换变为数字信号，传输给合并单元，供二次测量及保护设备使用。

分压式电压互感器是最早的测量高压方式，由于电子技术的进步和光供电技术的出现，阻容分压成为一种成熟和易于实现的电子式电压互感器技术。采用分压原理的电压互感器依分压元件不同，主要分为电阻分压、电容分压和阻容分压，也有部分采用电感分压。电阻分压型电压互感器多用于 10kV 和 35kV 电压互感器，电容分压多用于中高压电压互感器。

7.3.1.1.1　电阻分压式电压互感器原理

电阻分压式电子式电压互感器采用串联的电阻元件作为分压器，电阻分压原理如图 7-23 所示。

对于串联电阻电路有：通过电阻电流相等 $I_1=I_2$。总电压等于各电阻电压之合 $U=U_1+U_2$。

串联电阻的分压公式为

$$U_2 = \frac{R_2}{R_1 + R_2} U$$

7.3.1.1.2　电容分压式电压互感器原理

电容分压式电子式电压互感器采用串联电容元件作为分压器，电容分压原理如图 7-24 所示。

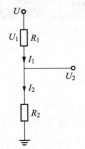
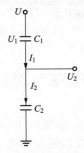

图 7-23　电阻分压原理图　　　　图 7-24　电容分压原理图

串联电容的分压公式为

$$U_2 = \frac{C_1}{C_1 + C_2} U$$

7.3.1.1.3　阻容分压式电压互感器原理

阻容分压式电子式电压互感器是在电容分压型结构的基础上改进而成，阻容分压原理如图 7-25 所示。

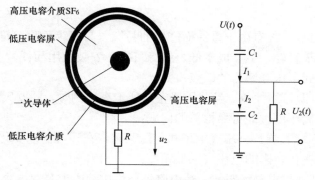

图 7-25 阻容分压原理图

根据电路原理可知

$$\frac{u_2(t)}{R} + C_2 \frac{\mathrm{d}u_2(t)}{\mathrm{d}t} = C_1 \frac{\mathrm{d}[u(t) - u_2(t)]}{\mathrm{d}t}$$

阻容电路的分压公式为

$$u_2(t) = \frac{\mathrm{j}\omega C_1 R}{\mathrm{j}\omega C_1 R + \mathrm{j}\omega C_2 R + 1} u(t)$$

式中 $u(t)$ ——高压侧电压信号；

$u_2(t)$ ——传变后低电压信号；

ω ——角频率，分析时主要考虑电子式互感器工作在工频下，$\omega = 2\pi f = 100\pi$。

由分压公式可以得出阻容分压器的计算电压变比 K 及角差 θ 为

$$K = \left| \frac{u}{u_2} \right| = \frac{|\mathrm{j}\omega(C_1 + C_2)R + 1|}{|\mathrm{j}\omega C_1 R|} = \frac{\sqrt{\omega^2(C_1 + C_2)^2 R^2 + 1}}{\omega C_1 R}$$

$$\theta = \arctan\left(\frac{1}{\omega(C_1 + C_2)R} \right)$$

7.3.1.2 主要特点

（1）分压式电压互感器的优点：

1）技术成熟。阻容分压是最早的电压信号采集方法，技术成熟可靠，性能稳定，制作成本相对其他原理互感器较低，实用化相对容易。

2）动态测量范围宽及测量精度高。传感器无铁磁材料，不存在磁滞、剩磁和磁饱和现象，测量精度能够达 0.2 级。

3）一次、二次间传感信号由光缆连接，绝缘性能优异，且具有较强的抗电磁干扰能力。

4）安全可靠。没有由于重油而产生的易燃、易爆等危险，符合环保要求，而且体积小、重量轻、生产成本低、绝缘可靠，安装使用简便。

（2）分压式电压互感器的缺点：

1）供能电源可靠性差。当分压器完全处于高压侧时，同罗氏线圈电流互感器一样，存在高压侧供能可靠性差的问题；

2）易受环境影响。分压式电子式电压互感器在环境温度变化时分压电阻、电容值会发生变化，影响电压互感器精度；

3）易受到外界电磁场影响。外电磁场环境中，由于杂散电容和耦合电容的产生，测量精度难以保证。

此外，电阻分压型电子式电压互感器因受电阻功率和准确度的限制而在超高压交流电网中难以实际使用，电阻分压原理的电压互感器主要应用在 35kV 及以下的电压等级；电容分压型电子式电压互感器在一次传感结构和电磁屏蔽方面需要完善，并且存在线路带滞留电荷重合闸引起的暂态问题，故其应用尚需要积累工程经验。

7.3.1.3　关键技术

1）针对于分压式电压互感器功能电源可靠性差问题，采用稳定可靠的低压供电模式。同罗氏线圈电子式电流互感器一样，结合电磁屏蔽技术，在互感器低压侧配置供电模块，实现对互感器的供能，不易受到外界干扰，可靠性高，大大降低了分压式电压互感器的故障率。

2）针对于分压式电压互感器易受到外界环境的影响，采用热敏电阻温度补偿的办法，实现精度随温度变化的自适应能力，保证全范围–40～+70℃电流互感器满足 0.2 级高精度要求。

3）为消除外界电磁场影响，采用电磁屏蔽结构，保障在复杂的高压环境内，分压式电压互感器精度满足 0.2 级的要求。采用同轴电容结构的分压器，结合过电压抑制器，减少断路器等一次设备闭合断开产生的过电压对互感器的影响。

7.3.1.4　典型结构及应用

同轴电容分压电压互感器，电容采用同轴电容结构，图 7–26 给出典型的同轴电容分压器的示意图。

同轴电容的容量计算公式为

$$C_1 = \frac{2\pi\varepsilon_r\varepsilon_0 l}{\ln\dfrac{b}{a}} \qquad C_2 = \frac{2\pi\varepsilon_r\varepsilon_0 l}{\ln\dfrac{c}{b}}$$

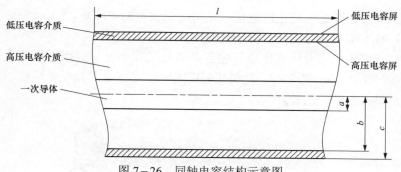

图 7-26　同轴电容结构示意图

式中　　C_1——高压电容；

C_2——低压电容；

l——同轴电容长度；

ε_r——相对介电常数；

ε_0——介电常数。

根据前面章节中描述的阻容分压原理有

$$u_2(t) = \frac{j\omega C_1 R}{j\omega C_1 R + j\omega C_2 R + 1} u(t)$$

图 7-27 为同轴电容电子式电压互感器的典型结构，主要包括同轴电容分压器、二次采集单元等，充 SF$_6$ 气体绝缘，采用站用电供电方式。

同轴电容分压式电压互感器的特点：

（1）采用同轴电容分压结构，一次电容值小，减少操作过电压的危害，另外分压式电压互感器，技术成熟。

（2）高压端无电子回路，高压部件寿命长，电子回路环境优于顶部，运维方便，寿命延长。

（3）采用 SF$_6$ 绝缘技术，制造工艺成熟。

（4）重量轻，只有传统同电压等级互感器的 1/3。

（5）采用屏蔽筒结构，防止杂散电容、耦合电容的产生。传感器和下引线隐藏于全屏蔽金属腔体内，防止外电场干扰。

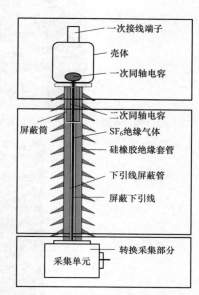

图 7-27　同轴电容分压式电压互感器的典型结构

273

（6）电子回路处于低压地电位，站用电源供电简单可靠。

（7）易于实现接地设计，抗干扰能力强。

（8）目前为止，分压式电压互感器产品是工程中实际应用最多的电子式电压互感器。图7－28～图7－31分别是分压式电压互感器产品在现场实际挂网运行图片及集成测试的图片。

图7－28　35kV电子式电压互感器现场运行

图7－29　110kV三相共箱式电子式电压互感器在武汉东扩变电站运行

图7－30　110kV支柱式同轴电容分压电子式电压互感器在焦南变电站运行

图 7-31　220kV 支柱式同轴电容分压电子式电压互感器在重庆大石变电站运行

7.3.2　光学电压互感器

7.3.2.1　工作原理

7.3.2.1.1　物理基础

　　光学电压互感器在物理机理上主要基于 Pockels 效应，它是指某些晶体材料在外加电场作用下折射率发生变化的一种现象，也称为线性电光效应。

　　当一束线偏振光沿某一方向进入电光晶体时，在外界电场作用下，光波将发生双折射，从晶体射出的两束双折射光之间产生了相位延迟，该延迟量与外加电场的强度成正比，可表示为

$$\delta = kE = \frac{\pi}{U_\pi} U$$

式中　　δ——Pockels 效应引起的双折射相位延迟，rad；

　　　　E——晶体所处电场的强度，V/m；

　　　　U——被测电压，V；

　　　　k——与晶体电光系数及通光波长有关的常数；

　　　　U_π——电光晶体的半波电压，V。

　　因此，通过检测该相位延迟即可得到被测电压/电场的大小。

　　根据晶体中光波传播方向与电场方向之间的关系，将被测电压的调制方式分为横向调制和纵向调制。横向调制是指光波在晶体中的传播方向与电场方向垂直，而纵向调制是指光波的传播方向与电场方向平行。两种调制方式的特点比较如下：

　　（1）从电极的制作上分析：纵向 Pockels 效应是由晶体中沿着光传播方向上各处电场所引起相移的累加，由于任意两点间的电压等于这两点间电场沿任一路径的积分，而此积分与两点间电场的分布无关。因此，纵向 Pockels 效应可以

对晶体两端的电压实现直接测量，不受相邻电场或其他干扰电场的影响。但是由于纵向 Pockels 效应外加电场方向与光传播方向平行，要求电极既透明让光束通过，又导电以施加外加电场，这给实际制作带来了较大的困难。

横向 Pockels 效应是由晶体中垂直于光传播方向上各处电场所引起相移的累加。较之纵向调制方式，横向调制方式受相邻电场以及其他干扰电场的影响较大。但是，横向调制方式光路不通过电极，对电极也没有透明要求，电极的制作较为简单。

（2）从分压结构上分析：采用纵向调制方式时，晶体通光方向即外电场的方向，即晶体沿通光方向的长度等于沿被测电场方向的长度。因此，纵向 Pockels 效应中晶体的半波电压只与晶体的电光特性有关，而与晶体尺寸无关，当传感晶体选定后，半波电压恒定。当采用光强度调制解调型光路结构时，为使互感器工作于线性区，则晶体较低的半波电压限制了互感器的动态范围，需要采用电容分压器将被测电压分压后再加至 Pockels 器件上进行测量。

采用横向调制方式时，晶体的半波电压可通过改变晶体的几何尺寸进行调节，可以不采用分压式结构，直接将被测电压加至 Pockels 器件上进行测量，还可以通过增加两电极间的距离提高互感器的绝缘性能。

综合上述两方面原因，以基于横向 Pockels 效应的光学电压互感器居多。

7.3.2.1.2　工作原理

在目前的技术条件下，还无法对光波的相位变化进行直接测量，通常采用干涉的方式将相位的变化转化为光强的变化。图 7−32 给出了一种实用型的基于 Pockels 效应的光学电压互感器原理示意图，被测电压以横向调制的方式施加在传感晶体上，入射光经起偏器后变为线偏振光，在被测电压的作用下，进入锗酸铋（$Bi_4Ge_3O_{12}$，简称 BGO）晶体的线偏光分解为两正交光束，并产生相位延迟，两正交光束经偏振分光棱镜检偏并发生干涉，用光电探测器将干涉光强变

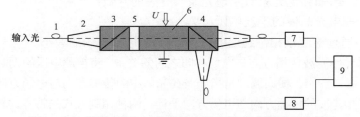

图 7−32　基于 Pockels 效应的光学电压互感器原理示意图

1—光纤；2—准直器；3—起偏器；4—偏振分光棱镜；5—1/4 波片；

6—电光晶体；7、8—光电探测器；9—信号处理单元

276

为电信号，进行后续的信号处理，得到被测电压。

图7-32中，电光晶体通常采用BGO晶体，它是一种从熔体中生长出来的人工晶体，理想情况下无自然双折射、旋光性和热释电效应，电光系数大且温度稳定性好，易于加工，易于获得，是目前光学电压互感器普遍采用的一种传感晶体。各器件双折射主轴的方位需满足以下要求：

（1）1/4波片的双折射主轴与电光晶体的感应双折射主轴平行，主要作用是在两束相干光之间引入$\pi/2$的相位偏置，提高检测灵敏度和线性度。

（2）起偏器的通光轴与电光晶体的感应双折射主轴夹角为45°。偏振分光棱镜的两通光轴分别与起偏器的通光轴垂直和平行。

（3）两光电探测器接收到的干涉光强分别为

$$I_{//} = \frac{I_i}{2}(1+\sin\delta) = \frac{I_i}{2}\left[1+\sin\left(\frac{\pi}{U_\pi}U\right)\right]$$

$$I_\perp = \frac{I_i}{2}(1-\sin\delta) = \frac{I_i}{2}\left[1-\sin\left(\frac{\pi}{U_\pi}U\right)\right]$$

式中 I_i——起偏器输出光的光强。通过"差除和"信号处理，当被测电压$U \ll U_\pi$
时，互感器的输出为

$$S = \frac{I_{//}-I_\perp}{I_{//}+I_\perp} = 2\sin\left(\frac{\pi}{U_\pi}U\right) \approx \frac{2\pi}{U_\pi}U$$

因此，互感器的输出与被测电压近似呈线性关系。

7.3.2.2 主要特点

基于Pockels效应的光学电压互感器综合利用了光电传感技术和先进的光电子生产、控制技术，其主要技术特点表现为：

（1）体积小、重量轻、易于与其他一次设备集成，可大幅度减小安装空间，适应电力系统数字化、智能化、网络化的需要。

（2）全光学传输、传感，完全避免了铁磁谐振现象。

（3）绝缘结构简单，绝缘性能优良，在高电压等级应用场合优势明显。

（4）实现了高、低压之间彻底的电气隔离，无二次短路、爆炸、起火等危险，可靠性、安全性高。

（5）频带宽，暂态响应好，同时实现测量、计量和保护的功能。

（6）具有突出的抗VFTO干扰性能及可靠性。

7.3.2.3 典型结构及应用

如图7-33所示，光学电压互感器的典型结构包括GIS嵌入式、罐体式以及独立式。

（1）嵌入式。光学传感单元可以嵌入安装在 GIS 本体，实现对一次电压的无接触测量，不需要独立的气室及罐体，集成度高，适用于 220kV 及以上电压等级单相式应用。

（2）罐体式。光学电压互感器包含独立气室及罐体，可实现 110kV 及以上各电压等级单相式及 110kV 三相一体式应用。

（3）独立支柱式。光学电压互感器包含独立气室与独立绝缘套管，易于户外使用，可应用于 110kV 及以上各电压等级。

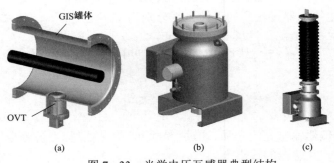

(a)　　　　　　　　　　(b)　　　　　　　　(c)

图 7-33　光学电压互感器典型结构

（a）嵌入式；（b）罐体式；（c）独立支柱式

图 7-34 所示为运行于江苏 500kV 常熟南变电站的光学电压互感器。常熟南

(a)　　　　　　　　　　(b)

图 7-34　光学电压互感器在现场运行

（a）GIS 应用；（b）独立支柱式应用

变电站是国家电网有限公司第二批智能化试点工程，也是江苏省内首座 500kV 智能化变电站试点工程。该站为国内首座全站采用光学电压互感器的智能化变电站，共有 6 相 GIS 罐体式和 18 相独立支柱式光学电压互感器的应用。

7.4　合并单元

合并单元（merging unit，MU），其作用是对电子式互感器采集器输出的数字量进行合并和处理，并按 IEC 61850-9-2 标准转换成以太网数据或"支持通道可配置的扩展 IEC 60044-8"的 FT3 数据，再通过光纤输出到过程层网络或相关的智能电子设备。

7.4.1　合并单元的定义

IEC 60044-8 中规定，合并单元是用以对来自电子式互感器采集器输出的电流和/或电压数据进行时间相关组合的物理单元。合并单元可以是互感器的一个组成件，也可以是一个独立单元。合并单元是针对数字化输出的电子式互感器而定义的，连接了电子式互感器采集器与变电站二次设备。如图 7-35 所示，一台合并单元可汇集多达 12 个二次转换器数据通道。合并单元向二次设备提供一组时间相干的电流和电压样本。合并单元与二次设备的接口是串行单向多路点对点连接，它将 7 个（3 个测量、3 个保护、1 个备用）电流互感器和 5 个（3 个测量、保护，1 个母线，1 个备用）电压互感器合并为一个单元组，并将输出的瞬时数字信号填入到同一个数据帧中。合并单元可以曼彻斯特编码格式或按照 IEC 61850-9 规定的以太网帧格式将这些信息组帧发送给二次保护、控制设备，报文主要包括了各路电流、电压量及其有效性标志，此外还添加了一些反映开关状态的二进制输入信息和时间标签信息。

7.4.2　合并单元的功能模型

合并单元是智能变电站过程层与间隔层的接口设备，它主要向二次设备提供稳定、满足要求的电流及电压值。

合并单元的主要功能包括以下几个方面：

（1）同步接收多路互感器的电流、电压采样值。

（2）按照 IEC 61850 协议完成数据组帧。

（3）通过以太网串行发送数据至二次设备。

合并单元的功能模型如图 7-36 所示。

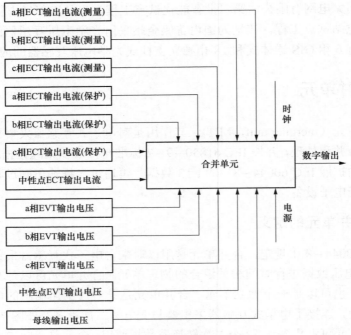

图 7-35 合并单元的定义

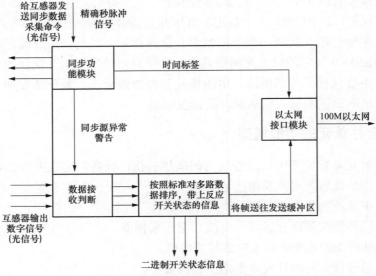

图 7-36 合并单元功能模型

下面分别对以下几个功能进行具体分析：

（1）同步功能。这里所指的同步包括两层含义，即变电站内各合并单元之间的同步和同一合并单元内各信号的同步。

1）不同合并单元之间的同步是利用变电站公共时钟来实现的，通常采用 GPS 脉冲或 IRIG–B（DC）码、IEC 61588–2009（IEEE1588–2008）PTP 协议实现同步。

2）同一合并单元内各信号的同步是指来自不同设备间隔的同步的电流和电压信息必须有相同的时间标签，必须使不同协议规则的电流和电压信息做到同步。目前，有两种常用方法，即脉冲同步法和插值同步法。如图 7–37 所示，脉冲同步法是指由合并单元向互感器发送同步转换命令，以保证各路同时进行电流和电压值采样。插值同步法是指以某一通道的采样时刻为基准，通过插值算法将其他各通道的采样值转换到时刻，如图 7–38 所示，以两路信号为例，将模拟信号 1 换算到信号 2 的采样时刻上。模拟信号 1 的第 i 个采样值记为 $V(i)$，采样时刻与基准采样时刻相差 Δt，第 $i+1$ 个采样值记为 $V(i+1)$，采样周期为 T_s，经过线性插值算法后，模拟信号 1 的第 i 个采样值 $V(i)'$ 为

$$V(i)' = [V(i+1) - V(i)] \times \frac{\Delta t}{T_s} + V(i) \qquad (7-23)$$

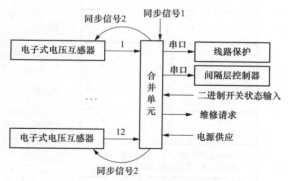

图 7–37　脉冲同步法原理示意图

（2）数据接收及处理功能。数据接收及处理功能是指同步接收多路互感器输出的数据，检测其有效性，并对数据按照协议进行排序和数据组帧。各互感器与合并单元采取异步串行通信方式，输出的数据帧主要内容包括代表电流、电压值的数据位和校验位。因此，合并单元需要对数据完成串行数据的接收后，对其进行判断。当校验不正确时，将相应的数据位置零，并告知二次设备数据无效。

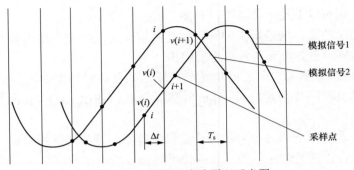

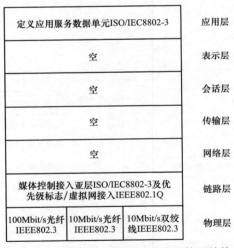 模拟信号1

模拟信号2

采样点

图 7-38　插值同步法原理示意图

（3）数据串行发送功能。数据的串行以太网传输该模块用于将各路处理后的数据按 IEC 61850-9-2 标准规定的格式组帧后进行数据传输，合并单元和二次设备之间的传输是一种串行单向多路点对点传输，IEC 61850-9-2 标准中推荐的参考 ISO/IEC 802.3（CSMA/CD）模式的以太网方案，定义了如图 7-39 所示的通信栈和数据层的数据单元结构，此结构是参考 ISO 七层协议制定的，其中网络层、传输层、会话层和表示层都制定为空。

定义应用服务数据单元ISO/IEC8802-3			应用层
空			表示层
空			会话层
空			传输层
空			网络层
媒体控制接入亚层ISO/IEC8802-3及优先级标志/虚拟网接入IEEE802.1Q			链路层
100Mbit/s光纤IEEE802.3	10Mbit/s光纤IEEE802.3	10Mbit/s双绞线IEEE802.3	物理层

图 7-39　通信栈和数据层的数据单元结构

参考文献

[1]　高鹏，马江泓，杨妮，等．电子式互感器技术及其发展现状[J]．南方电网技术，2009，3（3）：39-42.

[2] 王鹏，罗承沐，张贵新. 基于低功率电流互感器的电子式电流互感器[J]. 电力系统自动化，2006，30（4）：98-101.

[3] 王海明. 电子式电流互感器传感头的理论与工艺研究[D]. 秦皇岛：燕山大学，2006.

[4] 龚伟. 电子式电流互感器传感头的研究与设计[D]. 长沙：湖南大学，2009.

[5] J. Blake，P. Tantaswadi，R. de Carvalho. In-line Sagnac Interferometer Current Sensor[J]. IEEE Transactions on Power Delivery，1996，11（1）：116-121.

[6] 张朝阳，张春熹，王夏霄，等. 数字闭环全光纤电流互感器信号处理方法[J]. 中国电机工程学报，2009，29（30）：42-46.

[7] S. X. Short，J. U. de Arrudaand，A. A. Tselikovet al. Elimination of Birefringence Induced Scale Factor Errors in the In-line Sagnac Interferometer Current Sensors[J]. Journal of Lightwave Technology，1998，16（7）：1212-1219.

[8] K. Bohert，P. Cabus，J. Nehring. Temperature and Vibration Insensitive Fiber-optic Current Sensor[J]. Journal of Lightwave Technology，2002，20（2）：267~276.

[9] S. X. Short，A. A. Tselikov，J. U. de Arrudaand et al. Imperfect Quarter-Waveplate Compensation in Sagnac Interferometer-Type Current Sensors[J]. Journal of Lightwave Technology，1998，16（7）：1212~1219.

[10] 李传生，张春熹，王夏霄，等. 反射式 Sagnac 型光纤电流互感器的关键技术[J]. 电力系统自动化，2013，37（12）：104~108.

[11] 王巍，吴维宁，王雪峰. 调制器调制系数对光纤电流互感器测量精度的影响[J]. 电力系统自动化，2012，36（24）：64~68.

[12] S. X. Short, P. Tantaswadi, R. de Carvalho, et al. An Experimental Study of Acoustic Vibration Effects in Optical Fiber Current Sensors[J]. IEEE Transactions on Power Delivery, 1996, 11（4）：1702~1706.

[13] Wang Wei, Wang Xuefeng, Xia Junlei. The Nonreciprocal Errors in Fiber Optic Current Sensors[J]. Optics & Lasers Technology，2011, 43: 1470~1474.

[14] 王佳颖. 基于电阻分压原理的电子式电压互感器研究[J]. 成都：西华大学，2007.

[15] 尹永强. 基于电容分压的数字式电压互感器的研究[J]. 武汉：华中科技大学，2007.

[16] 孙丹婷. 阻容分压型电子式电压互感器的研究[J]. 广州：广东工业大学，2008.

[17] 程云国. 光学电压互感器的研究[J]. 武汉：武汉大学，2004.

[18] 罗苏南. 组合式光学电压/电流互感器的研究与开发[D]. 武汉：华中科技大学，2000.

[19] 王伟光. 电子式互感器合并单元的研究[D]. 广州：华南理工大学，2000.

[20] 谢佳君. 基于 FPGA 的电子式电流互感器合并单元的研究[D].武汉:华中科技大学,2007.

[21] 李鹏. 数字化变电站中光电互感器及其合并单元研究[D]. 武汉：华中科技大学，2007.

第8章 仿真与检测

8.1 概述

  智能高压设备的试验包括三个部分：高压设备本体试验、智能组件及智能电子设备（IED）试验以及智能高压设备整体联调。关于高压设备本体试验，经过几十年的发展和实践，已形成了通用的试验标准，试验检测技术已经很成熟，这里不再赘述。

  对智能组件及 IED 进行试验的主要目的是检验、测试智能组件及 IED 的功能、性能、互操作性及可靠性等。与常规高压设备试验不同，智能组件及 IED 试验需要一种测试环境，模拟高压设备各种典型工况及常见异常，以便检验各相关 IED 的功能和性能。所述测试环境是对高压设备主要工况一种仿真，即通过电气、机械等方法，建立一种能够真实反映高压设备状态的传感器工作环境，且被传感量的变化范围或规律符合高压设备实际情况。通常，针对不同的传感器有不同的仿真装置，其在外形上可以与高压设备完全不同，但对传感器而言，其所面对的传感环境是相同或相近的。基于仿真装置进行相关 IED 的功能和性能试验，一方面可以不依赖于高压设备本体（运输困难、成本昂贵），更重要的是能够建立高压设备本体很难实现的检测环境，从而提升了 IED 的检测效率和质量。

  智能高压设备的整体联调主要在变电站现场安装完毕后进行，此时高压设备本体与智能组件为一个有机整体，通过整体联调，以检验一、二次之间的协调性、可靠性和信息流的规范性。本章重点介绍智能组件检测环境的仿真、检测项目及要求和整体联调方法。

8.2 常用监测 IED 性能检测

8.2.1 油中溶解气体监测 IED 的检测

（1）测试平台。油中溶解气体监测 IED 的测试平台如图 8-1 所示，主体为一个模拟油箱，用以模拟变压器主油箱。模拟油箱提供标准接口，供与油中溶解气体监测 IED 连接，并有取样接口。取样接口用于离线分析。配套的设备包括实验室色谱仪、油再生处理设备、标准气体及配置工器具。模拟油箱体积不宜太大，体积也不宜太小，以达到减少试验耗损及稳定测量环境的平衡，一般为 50L 左右。试验包括监测数据准确性试验、评估功能检测等。

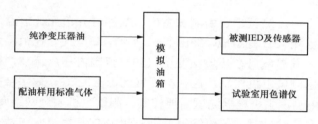

图 8-1 油中溶解气体测试平台示意图

（2）监测数据的准确性检测。实验前，油中溶解气体监测 IED 通过标准接口与模拟油箱连接。与实际变压器不同，模拟油箱中的油中溶解气体不是由放电或过热产生，而是通过在油中注入标准气体实现。具体方法是，首先，在洁净、干燥的模拟油箱中注入新油（或经再生处理的油），然后根据试验需要的气体组分及含量要求，在油中注入已知量的各气体组分。然后，静置足够时间，直至油中溶解气体平衡。接着开始检测，读取油中溶解气体监测 IED 的数据，同时，从取样接口提取油样，由实验室气相色谱仪同步检测。若前几次数据不稳定，可以舍弃，直至稳定并记录连续 5 次数据，若油中溶解气体监测 IED 的数据与实验室色谱仪的结果在许可的偏差范围，即认定这一组分及含量下的准确性符合要求。本项试验应进行多组，涵盖油中溶解气体监测 IED 的监测范围。

（3）评估功能检测。分析功能的检测是试验的重要项目之一。油中溶解气体监测 IED 应具备对监测数据的分析功能。分析功能包括两个方面，一是故障模式分析，二是运行可靠性分析。前者要求 IED 根据油中溶解气体组分含量及比例，对故障模式做出评估，评估结果应符合相关标准或被用户认可；后者要求 IED 基于气体组分含量、比例及变化态势，对运行可靠性做出评估。由于可靠性评估目前没有标准可依，因此，检验评估结果的可信度宜采用与专家一致性的方法。

在进行评估功能检测时，为了规范检测标准，宜采用输入而不是采集数据的方式，即通过调试与检测端口将用于检测的数据直接发送至油中溶解气体监测 IED，IED 则基于接收到的数据（而非采集到的）对故障模式、运行可靠性做出评估。由于是输入数据，可以事先建立好各组分含量、比例及变化态势的检测专用数据库，检查时随机抽取。其中，故障模式分析要求每一组数据检验一次，运行可靠性分析涉及发展态势，应连续输入若干组有实际意义的数据再检验其分析结果。

8.2.2 绕组温度监测 IED 的检测

（1）测试平台。测试平台由测试主机、数字合并单元、恒温水（油）槽及待检绕组温度监测 IED 等组成，如图 8−2 所示。试验时，在恒温水槽中注入水或者变压器油，其温度可在环境温度至 150℃范围内任意调节，模拟变压器绝缘热点温度，由测试主机控制，控制精度宜优于±0.5℃。数字合并单元输出电压、电流值，由测试主机根据测试需要控制。测试主机通过网络发送顶层油温、环境温度等信息。测试时，待检绕组温度监测 IED 从恒温水（油）槽采集温度值，同时通过网络，接收顶层油温、环境温度、负载电流等，以供分析评估。

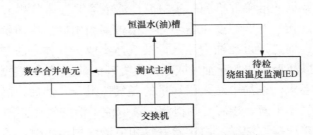

图 8−2　绕组温度监测 IED 的测试平台

（2）监测数据的准确性检测。检测时，将光纤温度传感器与标准温度传感器（通常为高精度铂电阻温度传感器）配对，放置在恒温水槽的同一测点。调节恒温水槽使其温度保持在预定值，待温度稳定后读取绕组温度监测 IED 各传感器的测量值，并与配对的标准温度传感器的测量结果进行比对，若偏差在许可范围，可以判定绕组温度监测 IED 在这一温度点下的监测结果符合准确性要求。这一试验应进行多组，以保证在光纤温度传感器在规定的测量范围均符合准确性要求。

（3）评估功能检测。绕组温度监测 IED 应具有负载能力的实时评估功能，即根据当前负载水平、绕组温度及其变化态势对绝缘安全状态做出评估，进而对运行可靠性做出估计。在测试时，由测试主机控制绕组温度、负载电流、顶层油温及环境温度量值及其变化态势，注意应符合工程实际，如基于来自温升试验的数据等。绕组温度监测 IED 应能正确进行温度预警、告警，在急救负载时，能预测可承担的最大负载水平和当前负载水平下可安全运行的时间，以支持主动控制。

8.2.3 局部放电监测 IED 的检测

（1）测试平台。局部放电的测试平台因适用的高压设备不同而不同。下面以 GIS 为例，对测试平台及检测方法予以说明。图 8-3 所示为 GIS 局部放电检测环境仿真平台，基于 252kV 真型 GIS 为基础搭建，包括母线气室、断路器气室、隔离开关及接地开关气室、电流互感器及电压互感器气室等。在不设置缺陷的状态下，测试平台在允许的最高试验电压下局部放电应小于 5pC。与实际的 GIS 不同，测试平台设计了专门的把口，参见图 8-3，用于人工设置典型放电型缺陷。通常，模拟缺陷宜标准化，包括缺陷模式和放电量水平，以保证试验的可复现性。通过设置不同缺陷及调整试验电压，使局部放电量大致在 10～1000pC 可调。测试平台配置有 4 个局部放电传感器接口，用以接入被试传感器。

为了模拟变电站现场干扰，测试平台增设了一个标准干扰源，标准干扰源可产生较为稳定的空气放电，检测时并入测试平台。

（2）监测数据的有效性试验。试验前，根据需要，在缺陷设置点设置好模拟缺陷，将被试传感器通过标准接口接入，将各气室充气（SF_6）至额定压力，局部放电监测 IED 处于工作状态，同时，应用脉冲电流法同步测量。试验第一步：电压从 0 开始逐步升高，直至局部放电监测 IED 采集到明确的局部放电信号，维持该试验电压，局部放电基本稳定之后，分别记录脉冲电流法和局部放电监测 IED 的测量值及试验电压值；继续升高试验电压，直至到仿真平台允许值，或达到局部放电监测 IED 测量上限，期间，选择若干试验电压，按照局部放电的测量程序，同时记录脉冲电流法和局部放电监测 IED 的测量值，形成局部放电测量值—试验电压关系曲线，要求局部放电监测 IED 与脉冲电流法的呈现基本一致的规律，且最小测量值及测量范围符合要求。试验第二步：将模拟变电站电晕放电的标准干扰源并入试验回路，试验电压从零起，逐点升至与第一步大致相同的试验电压值，记录局部放电监测 IED 的测量值，形成新的局部放电测量值—试验电压关系曲线，要求第一步与第二步所得曲线基本一致。

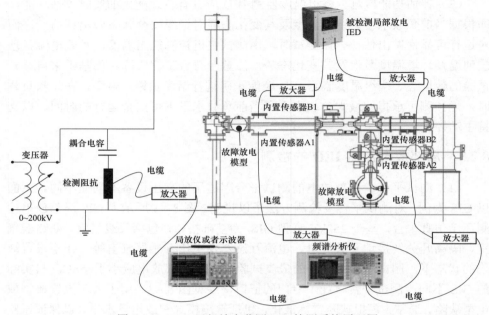

图 8-3   UHF 局部放电监测 IED 检测系统原理图

（3）评估功能检测。如果局部放电监测 IED 配置了放电模式识别功能，应设置常见典型放电性缺陷，在局部放电量达到预警水平时，在标准干扰源并入试验回路的条件下，由局部放电监测 IED 进行辨识，正确率应符合要求。

局部放电监测 IED 应根据测量值及其变化态势，对绝缘发生击穿事故的风险进行评估，进而对运行可靠性做出评估。为进行此项评估，需设置若干典型场景，包括放电量、增长态势等，并由多名专家做出评估，相同场景输入到局部放电监测 IED，比较与专家评估结果的一致性。

8.2.4   高压套管监测 IED 的检测

（1）测试平台。高压套管的状态量为电容值及介质损耗因数。由二端口阻容网络仿真，此二端口阻容网络宜选择精度高、稳定性好、温度系数小的电阻和电容组成，其中电容的介质损耗因数应小于 1×10^{-4}。二端口网络的等值电容量及等值介质损耗因数可以根据试验需要进行调节。由于监测同时需要电压信息，为此，在二端口网络上并联了电阻分压支路，并将分压值输入到合并单元，合并单元的输出作为电压信息，以保证与变电站的应用场景一致，见图 8-4。

二端口网络参数均用高精度电桥进行标定。

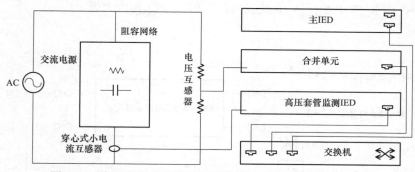

图 8-4　高压套管电容量及介质损耗仿真及 IED 测试示意图

（2）监测数据的准确性检测。检测前，应调节电容网络参数或交流电源电压，使流经阻容网络的电流与实际工程流经高压套管末屏接地线的电流相近；调整分压器的变比，使二次输出电压在合并单元的有效测量范围，合并单元宜选择实际工程的主流产品，并允许待检高压套管监测 IED 扣除这一时延。检测时，在二端口网络施加交流电源，频率、电压应符合试验要求。检测过程中，按设定好的参数调节方案改变二端口网络的等值介质损耗因数，适时读取待检高压套管监测 IED 测量的电容量和介质损耗因数，并与标定的标准值进行比较，若偏差在许可范围，则可认为在这一测点高压套管监测 IED 符合要求。

对于采用相对测量法的情形，相应的仿真平台应配置标准三相交流电源和三个二端口网络，三个二端口网络同时接入高压套管监测 IED，此时，不需要电阻分压支路及合并单元。改变三个二端口网络的等值介质损耗因数，使彼此形成差异，以检验高压套管监测 IED 测量的相对介质损耗值是否与标定的标准值一致。

（3）评估功能检测。高压套管监测 IED 应根据介质损耗因数及电容量的量值及变化态势，对高压套管的绝缘状态做出预测，进而对运行可靠性做出评估。

8.2.5　气体状态监测 IED 的检测

（1）测试平台。为了方便检测，可以针对气体压力、温度和水分分别进行检测，由于对气体状态 IED 的压力和温度传感的准确度检测相对简单，这里只介绍微水准确度的检测，其测试平台原理图见图 8-5。在测试平台中，采用了一个 SF_6 气体微水检测专用气室，还包括压缩机、尘过滤器、干燥过滤器、压力表、减压阀等各阀门等部件。气体水分由人工定量注入，以实现气体水分在

$50 \sim 1000 \mu L/L$ 内粗调。专用气室内可以配置一台微型风扇，以加速气体和水分的平衡。图 8-5 中 V1~V10 代表阀门；PI1、PI2 为压力表。

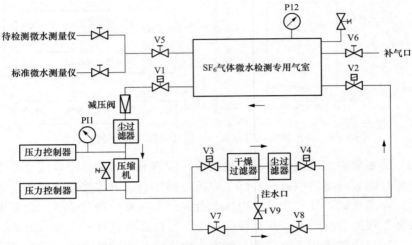

图 8-5　SF₆气体微水测量传感器测试平台原理图

（2）监测数据的准确性检测。检测时，在专用气室内充入符合 GIS 实际工作气压的 SF₆ 气体，根据检测的目标值，通过计算，从注水口注入定量的水，开启微型风扇，使气体循环一定时间后，或待检的气体状态监测 IED 及标准的微水测量系统的测量值稳定之后，进行量值对比，从而判定微水测量 IED 及传感器的准确度。

（3）评估功能检测。气体状态监测 IED 应根据气体压力、温度、水分的当前量值及变化态势，对气室的绝缘状态做出预测，进而对运行可靠性做出评估。

8.2.6　机械状态监测 IED 的检测

（1）测试平台。涉及机械状态的监测量比较多，这里主要介绍分（合）闸线圈电流波形及行程特性曲线的测试平台及测试方法。

分（合）闸电流波形的测试平台包括测试主机、模拟信号发生器和待检机械状态监测 IED 组成，如图 8-6 所示。其中，测试主机控制模拟信号发生器输出，其输出可以仿真实际分（合）闸线圈的电流波形；模拟信号发生器受测试主机的控制，按照测试主机的模型库文件输出模拟电流信号，为小电流传感器提供测试环境。

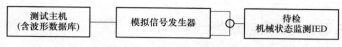

图 8-6　断路器动态波形模拟平台原理图

行程特性曲线的测试平台包括测试主机、伺服驱动控制器、高速伺服电机和待检机械状态监测 IED 组成，如图 8-7 所示。其中，测试主机通过伺服驱动控制器控制电机旋转，电机转轴的旋转规律与实际高压开关转轴的旋转规律相一致，为行程特性曲线（位移）传感器提供检测环境。

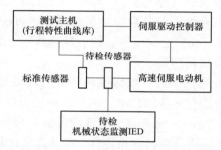

图 8-7　基于伺服电机的旋转型位移传感器测试平台原理图

（2）监测数据的准确性检测。在检测分（合）闸电流波形之前，应先从波形数据库中提取与待检传感器应用场景一致的波形文件，若库中没有，应先从实际高压开关上录取，并存储在波形数据库中。测试时，由测试主机按照提取的波形文件，控制模拟信号发生器输出电流波形信号，由待检传感器与机械状态监测 IED 采集，要求采集的电流波形文件与输出的电流波形文件一致，主要特征参数的测量误差均在许可范围之内。

类似地，在检测行程特性曲线之前，应先从行程特性曲线库中提取与待检传感器应用场景一致的库文件，若库中没有，应先从实际高压开关上录取，并存储在库中。测试时，由测试主机按照提取的库文件，控制伺服驱动控制器，驱动高速伺服电机，待检传感器与标准传感器并列安装在转轴上，其中待检传感器的输出由机械状态监测 IED 采集，标准传感器的输出由测试主机采集，要求两者一致，主要特征参数（包括行程、速度、时间）的测量误差在许可范围之内。

（3）评估功能检测。机械状态监测 IED 应根据当前记录的分（合）闸电流波形、行程特性曲线等与原始指纹数据的比对情况及变化态势，对高压开关的机械状态做出预测，进而对控制可靠性做出评估。

8.2.7 触头温升监测 IED 的检测

（1）测试平台。由于 SF$_6$ 气体导热系数、红外吸收特性和空气不同，因此，空气中的温度标定结果和 SF$_6$ 气体中的温度标定结果会存在一定差异。为此，需要建立一套模拟 GIS 隔离开关触头温升的测试平台，用于温度标定。图 8-8 所示为一种高精度的触头温升数控测试平台，该测试平台由 3 个彼此独立的 252kV 隔离开关气室组成，模拟 A、B、C 三相。每一个气室均配置了一套触头温升数控装置，其静触头的外部与实际一致，中间加装了加热棒，触头上安装了标准温度传感器。三套触头温升数控装置由测试主机统一控制、独立调温，温度可以在环境温度至 150℃ 之间受控，控制精度优于 ±1℃。每一个气室均有一个把口，可以安装待检传感器。

（2）监测数据的准确性检测。数据准确性检测只需在某一相上进行。测试前，允许针对测试平台进行必要的校准。测试从环境温度开始，逐渐提升温度，直至达到最大测量值。期间，记录若干温度测量值，每一个温度测点都应确保足够的平衡时间，以保证测量数据的稳定性。标准温度计和待检 IED 同步测量，各个测点之间的温度偏差都应在许可范围之内。

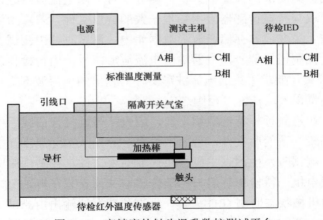

图 8-8 高精度的触头温升数控测试平台

（3）评估功能检测。待检 IED（通常为机械状态监测 IED 功能的一部分）应根据当前记录的触头温升、A、B、C 三相温差等、温度变化态势及负载电流、环境温度等，对高压开关的电接触状态进行分析，进而对运行可靠性做出评估。

8.3 常用控制 IED 功能检测

8.3.1 冷却装置控制 IED 功能检测

8.3.1.1 测试平台

冷却装置控制 IED 测试平台由测试主机、数字合并单元、模拟信号发生器、冷却装置电控箱模拟器（简称电控箱模拟器）交换机和待检测冷却装置控制 IED 等组成。如图 8-9 所示。

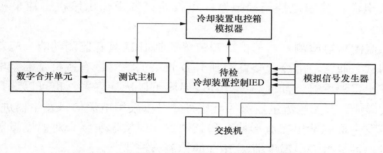

图 8-9　冷却装置控制 IED 功能测试平台

在图 8-9 中，测试主机为测试控制中心，具有以下功能：① 根据测试需要，模拟电压互感器和电流互感器，输出电压、电流数字信号至数字合并单元。② 根据测试需要，通过网络控制模拟信号发生器输出冷却装置进口和出口油温度、风机电流、油泵电流等信号。③ 通过专用网络，监控电控箱模拟器的受控状态，模拟发出风机/油泵跳闸、油流继电器告警、冷却装置全停告警等信号。④ 模拟主 IED 及绕组温度监测 IED（如要求）通过网络报送顶层油温、绕组热点温度等。

数字合并单元，其功能是接收测试主机发送的电压、电流数字信号，按标准合并单元的输出格式，向交换机发送电压、电流采样值。模拟信号发生器通过网络接受测试主机控制，模拟冷却装置状态量采集传感器的输出，包括冷却装置进口和出口油温度、风机电流、油泵电流等，若风机或油泵采用变频控制，模拟信号发生器还应输出包括风机油泵电源频率的给定信号。这些信号全部输入到待检冷却装置控制 IED。

电控箱模拟器通过继电器接点模拟油泵及风机的起、停，用小阻抗负载模拟变频运行的油泵和风机。风机和油泵根据检测可任意组合，组合可以通过测试主机的专用程序实现，也可以直接在电控箱模拟器端实现。电控箱模拟器直接接受待检冷却装置控制 IED 的控制指令，包括启动、停止或变频运行等。电控箱模拟器可接受测试主机的控制，向待检冷却装置控制 IED 发送风机跳闸、油泵跳闸、油流继电器报警、冷却装置全停等告警信号。

8.3.1.2　功能检测

（1）测试准备。根据待检冷却装置控制 IED 的监测功能，配置模拟信号发生器，使其输出与对应状态量的传感器输出一致；配置电控箱模拟器，使其风机、油泵组合及受控方式与待检冷却装置控制 IED 的控制功能一致；根据应用场景，设置测试主机，按测试要求输出油温及绕组温度；控制合并单元输出电压、电流；控制电控箱模拟器，可按测试要求输出风机、油泵相关运行状态信息。

（2）监测功能检测。若待检冷却装置控制 IED 具有监测功能，应首先进行准确性测试。通常，由冷却装置控制 IED 直采的信号量有风机及油泵电流、冷却装置进出口温度等，油面温度、环境温度可以选择直采，也可以选择共享主 IED 的采样值。有关电流量监测的准确性，可以采用电流信号发生器进行标定，电流信号发生器的输出在波形特征和频带宽度应接近实际。对温度量监测的准确性标定，可参考绕组温度监测 IED 的检测方法进行。

（3）控制功能检测。控制功能检测的目的是确定待检冷却装置控制 IED 是否完全按控制策略进行控制。控制策略可以来自相关标准，或由送检方提供。测试主机根据控制策略，选择输出油面温度、环境温度、绕组温度、负载电流等，观测模拟电控箱的输出，应符合其控制策略。

（4）告警功能检测。告警功能检测的目的是确定在冷却控制系统出现异常后，待检冷却装置控制 IED 是否能够实现对冷却装置进行切换、起停控制。测试主机发送风机跳闸、油泵跳闸、油流继电器报警、冷却装置全停等开关量信号，观测模拟电控箱的输出，应符合异常条件下的冷却装置的控制功能。

8.3.2　有载分接开关控制 IED 功能检测

8.3.2.1　测试平台

有载分接开关控制 IED 的测试平台由测试主机、数字合并单元、有载分接开关模拟器（简称 OLTC 模拟器）模拟信号发生器、交换机及待检的有载分接开关控制 IED 等组成，如图 8-10 所示。测试主机为测试控制中心，具有以下功能：

（1）根据测试需要，模拟电压互感器和电流互感器，输出电压、电流数字信号至数字合并单元。

（2）根据测试需要，通过点对点或网络通信方式，向 OLTC 模拟器发送状态令如下：

1）就地、远方操作状态。

2）分接开关总挡位数。

3）当前分接位置。

4）已至最高挡位。

5）已至最低挡位。

6）运行周期不完整，开关切换不到位。

7）紧急停止。接收到急停指令时，OLTC 操作中止。

8）操动机构拒动。当 OLTC IED 调压脉冲发出后，超出预设时间，挡位未改变。

9）滤油机运行状态。 运行，退出。

10）滤油机跳闸。滤油机保护动作。

11）操动机构电源故障。为 OLTC 机构内电源回路保护继电器动作，跳开电机保护开关，发出信号至 OLTC IED。

12）驱动电机过流闭锁。当 OLTC 机构内电机回路过流时，电机保护开关跳开，发出接点信号至 OLTC IED。

（3）通过交换机，与待检的 OLTC IED 组成并列模式，作为主机或从机工作。

（4）控制模拟信号发生器的输出。

数字合并单元，其功能是接收测试主机发送的电压、电流数字信号，按标准合并单元的输出格式，向交换机发送电压、电流采样值。模拟信号发生器用以模拟有载分接开关状态量采集传感器的输出，包括油温、驱动电机电流、振动等。OLTC 模拟器可模拟有载分接开关，接收 OLTC IED（待检 IED）的控制指令，反馈受控状态。

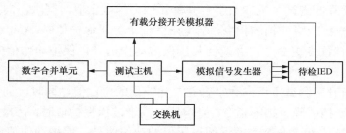

图 8-10 有载分接开关控制 IED 功能测试平台

8.3.2.2 功能测试

（1）测试准备。将待检 OLTC IED 按工程实际接入测试平台。包括与 OLTC 模拟器的连接及与交换机的连接，若配置状态监测功能，同时与模拟信号发生器连接。

确定待检 OLTC IED 的基本参数，包括：

1）过压保护、欠压保护的电压值；过流保护的电流值。设定测试主机，使其输出的电压、电流值涵盖保护动作范围，以检测待检 OLTC IED 的保护功能。

2）配置 OLTC 模拟器，默认的分接挡位是 10，总挡位数是 19。总挡位数可以根据测试需要在 99 以内任意设置。

3）配置模拟信号发生器，使其输出与待检 OLTC IED 的输入匹配。连接并设置完成后，确认整个测试平台的工作状态完好。

（2）基本功能检测。

1）由测试主机向待检 OLTC IED 发出升一档指令，要求待检 OLTC IED 向 OLTC 模拟器发出升一档控制命令，并反馈控制完成的信号和当前挡位。

2）由测试主机向待检 OLTC IED 发出降一挡指令，要求待检 OLTC IED 向 OLTC 模拟器发出降一挡控制命令，并反馈控制完成的信号和当前挡位。

3）由测试主机向待检 OLTC IED 发出到某一指定挡位的指令，要求待检 OLTC IED 向 OLTC 模拟器发出正确控制命令，并反馈控制完成的信号和当前挡位，当前挡位应符合目标要求。

4）由测试主机发送升挡位命令，一直到最高挡位；然后发送降挡位命令，一直降到最低挡位，要求 OLTC IED 能向 OLTC 模拟器正确输出控制指令，并能正确报告已到最高挡位、已到最低挡位。

5）由测试主机发送紧急停止命令，待检 OLTC IED 应正确响应，并中止 OLTC 模拟器的挡位变更过程。

（3）保护功能检测。

1）逐渐降低测试主机向数字合并单元输出的电压值，同时，向待检 OLTC IED 发送升一挡或降一挡的指令，当电压值低于欠压保护值时，待检 OLTC IED 应拒绝执行挡位变更命令，并返回欠压保护动作信号，保护动作值应在许可误差范围。

2）逐渐升高测试主机向数字合并单元输出的电压值，同时，向待检 OLTC IED 发送升一挡或降一挡的指令，当电压值高于过压保护值时，待检 OLTC IED 应拒绝执行挡位变更命令，并返回过压保护动作信号，保护动作值应在许可误差范围。

3）逐渐升高测试主机向数字合并单元输出的电流值，同时，向待检 OLTC IED 发送升一挡或降一挡的指令，当电流值高于过流保护值时，待检 OLTC IED 应拒绝执行挡位变更命令，并返回过流保护动作信号，保护动作值应在许可误差范围。

4）若配置了油粘稠度保护，且以油温作为控制量，通过测试主机控制模拟信号发生器，逐渐降低油温输出值，同时，向待检 OLTC IED 发送升一挡或降一挡的指令，当油温低于保护值时，待检 OLTC IED 应拒绝执行挡位变更命令，并返回油粘稠度保护动作信号，保护动作值应在许可误差范围。

（4）监测功能检测。由测试主机向 OLTC 模拟器依次发出：

1）运行周期不完整，开关切换不到位。

2）操动机构拒动、滤油机跳闸、操动机构电源故障等事件，待检 OLTC IED 应能正确反馈。

（5）并列运行检测。

1）从机模式。将待检 OLTC IED 设置为从机，测试主机兼做主机，要求：① 检查从机，要求所有其他控制全部闭锁，只接受主机的控制；② 接收主机控制，一同升、一同降，并正确向主机报送跟随控制完成信号和当前挡位；③ 模拟主机控制失败，从机接收到主机故障信息，保持当前挡位；④ 模拟从机控制失败，由测试主机控制 OLTC 模拟器产生拒动信号，从机控制失败，并向主机做出报告。

2）主机模式。将待检 OLTC IED 设置为主机，测试主机兼做从机，要求：① 控制从机，一同升、一同降，并正确接收从机跟随控制完成信号和当前挡位；② 模拟主机控制失败，由测试主机控制 OLTC 模拟器产生拒动信号，主机应保持在本次控制之前挡位，并向从机发出主机故障信息；③ 模拟从机控制失败，由测试主机向待检 OLTC IED 报送控制失败信号，主机保持当前挡位，不再接收站控层设备的控制，并报告并列控制故障。

8.3.3　开关设备控制器功能检测

8.3.3.1　测试平台

通常在专用测试平台上进行检测。测试平台包括测试主机、开关模拟单元、模拟信号发生器、合并单元等组成，如图 8-11 所示。

（1）测试主机为测试平台的核心，具有：① 对开关模拟单元初始化；② 接收待检开关设备控制器报文；③ 模拟测控装置发送控制指令；④ 模拟继电保护装置发送跳闸指令；⑤ 记录待检开关设备控制器的 GOOSE 报文，调阅开关模拟单元录波文件等。

（2）开关模拟单元是一个专门设计的开关模拟装置，可以：① 模拟开关分合、拒分拒合、分合时延［模拟分（合）闸时间］；② 可模拟指示分合状态的辅助开关硬接点输出；③ 根据测试需要，开关模拟单元可组成单母线出线间隔、双母线出线间隔等；④ 可接入三相交流电，通过模拟开关的分合，控制其通断，并具有录波能力；⑤ 支持通过网络接收并执行分合、保护跳闸等控制指令，反馈指令完成状态。

（3）模拟信号发生器可模拟分（合）闸线圈电压传感器、气体密度传感器及机构箱温度传感器的输出信号。

（4）合并单元将三相交流信号转化为数字量，并按照 IEC 61850－9 标准打包成 SV 数据并发给待检设备。

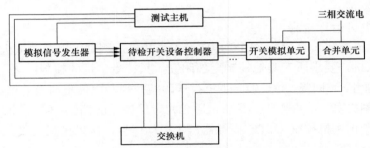

图 8－11　开关设备控制器功能测试平台

8.3.3.2　功能测试

（1）测试前准备。开始检测前，首先应根据待检开关设备控制器的应用场景，设置开关模拟单元，形成一个完整的开关间隔，然后将待检开关设备控制器按图 8－11 接入检测平台，包括控制各模拟开关的信号线缆、反映各开关分合状态的信号线缆，并接入交换机。然后，通过测试主机对开关模拟单元进行初始化，包括各开关初始的分合状态、各开关的分合时延等。各开关分合时延及预定的分（合）闸相位（具有选相位控制功能时）整个开关间隔的联锁逻辑及时序参数应输入到待检开关设备控制器。

（2）基本分合功能测试。由测试主机通过交换机发出分、合指令，待检开关设备控制器应能接收，及时正确向开关模拟单元发送分（合）闸信号，并向测试主机反馈开关模拟单元受控之后的分合状态。由测试主机通过交换机对开关模拟单元设置拒动故障，即分（合）闸信号发出之后，分合状态保持不变，待检开关设备控制器应能感知，并报送至测控装置（测试主机）。要求对所有开关逐一测试。

（3）智能联锁测试。首先，测试主机向待检开关设备控制器发送符合联锁逻辑的分合指令，待检开关设备控制器应正确执行；然后，发送违反联锁逻辑的分合指令，待检开关设备控制器应拒绝执行，并向测试主机告警。

（4）顺序控制测试。由测试主机通过交换机发出分、合指令，待检开关设备控制器应能接收，及时正确向开关模拟单元发送分（合）闸信号，要求整个开关间隔的所有开关按照联锁逻辑及时序要求，完成分合操作的全过程。设置开关模拟单元，逐一让其中一个开关出现拒分或拒合，要求顺序控制终止于发生拒动故障的那个开关。

（5）选相位控制测试。待检开关设备控制器采集由模拟信号发生器模拟输出的分（合）闸线圈电压及机构箱温度，采集合并单元输出的三相交流电压/电流，按要求完成预定相位的分（合）闸控制。分（合）闸时延应根据合闸线圈电压、气体密度及机构箱温度进行修正，修正可以采用相关标准推荐的方法，也可以采用企业自己的方法。检测时，测试主机对开关延时的修正方法应与待检开关控制器采用的方法一致。测试主机通过调取查看开关控制器录波，判断对要求实际分合相位与期望值之间的偏差符合设计要求。

由测试主机模拟继电保护装置发出跳闸命令，待检开关设备控制器自动应屏蔽选相位控制功能，以保证保护的速动性。

8.4　通信功能检测

8.4.1　一致性测试

（1）一致性测试内容及要求。智能组件内各 IED 的一致性测试是验证 IED 通信接口与标准要求的一致性，验证串行链路上数据流与有关标准条件的一致性，如访问组织、帧格式、位顺序、时间同步、定时、信号形式和电平，以及对错误的处理。作为一个全球的通信标准，IEC 61850 系列标准包含一致性测试部分，用以确保各制造企业生产的所有的 IED 产品都严格遵循本标准。通常，一致性测试内容至少应包括以下内容：

1）文件和设备控制版本的检查；

2）按照标准的句法（Schema 模式）进行设备配置文件的测试；

3）按照设备有关的对象模型进行设备配置文件的在线测试；

4）根据标准检验 IED 的各种模型的正确性；

5）按照适用的 SCSM［DL/T 860.81—2016《电力自动化通信网络和系统 第8-1 部分：特定通信服务映射（SCSM）—映射到 MMS（ISO 9506-1 和 ISO 9506-2）及 ISO/IEC 8802-3》、DL/T 860.91 和 DL/T 860.92—2016《电力自动化通信网络和系统 第 9-2 部分：特定通信服务映射（SCSM）—基于 ISO/IEC 8802-3 的采样值》］进行通信堆栈实现的测试；

6）按照 ACSI 进行 ACSI 服务的测试；

7）按照 DL/T 860 标准给出的一般规则，进行设备特定扩展的测试。

（2）校验测试技术和系统建立。智能组件内各 IED 的一致性测试方法及过程大致如下：

1）由制造企业提供待检 IED 模型一致性说明文档（PICS）、协议一致性说明文档（MICS）、协议补充信息说明文档（PIXIT）、IED 设备的 ICD 文件以及其他说明书和手册。

2）构建一致性测试环境或系统，如图 8-12 所示。

在通信测试框架中具备客户端模拟器、服务器模拟器、发布者模拟器、订阅者模拟器。测试时采用模拟通信一方测试另一方的方式。在测试系统中配置了监视分析器记录整个通信过程，用于报文的正确性和有效性，同时作为监测通信异常时的故障分析手段。模拟时间主站用来实现时间服务功能。为实现被测装置和模拟器的通信，还需要具备通信配置工具，用于完成通信测试用 SCD 文件的配置。

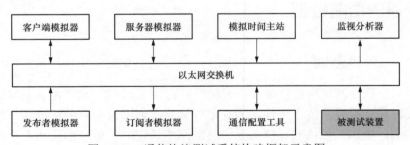

图 8-12 通信协议测试系统构建框架示意图

3）静态测试。静态测试主要内容包括按照 Schema 对被测 IED 设备的 ICD 文件进行正确性检查，并检查 IED 的各种模型是否符合标准的规定。

4）动态测试。采用 DL/T 860.10—2016《变电站通信网络和系统 第 10 部分：一致性测试》的肯定测试和否定测试用例对 IED 进行动态测试。

5）测试结果评价。针对静态测试内容和每一个动态测试用例给出测试结果，结果分为"通过""失败""未测试"三种。

8.4.2 互操作性检测

（1）互操作性检测内容及要求。实现各制造企业 IED 的互操作性是 IEC 61850 标准的主要目的之一，IEC 61850-10 即一致性测试部分的根本目的是使制造商和用户能客观评价所测试的设备（或系统）支持 IEC 61850 标准的情况。而一致性和互操作性体现这个评价的两个方面。

由于通过了一致性测试的协议在实现时并不能保证百分之百的可靠，但是它可以在一定程度上保证该实现是与协议标准相一致的，从而大大提高协议实现之间能够互操作的概率。相对于其他类型的测试，一致性测试具有测试结果比较可靠、测试代价小等特点。一致性测试是互操作性测试的基础，从一致性陈述可以大致知道该设备的互操作能力，需要进一步评价，则必须进行相应的互操作性测试。

智能组件各 IED 之间信息交互方式多样，有信息交互的 IED 均需要进行互操作性试验。具体要求按 DL/T 1440—2015《智能高压设备通信技术规范》要求进行。

（2）互操作性检测技术及方法。智能组件各 IED 互操作性试验通常在仿真环境下进行。仿真环境包括各 IED 测试平台、站控层模拟系统、网络报文分析工具。该仿真环境为各待检 IED 提供了监测与控制的模拟对象，使其处于与真实环境类似的工作环境。互操作性测试主要测试各待检 IED 相互之间及与站控层设备间的交互通信能力。

在测试时，各 IED 按工程实际组网，各 IED 及其测试平台处于工作状态，彼此之间进行交互通信，同时各类报文进入网络报文分析工具。网络报文分析工具通过在一定时间内对网络通信进行全面监视和记录，对通信运行状况进行实时监测，并在事后对通信过程进行全面分析，评估各 IED 的通信工作状态。网络报文分析工具记录的报文信息应包含网络层信息和应用层信息两个部分组成，具体见表 8-1。

表 8-1   网络报文分析工具记录的报文信息内容

信息内容	报文类型	所包含的信息内容
网络层信息	MMS 报文	目的 MAC 地址、源 MAC 地址、目的 IP 地址、源 IP 地址、目的端口、源端口信息。 若划分了 VLAN，则网络信息还包含 VLAN
	GOOSE 和 SV 报文	目的 MAC 地址、源 MAC 地址、目的端口、源端口信息。 若划分了 VLAN，则网络层信息还包含 VLAN

信息内容	报文类型	所包含的信息内容
应用层信息	MMS 报文	（a）mmspdu: MMS 协议数据单元类型。 （b）InvokeID:报文编号。 （c）mmsConfServ/mmsUnConfServ:MMS 带确认/不带确认的服务名。 （d）ACSI 服务名：按 IEC 61850 标准定义描述。 （e）ACSI 服务参数：包括 ControlObjectRefrenc、ctVal、origin 等参数。 参数应按树形结构排列
	GOOSE 和 SV 报文	IEC 61850 标准中定义的 GOOSE 和 SV 的 APDU 成员

8.5 可靠性检测

在智能变电站中，智能组件各 IED 通常安装变压器主体或开关本体附近的智能汇控柜中。传感器及智能组件各 IED 往往需要承受现场电磁干扰、高低温、湿热、振动等环境因素的影响。智能组件各 IED 的应具备极高的可靠性，能够满足绝缘性能、环境适应性、电磁兼容性、机械性能、外壳防护性的要求。因此，智能组件各 IED 可靠性检测也主要分为绝缘性能试验、环境试验、电磁兼容、机械性能方面考虑。

8.5.1 绝缘性能试验

（1）绝缘电阻试验。在正常大气条件下，智能组件各 IED 的独立电路及输入输出线缆与外壳（接地）部分之间，以及独立电路或线缆之间，绝缘电阻的要求见表 8−2。

表 8−2 正常大气条件下绝缘电阻要求

额定工作电压 U_N（V）	绝缘电阻要求（MΩ）
$U_N \leq 60$	≥5（用 250V 绝缘电阻表测量）
$250 > U_N > 60$	≥5（用 500V 绝缘电阻表测量）

注　与二次设备及外部回路直接连接的接口回路绝缘电阻采用 $250 > U_N > 60$V 的要求。

温度（40±2）℃，相对湿度（93±3）%恒定湿热条件下，智能组件各 IED 独立电路及输入输出线缆与外壳（接地）部分之间，以及独立电路或线缆之间，绝缘电阻的要求见表 8－3。

表 8－3 恒定湿热条件下绝缘电阻要求

额定工作电压 U_N（V）	绝缘电阻要求（MΩ）
$U_N \leq 60$	≥1（用 250V 绝缘电阻表测量）
$250 > U_N > 60$	≥1（用 500V 绝缘电阻表测量）

注 与二次设备及外部回路直接连接的接口回路绝缘电阻采用 $250 > U_N > 60$V 的要求。

（2）介质强度。在正常大气条件下，智能组件各 IED 独立电路及输入输出线缆与外壳（接地）部分之间，以及独立电路或线缆之间，应能承受频率为 50Hz，持续时间为 1min 的工频耐压试验而无击穿闪络及元件损坏现象。工频耐压试验电压按表 8－4 规定进行选择。

表 8－4 介质强度试验电压要求

额定工作电压 U_N（V）	交流试验电压有效值（kV）
$U_N \leq 60$	0.5
$250 > U_N > 60$	2.0

注 与二次设备及外部回路直接连接的接口回路绝缘电阻采用 $250 > U_N > 60$V 的要求。

（3）冲击电压。在正常大气条件下，智能组件各独立电路与外露的可导电部分之间，以及各独立电路之间，应能承受 1.2/50μs 的标准雷电波的短时冲击电压试验。当额定工作电压大于 60V 时，开路试验电压为 5kV；当额定工作电压不大于 60V 时，开路试验电压为 1kV。试验后设备应无绝缘损坏和器件损坏。

8.5.2 环境影响试验

环境条件影响试验的主要检验智能组件各 IED 在高低温、高湿度、沙尘和雨水等环境条件下能否正常工作及设备受影响的程度。环境条件影响试验的试验等级与智能组件各 IED 实际工况确定密切相关。在智能变电站现场中，智能组件各 IED 通常安装在专门的户外柜中，具备良好的温度和湿度调节、防水和防尘性能。所以，智能组件各 IED 的环境条件影响试验应结合柜内条件合理选择。对于直接暴露在户外的智能组件各 IED 或者传感器，则考虑极端环境条件选择试验严酷等级。环境试验具体内容及要求按表 8－5 进行。在环境条件影响试验期间，被检测智能组件各 IED 应处于通电状态，通信应正常，不应发生器件损坏，不应出现误动作。

表 8-5　　　　　　　　　　　环境试验内容及要求

序号	试验项目	等级要求	试验方法
1	低温试验	按照实际工况确定	参照 GB/T 2423.1《电工电子产品环境试验　第 2 部分：试验方法　试验 A：低温》
2	高温试验	按照实际工况确定	参照 GB/T 2423.2《电工电子产品环境试验　第 2 部分：试验方法　试验 B：高温》
3	恒定湿热试验	按照实际工况确定	参照 GB/T 2423.3《电工电子产品环境试验　第 2 部分：试验方法　试验 Cab：恒定湿热试验》
4	温度变化试验	按照实际工况确定	参照 GB/T 2423.22《电工电子产品环境试验　第 2 部分：试验方法　试验 N：温度变化》
5	IP 防护等级试验	不得低于 IP31	参照 GB/T 4208《外壳防护等级（IP）代码》

8.5.3　电磁兼容试验

智能组件各 IED 多数运行在十分临近高压设备的位置，特别是其所属传感器甚至嵌入到高压设备本体，因此，智能组件各 IED 及其所属传感器可能直接经受极为严酷的电磁应力。鉴于智能组件各 IED 工况的特殊性，原则上尽可能提高抗电磁干扰等级（参见表 8-6），是否需要进行开放等级的试验或特殊试验（如地电位升高试验）可视情况确定。有关电磁环境影响试验的详细论述参见电磁兼容一章。

表 8-6　　　　　　　　　　　电磁兼容试验内容及要求

序号	试验项目	等级要求	试验方法
1	静电放电抗扰度	4 级	参照 GB/T 17626.2
2	射频电磁场辐射抗扰度	3 级	参照 GB/T 17626.3
3	电快速瞬变脉冲群抗扰度	4 级	参照 GB/T 17626.4
4	浪涌（冲击）抗扰度	4 级	参照 GB/T 17626.5
5	射频场感应的传导骚扰抗扰度	4 级	参照 GB/T 17626.6
6	工频磁场抗扰度	5 级	参照 GB/T 17626.8
7	脉冲磁场抗扰度	5 级	参照 GB/T 17626.9
8	阻尼振荡磁场抗扰度	5 级	参照 GB/T 17626.10
9	振荡波抗扰度试验	3 级	参照 GB/T 17626.12

8.5.4 机械性能试验

智能组件各 IED 在运输、安装，甚至在运行工程中（如受断路器操作影响）会经受振动、冲击或者碰撞等物理应力。对于智能组件各 IED 而言，机械性能试验是一项综合检验内容，其中涉及电子电路元件机械性能、传感器机械性能和整体结构设计等方面。目前，采用电子设备类通用的机械性能检验试验技术可以满足智能组件各 IED 的需求。机械性能检验试验技术标准和要求参照 GB/T 2423 相关标准。试验系统建立主要依托三向振动平台、垂直冲击平台等试验设备即可实现。

智能组件各 IED 需完成的机械性能试验项目及等级要求见表 8－7。如果仅仅为了检验运输和安装过程的机械性能，被检测智能组件各 IED 可以在非通电状态进行相关试验。

表 8－7　　　　　　　　机械性能试验内容及要求

序号	试验项目	等级要求	试验方法
1	振动试验	按照工作运行条件确定	参照 GB/T 2423.10《电工电子产品环境试验　第 2 部分：试验方法　试验 Fc：振动（正弦）》
2	冲击试验	按照运输、安装条件确定	参照 GB/T 2423.5《电工电子产品环境试验　第 2 部分：试验方法　试验 Ea 和导则：冲击》
3	碰撞试验	按照运输、安装条件确定	参照 GB/T 2423.6《电工电子产品环境试验　第 2 部分：试验方法　试验 Eb 和导则：碰撞》

参考文献

[1] 刘有为，邓彦国，吴立远. 高压设备智能化方案及技术特征[J]. 电网技术，2009，34（7）：1－4.

[2] 刘有为，肖燕，许渊. 智能高压设备技术策略分析[J]. 电网技术，2010，34（12）：11－14.

[3] 刘有为，周华. 智能高压开关设备信息流方案设计[J]. 高压电器，2010，47（1）：1－4.

[4] 李志远，闫晔，党冬，等. 智能高压开关设备真型仿真装置检测系统及检测方法[R]. 北京：中国电力科学研究院，2015.

[5] 袁帅，毕建刚，杨宁，等. 变压器与智能化用传感器融合设计技术研究[R]. 北京：中国电力科学研究院，2014.

[6] 朱德恒，严璋，谈克雄，等. 电气设备状态监测与故障诊断技术[M]. 北京：中国电力出版社，2009.

[7] 张仁豫，陈昌渔，王昌长，等. 高电压试验技术[M]. 北京：清华大学出版社，2009.